제2판

기초 미분적분학

제2판

기초 미분적분학

PRECALCULUS

김상목 · 김영희 · 김태균 · 송영권 · 이종우 · 이진우
이현근 · 이호석 · 이흥수 · 최윤철 · 최종성 · 허 민 지음

KM 경문사

머리말

동서고금을 막론하고, 수학은 자연현상과 사회현상을 이해하고 설명할 수 있는 모형을 얻고 이에 따라 파생된 문제들을 풀며 해석하기 위한 필수적인 학문으로 간주되어 왔다. 과학기술이 고도로 발달된 현대사회에서는 논리적으로 생각하고 합리적으로 문제를 허결하는 수학적인 사고 능력의 필요성이 더욱 증대되고 있다. 또한 수학은 창의성 함양에도 빠질 수 없는 교육적 요소로 여겨진다. 그러나 이러한 필요성에도 불구하고, 대학에서 요구하는 학문을 연마하기에는 수학의 기초가 부족한 학생이 많은 것이 현실이다.

이에 따라 이 책은 고등학교에서 학습한 수학의 기초가 부족하다고 느끼는 학생 또는 수학의 기초를 다시 한번 견고하게 다지기를 원하는 학생을 위한 교재로 설계되었고, 미분적분학을 중심으로 다음과 같이 구성되었다.

1장 방정식과 부등식
2장 삼각함수
3장 함수의 극한과 연속성
4장 미분과 그 응용
5장 적분과 그 응용
6장 이차곡선

이 책은 한 학기에 전체 과정을 마칠 수 있도록 간결하고 알기 쉽게 기술하였다. 학습한 내용은 다양한 보기와 연습문제를 통해 심화시킬 수 있도록 하였으며, 학생의 편의를 위하여 연습문제의 해답은 가능한 한 많이 제시하였다.

이 책이 대학에서 수학적 지식을 필요로 하는 많은 과목의 초석이 되리라 기대한다. 그러나 이 책에는 아직도 부족한 점이 많을 것으로 생각되어 내용을 계속하여 수정하며 보완해나갈 예정이다. 이와 관련하여 독자의 아낌없는 조언과 지적을 바란다.

이 책의 출판을 맡아준 경문사 사장님과 편집부 관계자분들의 노고에 깊은 감사를 드린다. 마지막으로 저자들은 독자들이 이 책을 통해 수학의 기초 다짐과 동시에 수학과 더 친밀해지는 경험을 갖게 되기를 바란다.

2021년 2월
저자 씀

그리스 문자

대문자	소문자	명칭
A	α	alpha
B	β	beta
Γ	γ	gamma
Δ	δ	delta
E	$\epsilon(\varepsilon)$	epsilon
Z	ζ	zeta
H	η	eta
Θ	$\theta(\vartheta)$	theta
I	ι	iota
K	κ	kappa
Λ	λ	lambda
M	μ	mu
N	ν	nu
Ξ	ξ	xi
O	o	omicron
Π	π	pi
P	$\rho(\varrho)$	rho
Σ	$\sigma(\varsigma)$	sigma
T	τ	tau
Υ	υ	upsilon
Φ	$\phi(\varphi)$	phi
X	χ	chi
Ψ	ψ	psi
Ω	ω	omega

차례

제4장 미분과 그 응용

제5장 적분과 그 응용

제6장 이차곡선

부록

PRE CALCULUS

01

방정식과 부등식

이 장에서는 먼저 수학의 기본 개념인 수 집합과 집합의 연산 및 함수에 대하여 알아보고, 분수방정식과 무리방정식을 다룬다. 또 이・삼・사차부등식 및 분수부등식의 뜻과 풀이 방법을 알아보고, 이를 활용하여 여러 가지 문제를 해결할 수 있도록 한다.

1.1 | 집합 및 함수

수 집합

19세기 후반에 독일의 수학자 칸토어(Georg Cantor)가 집합에 관한 체계적인 이론을 수립한 뒤 모든 수학 이론은 집합의 개념에 그 바탕을 두고 전개되고 있다. 이에 따라 실수의 성질, 함수, 극한, 연속성 등의 개념도 집합론을 토대로 설명되고 있다.

이 책에서 다루는 중요한 집합 중 하나는 실수(real number)의 집합인데, 이것을 기호 $\mathbb{R}$로 나타낸다. 실수는 수직선에 있는 점과 대응시킬 수 있는데, 소수로 나타낼 수 있다. 유한소수이거나 순환소수를 유리수(rational number)라 하고, 비순환무한소수를 무리수(irrational number)라 한다. 0으로 나누는 것을 제외하면 사칙연산은 유리수의 범위와 실수의 범위에서 가능하고 그 결과는 유일하다. 사칙연산만 생각한다면 수의 범위는 유리수만으로 충분하지만 일반적인 이차방정식의 해를 구할 때는 무리수 또는 복소수(complex number)가 필요함을 알 수 있다.

자연수(natural number)의 집합은 $\mathbb{N}$, 정수(integer)의 집합은 $\mathbb{Z}$, 유리수(quotient)의 집합은 $\mathbb{Q}$, 복소수의 집합은 $\mathbb{C}$로 나타내기로 한다.

집합의 연산

x가 집합 E의 원소(element)일 때 'x는 E에 속한다'고 하고 $x \in E$로 나타낸다. 또 x가 집합 E의 원소가 아닐 때 $x \notin E$로 나타낸다. 특히 원소가 없는 집합을 공집합(empty set)이라 하고 기호 $\varnothing$으로 나타낸다.

두 집합 E와 F에 대해 E에 속한 모든 원소가 F에도 속할 때, 'E는 F에 포함

된다'고 하거나 'E는 F의 부분집합(subset)이다'라고 하고 $E \subset F$로 나타낸다. $E \subset F$이고 $F \subset E$이면 두 집합 E와 F는 서로 같다 또는 상등이라 하고 $E = F$로 나타낸다.

두 집합 E와 F에 대해 E에 속하거나 F에 속하는 모든 원소로 이루어진 집합을 E와 F의 합집합(union)이라 하고 $E \cup F$로 나타낸다. 즉 다음과 같다.

$$E \cup F = \{x \mid x \in E \ \ \text{또는} \ \ x \in F\}$$

또 두 집합 E와 F에 대해 E에 속하고 F에도 속하는 모든 원소로 이루어진 집합을 E와 F의 교집합(intersection)이라 하고 $E \cap F$로 나타낸다. 즉 다음과 같다.

$$E \cap F = \{x \mid x \in E, \ \ x \in F\}$$

집합 사이에 다음과 같은 합집합과 교집합에 관한 교환법칙, 결합법칙, 배분(분배)법칙이 성립함을 쉽게 보일 수 있다.

정리 1.1

(1) $E \cup F = F \cup E,\ \ E \cap F = F \cap E$

(2) $E \cup (F \cup G) = (E \cup F) \cup G,\ E \cap (F \cap G) = (E \cap F) \cap G$

(3) $E \cup (F \cap G) = (E \cup F) \cap (E \cup G),\ \ E \cap (F \cup G) = (E \cap F) \cup (E \cap G)$

참고 정리 1.1의 (2)로부터 $E \cup F \cup G$과 $E \cap F \cap G$은 의미가 있고 다음과 같이 정의된다.

$$E \cup F \cup G = (E \cup F) \cup G, \quad E \cap F \cap G = (E \cap F) \cap G$$

두 집합 E와 F에 대해 E에 속하지만 F에는 속하지 않는 모든 원소로 이루어진 집합을 E에 대한 F의 차집합(difference)이라 하고 $E - F$로 나타낸다. 즉 다음과 같다.

$$E - F = \{x \mid x \in E, \ \ x \notin F\}$$

어떤 주어진 집합의 부분집합만을 생각할 때, 처음에 주어진 집합을 전체집합이라고 하며, 기호 U로 나타낸다. 전체집합 U의 부분집합 E에 대해 $U - E$를 E의 여집합(complement)이라 하고, 기호 E^c로 나타낸다.

예제 1.1 전체집합 $U=\{x \in \mathbb{R} \mid 0<x<1\}$의 세 부분집합 E, F, G가 다음과 같다고 하자.

$$E=\{x \mid 0.3<x<0.7\}, \quad F=\{x \mid 0.6<x<1\}, \quad G=\{x \mid 0<x \leq 0.4\}$$

이때 다음 집합을 구하라.

(1) $E \cup F$　　(2) $E \cap F$　　(3) $E-F$

(4) $E^c \cap F^c$　　(5) $(E \cap G) \cup (F \cap G)$

풀이 합집합, 교집합, 여집합, 차집합의 정의로부터 다음이 성립한다.

(1) $E \cup F=\{x \mid 0.3<x<1\}$

(2) $E \cap F=\{x \mid 0.6<x<0.7\}$

(3) $E-F=\{x \mid 0.3<x \leq 0.6\}$

(4) $E^c \cap F^c=\{x \mid 0<x \leq 0.3\}$

(5) $(E \cap G) \cup (F \cap G)=\{x \mid 0.3<x \leq 0.4\}$ □

전체집합 U와 부분집합 $E \subset U$ 및 공집합 $\varnothing$에 대해 다음이 성립한다.

(1) $(E^c)^c=E$, $E-F=E \cap F^c$

(2) $E \cap U=E$, $E \cup U=U$, $E \cap \varnothing=\varnothing$, $E \cup \varnothing=E$

(3) $E \cap E^c=\varnothing$, $E \cup E^c=U$, $E \cap E=E$, $E \cup E=E$

두 집합 E와 F 사이에 다음 드 모르간의 법칙(De Morgan's law)이 성립한다.

정리 1.2 **드 모르간의 법칙**

$$(E \cup F)^c=E^c \cap F^c, \quad (E \cap F)^c=E^c \cup F^c$$

합집합과 교집합의 개념은 다음과 같이 일반화시킬 수 있다. n개의 집합 E_1, E_2, ... , E_n의 합집합은 적어도 한 집합에 속한 원소 전체로 이루어진 집합이고, 교집합은 모든 집합에 동시에 속한 원소 전체로 이루어진 집합이다. 이를 다음과 같이 나타낸다.

$$E_1 \cup E_2 \cup \cdots \cup E_n = \bigcup_{j=1}^{n} E_j, \quad E_1 \cap E_2 \cap \cdots \cap E_n = \bigcap_{j=1}^{n} E_j$$

비슷하게 다음과 같이 무수히 많은 집합의 합집합과 교집합도 생각한다.

$$\bigcup_{j=1}^{\infty} E_j, \quad \bigcap_{j=1}^{\infty} E_j$$

또 정리 1.2의 드 모르간의 법칙도 다음과 같이 일반화시킬 수 있다.

$$(\bigcup_{j=1}^{n} E_j)^c = \bigcap_{j=1}^{n} E_j^c,$$
$$(\bigcap_{j=1}^{n} E_j)^c = \bigcup_{j=1}^{n} E_j^c,$$
$$(\bigcup_{j=1}^{\infty} E_j)^c = \bigcap_{j=1}^{\infty} E_j^c,$$
$$(\bigcap_{j=1}^{\infty} E_j)^c = \bigcup_{j=1}^{\infty} E_j^c$$

두 집합 E와 F에 대해 $E \cap F = \varnothing$일 때, 이를 서로 소 또는 상호 배반(mutually disjoint)이라 한다. 또 n개의 집합 E_1, E_2, ... , E_n이 서로 소라 함은 모든 $1 \le i \ne j \le n$에 대하여 $E_i \cap E_j = \varnothing$이 성립함을 의미한다.

함수

'함수'라는 용어는 1694년에 라이프니츠가 곡선과 관련된 임의의 양, 예를 들면 곡선에 있는 점의 좌표, 곡선의 기울기, 곡선의 곡률반경 등을 나타내기 위해 그와 같은 뜻의 라틴 말로 최초로 도입했던 것으로 보인다. 1781년에 베르누이는 변수와 상수들로 이루어진 임의의 식을 함수로 고려했다. 그 뒤 오일러, 코시 등에 의해 함수의 의미가 점차 일반화되었으며, 19세기 초 프랑스의 수학자 디리클레는 '두 변수 x와 y에 대하여 x의 값이 정해지면 이에 따라 y의 값이 정해질 때 y를 x의 함수라고 한다'고 정의하였다. 이와 같은 디리클레의 함수의 정의는 라이프니츠의 함수의 생각에 비해 그 의미가 넓은 것으로 과거 오랫동안 수학계를 지배해 왔다. 그러나 오늘날에 와서 함수의 의미는 더욱 일반화되어 다음과 같이 집합을 이용하여 정의하게 되었다.

공집합이 아닌 두 집합 X와 Y에서 X의 한 원소 x와 Y의 한 원소 y로 만든 순서쌍 (x, y) 전체의 집합을 X와 Y의 곱집합(product set)이라 하고 $X \times Y$로 나타낸다. 즉 다음과 같다.

$$X \times Y = \{(x, y) \mid x \in X, y \in Y\}$$

집합 $f \subset X \times Y$가 다음 두 조건을 만족시킬 때 f를 X에서 Y로의 함수(function) 또는 사상(mapping)이라고 한다.

(1) 각 $x \in X$에 대해 적당한 $y \in Y$가 존재해서 $(x, y) \in f$이다.

(2) $(x, y) \in f$이고 $(x, z) \in f$이면 $y = z$이다.

여기서 X를 함수 f의 정의역(domain), Y를 f의 보역(codomain) 또는 공역이라 하고, 다음을 함수 f의 치역(range)이라 한다.

$$f(X) = \{y \in Y \mid (x, y) \in f,\ x \in X\}$$

> **참고** 위에서 조건 (1)은 X의 모든 원소에 Y의 원소가 반드시 대응함을 의미하고, 조건 (2)는 X의 각 원소에 Y의 원소가 단 하나 대응함을 의미한다.

앞으로 집합 X에서 집합 Y로의 함수 f를 다음과 같이 나타낸다.

$$f : X \to Y$$

$(x, y) \in f$일 때 $y = f(x)$ 또는 $f : x \mapsto y$로 나타낸다. 특히 함수 $f : X \to Y$의 대응 규칙을 명시하고자 할 때는 $y = f(x)$ 또는 $f : x \mapsto f(x)$로 나타낸다. 이때 y를 f에 의한 x의 상(image) 또는 값(value)이라고 하며, x를 f에 의한 y의 원상(preimage)이라 하고 $f^{-1}(y)$로 나타낸다. 즉 다음과 같다.

$$f^{-1}(y) = \{x \in X \mid (x, y) \in f\}$$

집합 D에서 정의된 두 함수 f와 g가 모든 $x \in D$에 대하여 $f(x) = g(x)$일 때, 두 함수 f와 g는 집합 D에서 같다고 하며 $f = g$로 나타낸다.

함수 $f : X \to Y$에 대하여 $A \subset X$이고 $B \subset Y$일 때 $f(A) = \{f(x) \in Y \mid x \in A\}$를 f에 의한 A의 상(image), $f^{-1}(B) = \{x \in X \mid f(x) \in B\}$를 B의 역상(inverse image)이라고 한다.

함수 $f : X \to Y$에 대하여 $Y = f(X)$일 때 f를 전사함수(surjection, onto function)라고 하며, 임의의 $y \in Y$에 대해 $f^{-1}(y)$가 공집합이거나 X의 원소 하나만으로 되어 있을 때, 즉 $f(x_1) = f(x_2) \Rightarrow x_1 = x_2$일 때 f를 단사함수(injection, one-to-one function)라고 한다. 그리고 f가 전사인 동시에 단사일 때

f를 전단사함수(bijection, one-to-one and onto function) 또는 일대일 대응(one-to-one correspondence)이라고 한다.

함수 $f: X \to Y$가 전단사함수이면 각 $y \in f$에 대하여 X의 유일한 원소 $x \in f^{-1}(y)$가 대응한다. 즉 f^{-1}는 Y에서 X로의 함수이며 f^{-1}를 f의 역함수(inverse function)라 한다.

$f: X \to Y$와 $g: Y \to Z$의 합성함수(composite function) $g \circ f$를 다음과 같이 정의한다.

$$g \circ f: X \to Z, \quad (g \circ f)(x) = g(f(x))$$

적당한 Y의 원소 c가 존재하여 모든 $x \in X$에 대하여 $f(x) = c$이면, f는 X에서 Y로의 함수이다. 이런 함수를 상수함수(constant function)라 한다.

정의역과 공역이 같고 정의역 X의 임의의 원소 x에 대하여 $f(x) = x$라고 하면, f는 X에서 X로의 함수이다. 이런 함수를 항등함수(identity function)라 하고, 1_X로 나타내기도 한다.

$X \subset \mathbb{R}$일 때, $f: X \to \mathbb{R}$을 실변수의 실수값 함수(real valued function of a real variable), 간단히 실함수라고 한다.

실함수 $f: X \to \mathbb{R}$에서 대응 규칙을 명시하고자 할 때는 $y = f(x)$로 표현하기로 한다. 이때 x를 독립변수(independent variable) 또는 간단히 변수라 하고, y를 종속변수(dependent variable)라고 한다.

대응 규칙 $y = f(x)$만으로 표현된 함수의 정의역은 f에 의해 $x = a$에서 $f(a)$의 값이 유일하게 결정되는 실수 a 전체의 집합으로 약속한다. 이와 같은 약속을 최대 정의역의 법칙(rule of maximum domain)이라고 한다. 예를 들면, 함수 $y = \sqrt{(1-x)/x}$의 정의역은 $\{x \in \mathbb{R} \mid 0 < x \leq 1\}$이다.

예제 1.2 함수 $f: \mathbb{R} \to \mathbb{R}$, $f(x) = 2x - 3$이 전단사함수임을 보이고, 함수 f의 역함수 f^{-1}를 구하라.

풀이 먼저 y를 임의의 주어진 실수라 하자. 그러면 $2x - 3 = y$에서 실수 $x = (y+3)/2$로 택하면 $f(x) = y$가 성립되므로 f는 전사함수이다. 또한 $f(x_1) = f(x_2)$라 하면 $2x_1 - 3 = 2x_2 - 3$에서 $x_1 = x_2$가 성립되므로 f는 단사함수이다. 따라서 주어진 f는 전단사함수이다. 한편 함수 $y = f(x)$의 역함수 f^{-1}는 변수 $y \in \mathbb{R}$에 함수 f에

의해 정의되는 실수를 대응시키는 것으로 정의되므로 $f^{-1}: y \mapsto (y+3)/2$이다. 이제 독립변수를 x, 종속변수를 y로 나타내면 f의 역함수 f^{-1}는 다음과 같다.

$$y = f^{-1}(x) = \frac{y}{2} + \frac{3}{2}$$ □

예제 1.3 함수 $f(x) = \dfrac{1}{x-1}$의 정의역 X와 치역 Y를 구하라. 또 함수 $g: Y \to \mathbb{R}$, $g(x) = x+1$에 대해 함수 f와 g의 합성함수 $g \circ f$를 구하라.

풀이 분수식에서 분모는 0이 아니므로 $x-1 \neq 0$이다. 따라서 $x \neq 1$이고 $\dfrac{1}{x-1} \neq 0$이므로 함수 f의 정의역은 $X = \{x \in \mathbb{R} \mid x \neq 1\}$이고 치역은 $Y = \{y \in \mathbb{R} \mid y \neq 0\}$이다. 한편 함수 f와 g의 합성함수 $g \circ f$는 다음과 같다.

$$g \circ f : X \to \mathbb{R}, \quad (g \circ f)(x) = g\left(\frac{1}{x-1}\right) = \frac{x}{x-1}$$ □

연습문제 1.1

1 다음 집합 사이의 포함 관계를 정하라.

$$A = \{x \in \mathbb{R} \mid x^2 - 6x + 8 = 0\}, \quad B = \{2n \mid n \in \mathbb{N}\},$$
$$C = \{x \in \mathbb{N} \mid 1 < x < e\}, \quad D = \{2, 4, 8, 16\}$$

2 집합 A와 B가 다음과 같다고 하자.

$$A = \{(x, y) \in \mathbb{R}^2 \mid 0 \leq x \leq 1,\ 0 \leq y \leq 1\},$$
$$B = \{(x, y) \in \mathbb{R}^2 \mid y = x^2\}$$

이때 다음 집합을 구하라.

(1) $A \cap B$ (2) B^c (3) $B - A$

3 집합 $A = \{a,\ b,\ c\}$와 $B = \{1,\ 2,\ 3,\ 4\}$에 대하여 집합 $A \times B$와 집합 $P(A) = \{X \mid X \subset A\}$를 구하라.

4 전체집합 U의 세 부분집합 A, B, C에 대하여 다음이 성립함을 보여라.

(1) $(A-B) \cup (A-C) = A-(B \cap C)$

(2) $(A-B) \cap (A-C) = A-(B \cup C)$

5 함수 $f(x) = \dfrac{x}{x+2}$의 정의역과 치역을 구하라.

6 x의 다항식 $p(x)$, $q(x)$에 대해 집합 A, B, C가 다음과 같을 때 세 집합 사이의 포함 관계를 정하라.

$$A = \{x \mid p(x) - q(x) = 0\},$$
$$B = \{x \mid \{p(x)\}^2 - \{q(x)\}^2 = 0\},$$
$$C = \left\{x \;\middle|\; \frac{p(x)}{q(x)} = 1\right\}$$

7 실수의 부분집합 X를 정의역으로 하는 두 함수 $f(x) = 2x^2 + 2$, $g(x) = 3x^2 - 4x + 5$에 대해 $f = g$일 때 집합 X를 모두 구하라.

8 $X = \{x_1,\ x_2,\ \dots,\ x_n\}$이고 $Y = \{0,\ 1\}$일 때, X와 Y를 각각 정의역과 공역으로 하는 함수의 개수는 X의 부분집합의 개수와 같음을 보여라.

9 함수 $f: X \to Y$에 대해 다음을 보여라.

(1) $A, B \subset X$이면 $f(A \cup B) = f(A) \cup f(B)$이다.

(2) $A, B \subset X$이면 $f(A \cap B) \subset f(A) \cap f(B)$이다.

(3) $A \subset X$이면 $A \subset f^{-1}(f(A))$이다(단, $f(x)$가 단사이면 등호 성립).

(4) $B \subset Y$이면 $f(f^{-1}(B)) \subset B$이다(단, $f(x)$가 전사이면 등호 성립).

(5) $A, B \subset Y$이면 $f^{-1}(A \cup B) = f^{-1}(A) \cup f^{-1}(B)$이다.

(6) $A, B \subset Y$이면 $f^{-1}(A \cap B) = f^{-1}(A) \cap f^{-1}(B)$이다.

10 함수 $f(x)$와 일차함수 $g(x)$가 $(f \circ g)(x) = \{g(x)\}^2 + 5$, $(g \circ f)(x) = 4\{g(x)\}^2 + \frac{5}{4}$를 만족시킬 때, 함수 $f(x) + g(x)$를 구하라.

11 함수 $f : X \to Y$와 $g : Y \to Z$에 대해 다음이 성립함을 보여라.

(1) f와 g가 단사이면 $g \circ f$도 단사이다.

(2) f와 g가 전사이면 $g \circ f$도 전사이다.

(3) $g \circ f$가 단사이면 f는 단사이다.

(4) $g \circ f$가 전사이면 g는 전사이다.

12 함수 $f : A \to B$와 $g : B \to C$가 모두 전단사이면 $g \circ f$도 전단사이다. 이때 $(g \circ f)^{-1} = f^{-1} \circ g^{-1}$임을 보여라.

1.2 분수방정식

다음 식 (1.1)과 같이 미지수에 관한 분수식을 포함하는 방정식을 **분수방정식** (fractional equation)이라고 한다.

$$\frac{1}{x}+\frac{1}{2x^2-3}=0 \tag{1.1}$$

분수방정식은 분모의 최소공배수를 양변에 곱하여 얻는 다음과 같은 $f(x)=0$인 형태의 다항방정식으로 고쳐서 푼다.

$$2x^2+x-3=0$$

예제 1.4 다음 방정식 중에서 (1), (3), (4)는 분수방정식이고, (2)는 분수방정식이 아니다.

(1) $\frac{1}{x}+\frac{1}{x-1}=1$

(2) $\frac{x^3}{5}+\frac{3}{2}=\frac{x+1}{10}$

(3) $\frac{1}{x+1}=2+\frac{1}{x-1}$

(4) $\frac{x^2+x}{x+1}+2=\frac{x^2-5x+6}{3+x}$

예제 1.5 다음 분수방정식을 풀어라.

$$\frac{1}{x}+\frac{1}{x(x-1)}=1$$

풀이 양변에 분모의 최소공배수 $x(x-1)$을 곱하여 정리하면 다음을 얻는다.

$$(x-1)+1=x(x-1),$$
$$x^2-2x=x(x-2)=0$$

그러므로 $x=0$ 또는 $x=2$이다.

이때 $x=2$는 주어진 분수방정식을 만족시키므로 근이다. 그러나 $x=0$은 주어진 분수방정식의 분모를 0이 되게 하므로 근이 아니다. 따라서 구하는 근은 $x=2$뿐이다. □

예제 1.5에서와 같이 분수방정식을 다항방정식으로 고쳐서 근을 구하면 원래의 분수방정식의 근이 아닌 것이 포함될 수 있다. 이와 같은 근을 분수방정식의 무연근(extraneous root)이라고 한다. 즉 예제 1.5에서 $x=0$은 무연근이다.

분수방정식을 다항방정식으로 고쳐서 풀 때 무연근이 나오는 이유를 알아보자. 분수방정식을 다음과 같다고 하자.

$$A = B \tag{1.2}$$

이의 양변에 분모의 최소공배수 L을 곱하면, 다음과 같은 다항방정식을 얻는다.

$$LA - LB = 0 \tag{1.3}$$

이때 식 (1.2)가 성립하면 등식의 성질에 의하여 식 (1.3)이 성립하므로 식 (1.2)의 근은 식 (1.3)의 근이다. 역으로, 식 (1.3)이 성립하면 $L(A-B)=0$이고, 따라서 $L=0$ 또는 $A=B$이다. 이때 식 (1.3)의 근 중에는 식 (1.2)의 분모를 0이 되게 하는 근, 즉 $L=0$의 근이 포함될 수 있다. 이러한 근이 분수방정식 (1.2)의 무연근이다. 따라서 분수방정식 (1.2)를 만족시키는 근을 구할 때는 다항방정식 (1.3)을 만족시키는 근 중에서 분모의 최소공배수 $L=0$이 되는 것은 제외해야 한다.

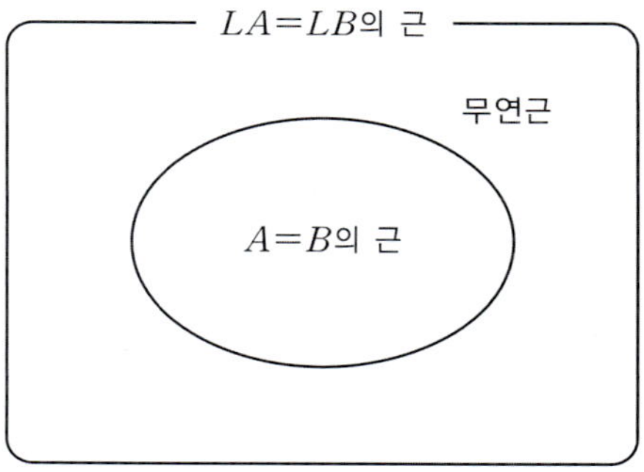

| 그림 1.1 |

일반적으로 분수방정식은 다음과 같이 푼다.

(1) 분모의 최소공배수를 양변에 곱하여 분수방정식을 다항방정식으로 고친다.
(2) (1)에서 얻은 다항방정식을 푼다.
(3) (2)에서 구한 근 중에서 무연근을 제외한 나머지 근을 택한다.

예제 1.6 다음 분수방정식을 풀어라.

$$\frac{1}{x-1} = \frac{2x}{x^2-1} + 3$$

풀이 양변에 분모의 최소공배수 x^2-1을 곱하여 정리하면 다음을 얻는다.

$$3x^2 + x - 4 = (3x+4)(x-1) = 0$$

그러므로 $x=-4/3$ 또는 $x=1$이다. 이때 $-4/3$는 주어진 분수방정식을 만족시키므로 근이지만 $x=1$은 주어진 분수방정식의 분모를 0이 되게 하므로 무연근이다. 따라서 주어진 방정식의 근은 $-4/3$이다. □

예제 1.7 다음 분수방정식을 풀어라.

$$\frac{x^2+x}{4} + \frac{3}{x^2+x} = 2 \tag{1.4}$$

풀이 $x^2+x=X$로 치환하여 주어진 식을 정리하면 다음을 얻는다.

$$X^2 - 8X + 12 = (X-2)(X-6) = 0$$

그러므로 $X=2$ 또는 $X=6$이다.

$X=2$일 때 $x^2+x=2$이므로 $x=-2$ 또는 $x=1$이다. $X=6$일 때 $x^2+x=6$이므로 $x=-3$ 또는 $x=2$이다. 그런데 -3, -2, 1, 2는 식 (1.4)의 분모를 0으로 만들지 않으므로 무연근이 아니다. 따라서 구하는 분수방정식의 근은 -3, -2, 1, 2이다. □

예제 1.8 다음 분수방정식을 풀어라.

$$\frac{x}{x^2-3} + \frac{3}{2} = \frac{x^2-3}{x}$$

풀이 $x/(x^2-3)=X$로 치환하여 주어진 방정식을 정리하면 다음을 얻는다.

$$2X^2 + 3X - 2 = (2X-1)(X+2) = 0$$

그러므로 $X=1/2$ 또는 $X=-2$이다. $X=1/2$이면 $2x=x^2-3$이고 $x^2-2x-3=0$

이다. 따라서 $x=-1$ 또는 $x=3$이다. 그리고 $X=-2$이면 $2x^2+x-6=0$이므로 $x=-2$ 또는 $x=2/3$이다.
그런데 위에서 얻은 x의 모든 값은 주어진 분수방정식의 분모를 0이 되게 하지 않는다. 따라서 이들은 무연근이 아니다. 그러므로 주어진 분수방정식의 근은 -2, -1, $2/3$, 3이다. □

예제 1.9 강물이 시속 2km로 흐르고 있다. 이 강을 따라 20km의 거리를 배로 왕복하는 데 2시간 15분이 걸렸다. 흐르지 않는 물에서의 배의 속력을 구하라.

풀이 구하고자 하는 배의 속력을 $x$km/h라고 하면 배가 강을 따라 내려갈 때는 $20/(x+2)$시간이 걸리고, 배가 강을 거슬러 올라갈 때는 $20/(x-2)$시간이 걸린다. 강을 왕복하는 데 9/4시간이 걸리므로 다음 분수방정식을 얻는다.

$$\frac{20}{x+2}+\frac{20}{x-2}=\frac{9}{4} \tag{1.5}$$

식 (1.5)의 양변에 $4(x-2)(x+2)$를 곱하여 식을 정리하면 다음을 얻는다.

$$9x^2-160x-36=(x-18)(9x+2)=0$$

그러므로 $x=18$ 또는 $x=-2/9$이다. 이 값들은 모두 분수방정식 (1.5)의 근이지만 문제의 뜻에서 $x>2$이어야 하므로 $-2/9$는 근이 될 수 없다. 따라서 배의 속력은 18km/h이다. □

연습문제 1.2

1 다음 분수방정식을 풀어라.

(1) $\dfrac{x}{x+1}-\dfrac{3}{x-1}=\dfrac{2x^2}{x^2-1}$

(2) $\dfrac{x+1}{x+2}+\dfrac{10}{x^2-x-6}=\dfrac{2}{x-3}$

(3) $x^2+\dfrac{1}{x^2}-4\left(x+\dfrac{1}{x}\right)=10$

(4) $\dfrac{1}{x+1}+\dfrac{1}{x+3}=\dfrac{1}{x+2}+\dfrac{1}{x+4}$

(5) $\dfrac{1}{x+1}=\dfrac{2}{x^2+4x+3}+\dfrac{1}{3}$　　(6) $\dfrac{1}{x-2}-\dfrac{1}{x-3}=\dfrac{1}{x-7}-\dfrac{1}{x-8}$

2 다음 분수방정식을 풀어라.

(1) $\dfrac{x-4}{x^2+x-2}=\dfrac{1}{x-1}+\dfrac{6}{x^2-4}$　　(2) $\dfrac{1}{x-1}-\dfrac{1}{x}=\dfrac{x^2-x-1}{2}$

(3) $\dfrac{x^2+1}{x}+\dfrac{8x}{x^2+1}=6$　　(4) $x^2-2x-\dfrac{3}{x^2-2x}=2$

(5) $\dfrac{x^2-x}{4}+\dfrac{3}{x^2-x}=2$　　(6) $\dfrac{x}{x^2-1}+\dfrac{5}{6}=\dfrac{x^2-1}{x}$

3 삼차방정식 $x^3+5x^2+3x+7=0$의 세 근을 α, β, γ라 할 때, 다음 분수방정식을 풀어라.

$$\frac{1}{x-\alpha}+\frac{1}{x-\beta}+\frac{1}{x-\gamma}=0$$

4 x에 관한 다음 분수방정식이 근을 갖지 않을 때, 실수 a의 값을 정하라.

$$\frac{a(a+2)}{2x}-\frac{a(a-1)}{2(x-1)}=1$$

5 다음 분수방정식의 근이 존재하기 위한 실수 b의 조건을 구하라.

$$\frac{1}{x+b}+\frac{1}{x-b}=1+\frac{2b}{x^2-b^2}$$

6 항구 A에서 항구 B를 향하여 일정한 속력으로 항해하는 배가 항로의 2/3를 가고 그 지점에서부터 시속 6km만큼 감속하여 항구 B에 도착하였다. 이때 항구 A에서 항구 B까지 걸린 시간은 처음부터 일정한 속력으로 항해할 때보다 시속 4km만큼 느리게 항해한 것과 같은 시간이라고 한다. 배의 처음 속력을 구하라.

7 기차 A보다 시속 40km 더 빠른 기차 B가 360km 떨어진 목적지를 향하여 기차 A와 같은 시각에 출발하여 1시간 30분 일찍 도착하였다. 이때 기차 B의 속력을 구하라.

8 좌표평면에서 동점 P가 원점을 출발하여 x축을 양의 방향으로 매초 1의 속도로 움직이다가, 어느 지점에 이르러서는 x축을 떠나서 $Q(5,\ 2)$를 향해 똑바로 매초 1/3의 속도로 움직여 11초 만에 점 Q에 도착하였다. 점 P는 어느 지점에서 x축을 떠났는지 구하라.

9 갑과 을 두 사람이 함께 하면 예정된 기간에 끝낼 일을 각자 하면 갑과 을은 예정된 기간보다 각각 8일과 2일 더 걸린다고 한다. 두 사람이 함께 일을 하면 며칠 만에 일을 끝낼 수 있겠는가? (단, 각자 하루에 하는 일의 양은 일정하다.)

1.3 무리방정식

다음과 같이 미지수에 관한 무리식을 포함하는 방정식을 무리방정식(irrational equation)이라고 한다.

$$\sqrt{x^2-1}=3,\quad \sqrt{x}=6-x,\quad 2\sqrt{x+1}-\sqrt{x}=1$$

무리방정식을 풀 때도 분수방정식에서와 마찬가지로 다항방정식으로 고쳐서, 즉 유리화하여 푼다.

예제 1.10 무리방정식 $\sqrt{x}+2=x$를 풀어라.

풀이 2를 우변으로 이항하고 양변을 제곱하여 정리하면 다음을 얻는다.

$$x^2-5x+4=(x-1)(x-4)=0$$

그러므로 $x=1$ 또는 $x=4$이다.
이 값들을 주어진 무리방정식에 대입하면 $x=1$은 근이 아님을 알 수 있다. 따라서 구하는 무리방정식의 근은 $x=4$이다. □

예제 1.10의 $x=1$과 같이 무리방정식을 유리화하여 구한 근 중에는 원래의 무리방정식의 근이 아닌 것이 포함될 수 있다. 이와 같은 근을 무연근이라고 한다.

무리방정식을 유리화하여 풀 때 무연근이 나오는 이유를 알아보자. 무리방정식 $A=B$의 양변을 제곱하면 $A^2=B^2$인 다항방정식을 얻는다. 이때 $A=B$가 성립하면 등식의 성질에 의하여 $A^2=B^2$도 성립하므로 $A=B$의 근은 $A^2=B^2$의 근이다.

역으로 $A^2=B^2$이 성립하면 $A^2-B^2=(A-B)(A+B)=0$이다. 그러므로 $A=B$ 또는 $A=-B$이다. 이때 $A^2=B^2$의 근 중에는 $A=B$의 근이 아닌 $A=-B$의 근이 포함될 수 있는데, 이러한 근이 $A=B$의 무연근이 될 수 있다. 따라서 무리방정식 $A=B$를 만족시키는 근을 구할 때는 방정식 $A^2=B^2$을 만족시키는 근 중에서 무연근을 제외해야 한다.

무리방정식의 근과 무연근의 의미를 무리함수의 그래프를 이용하여 알아보자. 이를테면 예제 1.10의 무리방정식 $\sqrt{x}+2=x$, 즉 $\sqrt{x}=x-2$의 근은 두 함수 $y=\sqrt{x}$와 $y=x-2$의 그래프에서 교점의 x좌표이다.

그림 1.2에서 두 함수의 그래프의 교점의 x좌표는 4이므로 다음 무리방정식의 근은 $x=4$임을 알 수 있다. 그러나 유리화하여 문제를 푸는 과정에서 포함된 $y=-\sqrt{x}$와 $y=x-2$의 그래프에서 교점의 x좌표인 $x=1$은 주어진 무리방정식의 무연근이다.

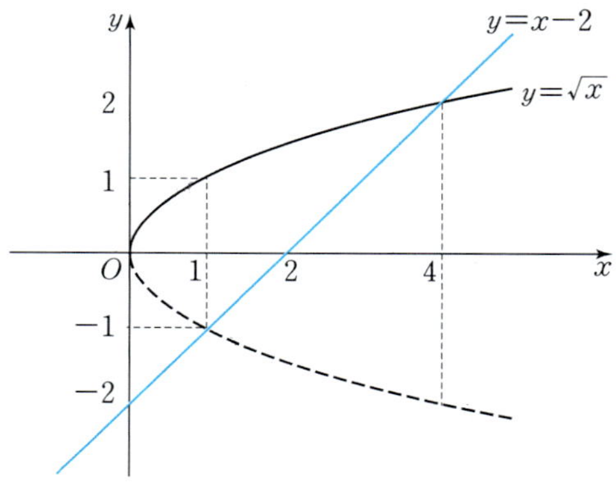

| 그림 1.2 |

일반적으로 무리방정식은 다음과 같이 푼다.

(1) 주어진 방정식을 이항하고, 양변을 제곱하여 무리방정식을 다항방정식으로 고친다. 즉 유리화한다.
(2) (1)에서 얻은 다항방정식을 푼다.
(3) (2)에서 구한 근 중에서 무연근을 제외한 나머지 근을 택한다.

예제 1.11 다음 무리방정식을 풀어라.

(1) $x+\sqrt{x+1}=1$ (2) $\sqrt{25-x^2}-x=1$

풀이 (1) x을 우변으로 이항하고 양변을 제곱하여 정리하면 다음을 얻는다.

$$x^2-3x=x(x-3)=0$$

그러므로 $x=0$ 또는 $x=3$이다. 그런데 이 값들을 주어진 무리방정식에 대입해보면 3은 무연근임을 알 수 있다. 따라서 구하는 무리방정식의 근은 $x=0$이다.

(2) x를 우변으로 이항하고 양변을 제곱하여 정리하면 다음을 얻는다.

$$2(x^2+x-12)=2(x+4)(x-3)=0$$

그러므로 $x=-4$ 또는 $x=3$이다. 그런데 -4은 주어진 무리방정식의 무연근이므로 구하는 무리방정식의 근은 $x=3$이다. □

예제 1.12 다음 무리방정식을 풀어라.

$$\sqrt{x+3}-\sqrt{2-x}=1$$

풀이 $\sqrt{2-x}$를 우변으로 이항하고 양변을 제곱하여 정리하면 다음을 얻는다.

$$x+3=1+2\sqrt{2-x}+2-x, \quad x=\sqrt{2-x}$$

다시 양변을 제곱하여 정리하면 다음이 성립한다.

$$x^2+x-2=(x+2)(x-1)=0$$

따라서 $x=-2$ 또는 $x=1$이다. 그런데 -2는 주어진 무리방정식의 무연근이므로 구하는 무리방정식의 근은 $x=1$이다. □

> **참고** 예제 1.12의 무리방정식 $x=\sqrt{2-x}$에서 $\sqrt{2-x}\geq 0$이므로, $x\geq 0$이고 $2-x\geq 0$이다. 즉 $0\leq x\leq 2$이다. 그러므로 다항방정식으로 고쳐서 구한 $x=-2$과 $x=1$을 무리방정식에 직접 대입하지 않고도 $0\leq x\leq 2$를 만족시키는 $x=1$만이 주어진 무리방정식의 근이 됨을 알 수 있다.

예제 1.13 다음 무리방정식을 풀어라.

(1) $\sqrt{x-\sqrt{3-x}}=1$ (2) $\sqrt{3x+3}-\sqrt{x-1}=2$

풀이 (1) 양변을 제곱하여 정리하면 $x-\sqrt{3-x}=1$이므로, 이 식에서 x를 우변으로 이항해서 양변을 제곱하여 정리하면 다음을 얻는다.

$$x^2-x-2=(x+1)(x-2)=0$$

그러므로 $x=-1$ 또는 $x=2$이다. -1은 무연근이므로 구하는 무리방정식의 근은 $x=2$이다.

(2) $\sqrt{x-1}$을 우변으로 이항하고 양변을 제곱하여 정리하면 다음을 얻는다.

$$\begin{aligned} &3x+3=x-1+4+4\sqrt{x-1}, \\ &x=2\sqrt{x-1} \end{aligned} \tag{1.6}$$

다시 식 (1.6)의 양변을 제곱하여 정리하면 다음을 얻는다.

$$x^2-4x+4=(x-2)^2=0$$

따라서 $x=2$이다. 2는 무연근이 아니므로 구하는 무리방정식의 근이다. □

예제 1.14 다음 무리방정식을 풀어라.

$$x^2-3x+\sqrt{x^2-3x+4}=2$$

풀이 $\sqrt{x^2-3x+4}=X$로 치환하고 이 식의 양변을 제곱하면 $x^2-3x=X^2-4$이므로, 주어진 무리방정식은 다음과 같다.

$$X^2+X-6=(X+3)(X-2)=0$$

그러므로 $X=-3$ 또는 $X=2$이다. 그런데 $X\geq 0$이므로 $\sqrt{x^2-3x+4}=2$이다. 이 식의 양변을 제곱하여 정리하면 다음이 성립한다.

$$x^2-3x=x(x-3)=0$$

그러므로 $x=0$ 또는 $x=3$이다.
이때 이 값들은 모두 주어진 무리방정식을 만족시키므로 구하는 무리방정식의 근은 0과 3이다. □

예제 1.15 다음 무리방정식을 풀어라.

(1) $x^2+\sqrt{x^2+3}=3$

(2) $(x-3)(x+2)+\sqrt{(x-2)(x+1)}=2$

풀이 (1) $\sqrt{x^2+3}=X$로 치환하고 이 식의 양변을 제곱하면 $x^2=X^2-3$이므로, 주어진 무리방정식은 다음과 같다.

$$X^2 + X - 6 = (X+3)(X-2) = 0$$

그러므로 $X = -3$ 또는 $X = 2$이다. 그런데 $X \ge 0$이므로, $\sqrt{x^2+3} = 2$이다. 이 식의 양변을 제곱하여 정리하면 $x^2 = 1$이다. 따라서 $x = \pm 1$이다.
이때 이 값들은 모두 주어진 무리방정식을 만족시키므로 구하는 무리방정식의 근은 ± 1이다.

(2) $\sqrt{(x-2)(x+1)} = X$로 치환하고 이 식의 양변을 제곱하면 $x^2 - x = X^2 + 2$이므로, 주어진 무리방정식은 다음과 같다.

$$X^2 + X - 6 = (X-2)(X+3) = 0$$

그러므로 $X = 2$ 또는 $X = -3$이다. 그런데 $X \ge 0$이므로 $\sqrt{(x-2)(x+1)} = 2$이다. 이 식의 양변을 제곱하여 정리하면 다음이 성립한다.

$$x^2 - x - 6 = (x-3)(x+2) = 0$$

따라서 $x = 3$ 또는 $x = -2$이다.
이 값들은 모두 주어진 무리방정식을 만족시키므로 구하는 무리방정식의 근은 3과 -2이다. □

예제 1.16 무리방정식 $\sqrt{2x-3} = kx - 1$의 서로 다른 두 실근이 존재하기 위한 실수 k의 값 또는 범위를 구하라.

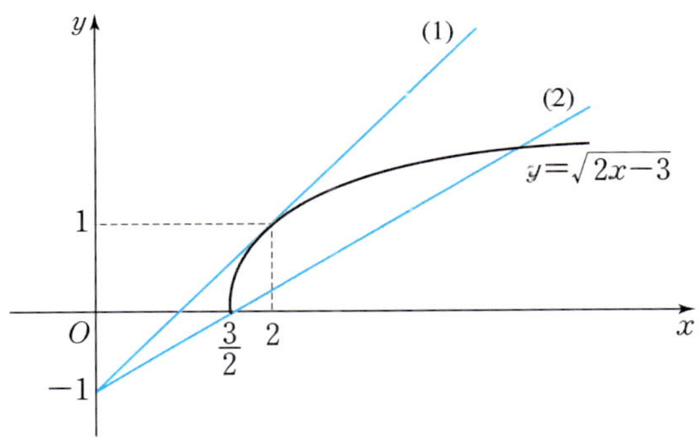

| 그림 1.3 |

풀이 두 함수 $y = \sqrt{2x-3}$과 $y = kx - 1$의 그래프를 그려서 생각해보자.

주어진 무리방정식의 서로 다른 두 실근이 존재하려면 직선 $y=kx-1$이 그림 1.3에서 직선 (1)과 (2) 사이에 위치하거나 직선 (2)에 위치해야 한다.

$y=kx-1$과 $y=\sqrt{2x-3}$이 접할 때, $\sqrt{2x-3}=kx-1$의 양변을 제곱하여 정리하면 다음이 성립한다.

$$k^2x^2-(2k+2)x+4=0$$

판별식 D가 $D=(2k+2)^2-4\cdot k^2\cdot 4=-4(3k+1)(k-1)=0$이므로 $k=-1/3$ 또는 $k=1$이다. 그런데 $k>0$이므로 $k=1$이다.

한편 $y=kx-1$이 점 $(3/2, 0)$을 지날 때, $k=2/3$이므로 구하는 k값의 범위는 $2/3\le k<1$이다. □

예제 1.17 그림 1.4와 같이 좌표평면에 두 점 $A(0, 5)$와 $B(20, 15)$가 있다. x축에 있는 한 점 P를 잡아서 $\overline{AP}+\overline{PB}=30$이 되게 하려고 한다. 이때 점 P의 좌표를 구하라.

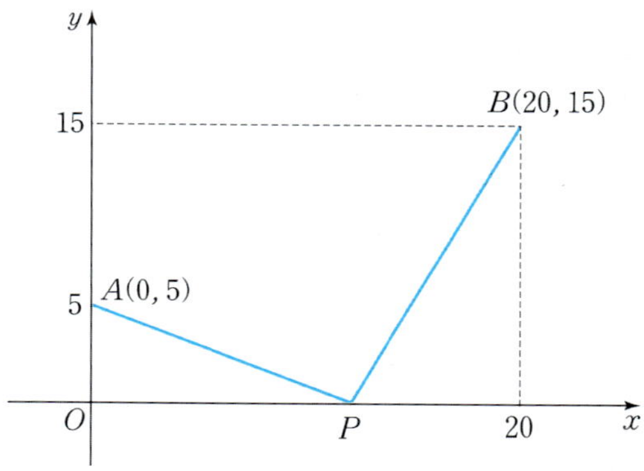

| 그림 1.4 |

풀이 점 P는 x축에 있으므로 좌표를 $(x, 0)$으로 놓으면 다음이 성립한다.

$$\overline{AP}=\sqrt{x^2+25},\quad \overline{PB}=\sqrt{x^2-40x+625}$$

$\overline{AP}+\overline{PB}=30$이므로 다음을 얻는다.

$$\sqrt{x^2+25}+\sqrt{x^2-40x+625}=30, \tag{1.7}$$
$$2x+15=3\sqrt{x^2+25},$$
$$5x^2-60x=5x(x-12)=0$$

그러므로 $x=0$ 또는 $x=12$이다. 이 값들은 식 (1.7)을 만족시키므로 방정식 (1.7)의 근이다. 따라서 구하는 점 P의 좌표는 $(0,\ 0)$ 또는 $(12,\ 0)$이다. □

연습문제 1.3

1 다음 무리방정식을 풀어라.

(1) $\sqrt{x-2}=4-x$

(2) $\sqrt{x+2}-\sqrt{3-x}=1$

(3) $\sqrt{x+2}+\sqrt{x-6}=4$

(4) $\sqrt{5x-1}=1-\sqrt{x}$

(5) $\sqrt{x+\sqrt{x+2}}=2$

(6) $\sqrt{2x+1}+\sqrt{2x-1}=\sqrt{x+1}+\sqrt{3x-1}$

2 다음 무리방정식을 풀어라.

(1) $2x^2+6\sqrt{2x^2-3x+2}=3x+14$

(2) $x^2-3x+\sqrt{x^2-3x-6}=12$

(3) $(x+4)(x-3)+\sqrt{(x+3)(x-2)}=36$

3 무리방정식 $\sqrt{x+3}=mx+2$의 근이 존재하지 않도록 실수 m의 값의 범위를 구하라.

4 무리방정식 $\sqrt{2x-3}=x+k$의 실근의 개수를 실수 k의 값에 따라 조사하라.

5 삼각형 ABC에서 $\overline{AB}=25$, $\overline{BC}=39$, $\overline{CA}=40$이고, 꼭짓점 A에서 $\overline{BC}$에 내린 수선의 발을 H라 할 때, $\overline{AH}$의 길이를 구하라.

6 무리방정식 $\sqrt{x}=x+k$의 근이 다음과 같을 때 실수 k의 값 또는 범위를 각각 구하라.

(1) 서로 다른 두 실근이 존재할 때

(2) 하나의 실근이 존재할 때

(3) 실근이 존재하지 않을 때

1.4 고차부등식

부등식 $x^2(x+1)>0$, $x^4-3x^2+2\le 0$과 같이 부등식의 모든 항을 좌변으로 이항하여 다음의 형태로 정리했다고 하자.

$$f(x)>0,\quad f(x)<0,\quad f(x)\ge 0,\quad f(x)\le 0$$

이때 $f(x)$가 다항식인 것을 다항부등식이라 한다. 특히 $f(x)$가 삼차다항식이면 삼차부등식, $f(x)$가 사차다항식이면 사차부등식이라 하고, 삼차 이상인 부등식을 통틀어 고차부등식이라고 한다. 예를 들면 $x^2(x+1)>0$은 삼차부등식이고, $3x^4+x<5x^3+7$은 사차부등식이다.

고차부등식을 풀 때는 고차방정식의 경우와 마찬가지로 모든 항을 한 변으로 이항한 후 계수가 실수인 범위에서 인수분해하여 각 인수의 부호를 조사하여 푼다.

예를 들어 삼차부등식 $x^3<x^2+2x$를 풀어보자. 주어진 삼차부등식의 모든 항을 좌변으로 이항한 후 인수분해해서 다음을 얻는다.

$$x^3-x^2-2x=x(x+1)(x-2)<0$$

이때 $f(x)=x(x+1)(x-2)$로 놓으면 x, $x+1$, $x-2$의 부호에 따라 $f(x)$의 부호가 결정된다. 따라서 $f(x)=0$이 되는 x의 값 -1, 0, 2를 경계로 x값의 범위를 구분하여 $f(x)$의 부호를 조사하면 표 1.1과 같다.

표 1.1에서 $x(x+1)(x-2)<0$을 만족시키는 x의 값의 범위가 $x<-1$ 또는 $0<x<2$이므로 이 범위가 삼차부등식 $x^3<x^3+2x$의 해이다.

| 표 1.1 | 함수 $f(x)=x^3-x^2-2x$ 값의 부호 변화

x의 범위	$x<-1$	$-1<x<0$	$0<x<2$	$2<x$
x	$-$	$-$	$+$	$+$
$x+1$	$-$	$+$	$+$	$+$
$x-2$	$-$	$-$	$-$	$+$
$f(x)$	$-$	$+$	$-$	$+$

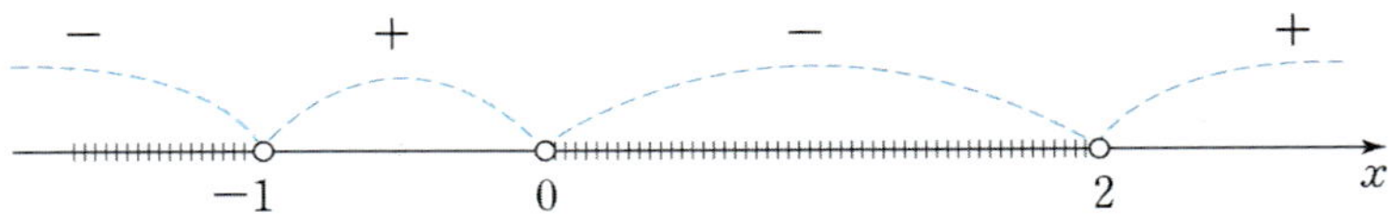

| 그림 1.5 | 함수 $f(x)=x^3-x^2-2x$의 부호의 변화

한편 표 1.1을 이용하여 세 인수 x, $x+1$, $x-2$의 곱 $x(x+1)(x-2)$의 부호를 그림 1.5와 같이 수직선에 나타내면 양(+)과 음(−)이 교대로 나타나고 구하는 범위를 찾을 수 있다.

이와 같이 고차부등식을 풀 때는 표를 그리지 않아도 수직선을 이용하면 편리하게 해를 구할 수 있다. 위의 수직선에서 삼차부등식 $x^3 < x^2+2x$의 해는 $x<-1$ 또는 $0<x<2$임을 알 수 있다.

일반적으로 고차부등식은 다음과 같이 푼다.

(1) 모든 항을 좌변으로 이항하여 $f(x)>0$, $f(x)<0$, $f(x)\geq 0$, $f(x)\leq 0$ 꼴로 고친다.

(2) $f(x)$를 실수의 범위에서 인수분해한다.

(3) $f(x)=0$을 만족시키는 x값을 경계로 하여 부등식 $f(x)>0$의 해집합으로 $f(x)$가 양(+)의 부호인 x값의 범위를 택한다. 또한, 부등식 $f(x)<0$의 해집합으로는 $f(x)$가 음(−)의 부호인 x값의 범위를 택한다.

예제 1.18 다음 부등식을 수직선을 이용하여 풀어라.

(1) $(x-2)(x+2)(x-1)\geq 0$

(2) $x(x+1)(x+2)(x+4)<0$

풀이 (1) $f(x)=(x-2)(x+2)(x-1)$이라 할 때 $f(x)\geq 0$인 x값의 범위를 택한다. $f(x)=0$으로 하는 x의 값 $x=-2,\ 1,\ 2$를 경계로 하여 $f(x)$의 부호를 조사해서 그림 1.6과 같이 수직선에 나타낼 수 있다.

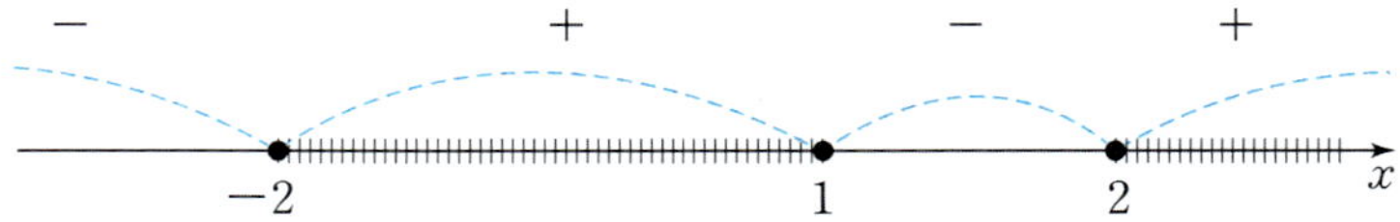

| 그림 1.6 | 함수 $f(x)=(x-2)(x+2)(x-1)$의 부호의 변화

따라서 구하는 x값의 범위는 $-2 \le x \le 1$ 또는 $2 \le x$이다.

(2) $f(x) = x(x+1)(x+2)(x+4)$라고 할 때, $f(x) < 0$인 x의 범위를 택한다. $f(x) = 0$으로 하는 x의 값 $x = -4,\ -2,\ -1,\ 0$을 경계로 하여 $f(x)$의 부호를 조사해서 그림 1.7과 같이 수직선에 나타낼 수 있다.

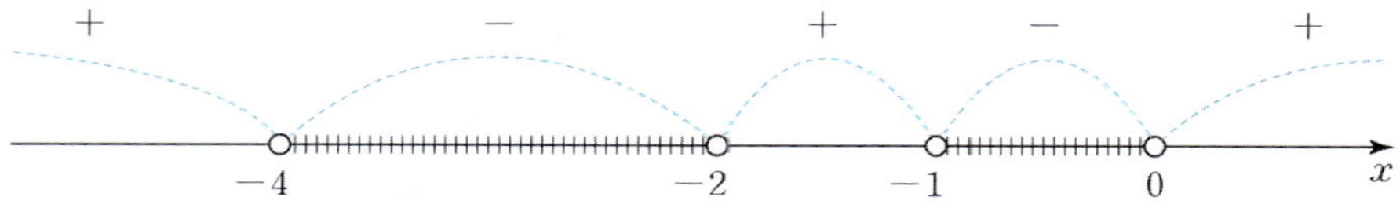

| 그림 1.7 | 함수 $f(x) = x(x+1)(x+2)(x+4)$의 부호의 변화

따라서 구하는 x값의 범위는 $-4 < x < -2$ 또는 $-1 < x < 0$이다. □

예제 1.19 다음 고차부등식을 풀어라.

(1) $x^4 + 3x \le 2x^3 + 2x^2$

(2) $x^4 - 6x^3 - 7x^2 + 20x - 12 > 0$

풀이 (1) 우변을 좌변으로 이항하여 인수분해하면 다음 부등식을 얻는다.

$$x(x-3)(x^2+x-1) \le 0 \tag{1.8}$$

그런데 임의의 실수 x에 대하여 $x^2 + x + 1 = \left(x + \frac{1}{2}\right)^2 + \frac{3}{4} > 0$이므로 부등식 (1.8)을 만족시키는 x값의 범위는 다음과 같다.

$$0 \le x \le 3$$

(2) 좌변을 인수분해하면 다음 부등식을 얻는다.

$$(x+1)(x-2)(x+3)^2 > 0 \tag{1.9}$$

그런데 부등식 (1.9)는 $x = -3$일 때 성립하지 않고, $x \ne -3$일 때에는 $(x+3)^2 > 0$이다. 그러므로 부등식 (1.9)로부터 다음을 얻는다.

$$(x+1)(x-2) > 0, \quad x \ne -3$$

따라서 주어진 부등식을 만족시키는 x값의 범위는 다음과 같다.

$$x < -3,\ -3 < x < -1,\ x > 2$$

□

예제 1.20 다음 연립부등식을 풀어라.

$$\begin{cases} x^3+4x^2+x-6<0 \\ x^3+1\ge 0 \end{cases}$$

풀이 먼저 부등식 $x^3+4x^2+x-6<0$의 해집합은 다음과 같다.

$$x<-3 \text{ 또는 } -2<x<1 \tag{1.10}$$

또한 부등식 $x^3+1\ge 0$으로부터 다음을 얻는다.

$$(x+1)(x^2-x+1)=(x+1)\left\{\left(x-\frac{1}{2}\right)^2+\frac{3}{4}\right\}\ge 0$$

그런데 임의의 실수 x에 대하여 $\left(x-\frac{1}{2}\right)^2+\frac{3}{4}>0$이므로 $x^3+1\ge 0$을 만족시키는 x값의 범위는 다음과 같다.

$$x\ge -1 \tag{1.11}$$

그러므로 부등식 (1.10)과 (1.11)의 공통 범위를 수직선에 나타내면 그림 1.8과 같다. 따라서 구하는 해집합은 $-1\le x<1$이다.

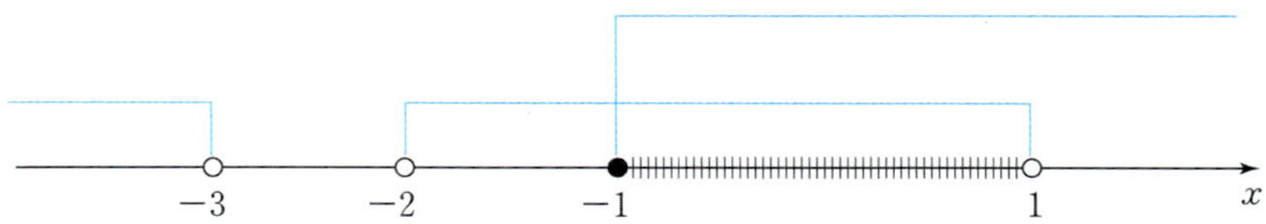

| 그림 1.8 | 예제 1.20의 해집합 □

연습문제 1.4

1 다음 부등식을 풀어라.

(1) $(x+1)(x+2)(x-3)>0$　　(2) $(x-1)^2(x-2)(x-3)\ge 0$

(3) $x^3-5x^2+2x+8\ge 0$　　(4) $x^3-11x^2+38x-40\le 0$

(5) $x^4-2x^3-7x^2+8x+12<0$　　(6) $x^4-4x^3-x^2+16x-12\ge 0$

2 다음 연립부등식을 풀어라.

(1) $\begin{cases} 2x^2 - 2x - 1 \le 0 \\ (x+2)(x-1)(x-3) \ge 0 \end{cases}$　　(2) $\begin{cases} x^3 + 3x^2 + 3x + 2 \ge 0 \\ x^4 - 3x^3 - 3x^2 + 7x + 6 > 0 \end{cases}$

(3) $\begin{cases} x^4 - x^3 - 2x^2 > 0 \\ x^3 - 3x^2 + 2x > 0 \end{cases}$　　(4) $\begin{cases} x^4 - 3x^3 + x - 3 < 0 \\ x^4 - 8x^3 + 20x^2 - 16x \ge 0 \end{cases}$

3 다음 두 부등식을 동시에 만족시키는 정수 x의 값을 구하라.

(1) $\begin{cases} x^3 + 5x^2 + 5x + 4 > 0 \\ 2x^3 + 9x^2 + 9x < 0 \end{cases}$　　(2) $\begin{cases} 2x^2 - 5x - 3 < 0 \\ 2x^3 + 3x^2 - 8x + 3 > 0 \end{cases}$

4 두 집합 A와 B가 다음과 같다고 할 때, $A \cup B$와 $A \cap B$를 구하라.

$$A = \{x \mid x^3 - 3x^2 - 6x + 8 \ge 0\},$$
$$B = \{x \mid x^4 - 5x^3 + 5x^2 + 5x - 6 < 0\}$$

5 두 집합 A와 B가 다음과 같다고 하자.

$$A = \{x \mid 2x^3 + 5x^2 + x - 2 > 0\},\ B = \{x \mid x^2 + ax + b \le 0\}$$

이때 다음을 만족시키는 두 상수 a와 b의 값을 구하라.

$$A \cup B = \{x \mid x > -2\},\quad A \cap B = \left\{x \mid \frac{1}{2} < x \le 3\right\}$$

6 가로, 세로, 높이가 각각 2cm, 3cm, 5cm인 직육면체가 있다. 가로, 세로, 높이를 각각 $x$cm만큼 늘려서 직육면체의 부피가 72cm^3 이상 240cm^3 이하가 되게 하려고 한다. 이때 x값의 범위를 구하라.

7 두 공장 A와 B에서 어떤 제품 $x$kg을 생산하는 데 드는 생산비용을 각각 $f(x)$와 $g(x)$라 하면, $f(x) = 2x^3 - 3x^2 + 30$이고 $g(x) = x^3 + 2x^2 + 4x + 10$이다. 공장 A의 생산비용이 공장 B의 생산비용보다 적게 드는 x값의 범위를 구하라.

1.5 분수부등식

부등식의 모든 항을 좌변으로 이항하여 다음의 부등식이 되었다고 하자.

$$f(x) > 0, \quad f(x) < 0, \quad f(x) \geq 0, \quad f(x) \leq 0$$

이때 $f(x)$가 분수식인 것을 **분수부등식**이라 한다.

예를 들어 분수부등식 $\frac{2x}{x-1} \leq 1$을 풀어보자. 주어진 식을 좌변으로 이항하여 통분하면 다음을 얻는다.

$$f(x) = \frac{2x}{x-1} - 1 = \frac{x+1}{x-1} \leq 0 \qquad (1.12)$$

x값의 범위에 따른 부등식 (1.12)의 좌변의 부호는 표 1.2와 같다. 따라서 부등식 (1.12)을 만족시키는 x값의 범위는 $-1 \leq x < 1$이다.

| 표 1.2 | 함수 $f(x) = \frac{x+1}{x-1}$의 부호 변화

x의 범위	$x < -1$	$x = -1$	$-1 < x < 1$	$x = 1$	$1 < x$
$x+1$	$-$	0	$+$	$+$	$+$
$x-1$	$-$	$-$	$-$	0	$+$
$f(x)$	$+$	0	$-$	존재하지 않음	$+$

이와 같은 분수부등식은 분모의 제곱을 양변에 곱하여 다항부등식으로 고쳐서 풀면 간단하다. 이때 분수부등식의 분모는 0이 될 수 없음에 유의한다. 예를 들어 분수부등식 (1.12)에서 $x-1 \neq 0$이고, 부등호의 방향이 바뀌지 않도록 $(x-1)^2$을 양변에 곱하면 $(x+1)(x-1) \leq 0$이다. 여기에서 $x \neq 1$이다. 이때 구하는 x값의 범위는 $-1 \leq x < 1$이다.

일반적으로 부등식의 모든 항을 좌변으로 이항하여 정리한 식이 두 다항식 $f(x)$와 $g(x)$에 관한 분수식인 $f(x)/g(x)$꼴일 때, $g(x) \neq 0$이어야 하므로 $\{g(x)\}^2 > 0$

이다. 따라서 주어진 부등식의 양변에 $\{g(x)\}^2$을 곱해도 부등호 방향은 바뀌지 않는다. 즉 다음이 성립한다.

$$\frac{f(x)}{g(x)} \geq 0 \quad \Leftrightarrow \quad f(x)g(x) \geq 0, \quad g(x) \neq 0$$

그러므로 분수부등식은 위와 같은 동치 관계를 이용하여 다항부등식으로 변형하여 풀 수 있다.

일반적으로 분수부등식은 다음과 같이 푼다.

(1) 모든 항을 좌변으로 이항하고 통분하여 다음 형태로 바꾼다.

$$\frac{f(x)}{g(x)} > 0, \quad \frac{f(x)}{g(x)} < 0, \quad \frac{f(x)}{g(x)} \geq 0, \quad \frac{f(x)}{g(x)} \leq 0$$

(2) 양변에 $\{g(x)\}^2$을 곱하여 다항식으로 된 부등식으로 고친다.

(3) 다항부등식의 경우와 마찬가지로 $f(x)g(x)$의 부호를 조사하여 해를 구한다.

(4) (3)에서 얻은 해 중에서 $g(x) = 0$이 되는 x의 값은 제외한다.

예제 1.21 다음 분수부등식을 풀어라.

$$\frac{x-3}{5x-4} \geq 1$$

풀이 주어진 식을 우변으로 이항하여 통분하면 다음을 얻는다.

$$1 - \frac{x-3}{5x-4} = \frac{4x-1}{5x-4} \leq 0$$

양변에 $(5x-4)^2$을 곱하면 다음이 성립한다.

$$(4x-1)(5x-4) \leq 0 \quad (\text{단, } x \neq 4/5)$$

그러면 구하는 x의 값의 범위는 $1/4 \leq x < 4/5$이다. □

예제 1.22 다음 연립부등식을 풀어라.

(1) $1 < \dfrac{3x}{x+1} \le 2$

(2) $-1 \le \dfrac{x^2-4x+3}{x^2-2x+1} < 1$

풀이 (1) 먼저 부등식 $1 < 3x/(x+1)$를 이항하여 정리하면 $(2x-1)/(x+1) > 0$이다. 따라서 이 부등식의 양변에 $(x+1)^2$을 곱하면 다음이 성립한다.

$$(2x-1)(x+1) > 0$$

그러므로 $x < -1$ 또는 $x > 1/2$이다.

또한 부등식 $3x/(x+1) \le 2$를 이항하여 정리하면 $(x-2)/(x+1) \le 0$이다. 이 부등식의 양변에 $(x+1)^2$을 곱하면 다음이 성립한다.

$$(x-2)(x+1) \le 0 \quad (\text{단, } x \ne -1)$$

그러므로 $-1 < x \le 2$이다.

따라서 구하는 해집합은 위에서 구한 해집합들을 동시에 만족시키는 x값의 범위이므로 $1/2 < x \le 2$이다.

(2) 부등식에서 분수식의 분모인 $x^2-2x+1=(x-1)^2$은 0이 될 수 없으므로 $x \ne 1$이다.

$x \ne 1$일 때 $x^2-2x+1 > 0$이므로 부등식의 양변에 x^2-2x+1을 곱해도 방향은 변하지 않는다. 그러므로 x^2-2x+1를 부등식 $\dfrac{x^2-4x+3}{x^2-2x+1} \ge -1$의 양변에 곱해서 정리하면 다음을 얻는다.

$$(x-1)(x-2) \ge 0 \quad (\text{단, } x \ne 1)$$

그러면 구하는 x의 값의 범위는 $x < 1$ 또는 $x \ge 2$이다.

마찬가지로 x^2-2x+2를 부등식 $\dfrac{x^2-4x+3}{x^2-2x+1} < 1$의 양변에 곱해서 정리하면 $x > 0$이다.

따라서 구하는 해집합은 위에서 구한 해집합들을 동시에 만족시키는 x값의 범위이므로 $0 < x < 1$ 또는 $x \ge 2$이다. □

예제 1.23 50g의 소금이 녹아 있는 소금물 1kg을 가열하여 농도가 10% 이상인 소금물을 만들려고 한다. 이때 증발되는 물의 양은 몇 g 이상 몇 g 이하인지 구하라.

풀이 증발되는 물의 양을 x g이라고 하면 소금물의 농도는 $5000/(1000-x)$이다. 따라서 다음이 성립한다.

$$\frac{5000}{1000-x} \geq 10 \tag{1.13}$$

식 (1.13) 우변의 10을 좌변으로 이항한 후 정리하면 다음을 얻는다.

$$\frac{x-500}{1000-x} \geq 0$$

이 부등식의 양변에 $(1000-x)^2$을 곱하여 풀면 $500 \leq x < 1000$이다. 그런데 소금물에 있는 물의 양은 950g이다. 따라서 증발되는 물의 양은 500g 이상 950g 이하여야 한다. □

연습문제 1.5

1 다음 분수부등식을 풀어라.

(1) $\dfrac{1}{x-2} \leq \dfrac{2}{x+2}$

(2) $x+2 \geq \dfrac{2(x-1)}{x-3}$

(3) $\dfrac{1}{1+x} - \dfrac{1}{1-x} \geq 0$

(4) $\dfrac{x}{x+2} \leq \dfrac{x}{x-2}$

(5) $\dfrac{x^2-x-20}{x^2-1} \geq 0$

(5) $\dfrac{4x^2+2x-1}{3x^2-x-1} \leq 1$

(7) $\dfrac{(x+1)(x^2+x+1)}{x(x-1)^2} > 0$

(8) $\left(x+\dfrac{1}{x}\right)(x^2-|x|-2) \leq 0$

2 다음 연립부등식을 풀어라.

(1) $0 < \dfrac{5x+11}{x^2+3x+4} < 2$ (2) $\dfrac{3x-1}{2x+1} \leq 1 < \dfrac{3x}{2x-1}$

(3) $\dfrac{2x-1}{x+2} < 1 \leq \dfrac{2x+1}{x}$ (4) $\dfrac{x+3}{x-2} < 1 < \dfrac{x+4}{2x-1}$

(5) $\begin{cases} \dfrac{(x+3)(x-1)}{x-2} \geq 0 \\ x^3-9x<0 \end{cases}$ (6) $\begin{cases} \dfrac{x^2-10x+24}{x-1} < 0 \\ (x+3)(x+1)(x-1) \geq 0 \end{cases}$

3 부등식 $0 < \dfrac{3x+5}{x^2+2x+3} < 1$을 만족시키는 자연수 x의 최솟값을 구하라.

4 무리수 $\sqrt{2}$ 가 $\dfrac{x+2}{x}$ 와 $\dfrac{x+3}{x+1}$ 사이에 있도록 하는 정수 x 값을 구하라.

5 두 집합 $A = \left\{x \mid x-6 \geq \dfrac{24}{x-4}\right\}$와 $B = \{x \mid x^2-3ax+2a^2=0\}$에 대하여 $A \cap B = \varnothing$을 만족시키는 상수 a값의 범위를 구하라.

6 다음 두 부등식의 해가 서로 일치하는지 알아보라.

$$\frac{x-\alpha}{x-\beta} < 0, \quad (x-\alpha)(x-\beta) < 0$$

또 다음 두 부등식의 해가 서로 일치하는지 알아보라.

$$\frac{x-\alpha}{x-\beta} \geq 0, \quad (x-\alpha)(x-\beta) \geq 0$$

7 부등식 $\dfrac{x-p}{x^2-x+1} < \dfrac{x-q}{x^2+x+1}$의 해집합이 $\left\{x \mid \dfrac{1}{2} < x < 1\right\}$일 때 상수 p와 q의 값을 구하라.

8 함수 $f(x)=\dfrac{x-1}{x+1}$와 $g(x)=\dfrac{x+1}{x-1}$에 대하여 다음 부등식의 해집합을 구하라.

$$f(x+1) \leq g(x-1)$$

9 광수는 정상까지의 거리가 8km인 산을 올라갔다가 같은 길을 내려온다고 한다. 올라갈 때는 평지보다 2km/h만큼 느리게 올라가고 내려올 때는 평지보다 2km/h만큼 빠르게 내려온다고 한다. 광수가 이 산을 올라갔다가 내려오는 데 걸린 시간이 3시간을 넘지 않았다고 할 때, 평지에서 걷는 최소 속력을 구하라.

10 시속 120km인 기류를 타고 1125km 떨어진 두 지점을 여객기로 5시간 이내에 왕복하려고 한다. 이때 이 여객기의 정지된 기류에서의 속력은 얼마 이상이어야 하는지 구하라. (단, 기류의 방향은 일정하고 이착륙할 때의 시간은 생각하지 않는다.)

PRE CALCULUS

02

삼각함수

삼각법(trigonometry)이라는 용어는 그리스어에서 삼각형을 뜻하는 trigonon과 측정을 의미하는 metria의 두 단어로부터 생겨났다. 이러한 용어의 기원을 보면 삼각법은 삼각형과 그를 이용한 측정에 관해 연구하는 분야인 것 같으나 각(angle)의 개념을 포함한 좀 더 폭 넓은 분야이다.

역사적으로 삼각법의 기원은 고대 바빌로니아와 고대 이집트로 거슬러 올라간다. 그 후에 천문학과 관련되어 주로 측정할 수 있는 각과 직선을 이용하여 직접 측정할 수 없는 거리를 계산할 수 있는 도구로 이용되던 삼각법에 관한 연구는 18세기에 이르러 오일러(Leonhard Euler, 1707~1783)에 의해 천문학에서 분리되어 수학의 한 연구 분야로 자리를 잡았다.

삼각함수(trigonometric function)는 자연과학, 공학 등을 포함하는 여러 순수 및 응용과학 분야와 다양한 산업 분야에서 매우 중요한 함수 중의 하나이다. 여기서는 삼각함수를 정의하는 데 필요한 개념, 삼각함수의 정의와 기본적인 성질 등에 대해 간략히 알아본다.

2.1 각의 정의와 각의 측도

평면의 한 점 O에서 그은 두 개의 반직선 $\overrightarrow{OX}$와 $\overrightarrow{OP}$로 이루어진 도형을 **각**(angle)이라고 하며, $\angle O$ 또는 $\angle XOP$ 또는 $\angle POX$로 나타낸다. 이때 두 반직선을 각의 **변**(side), 점 O를 **꼭짓점**(vertex) 또는 **극점**이라고 한다.

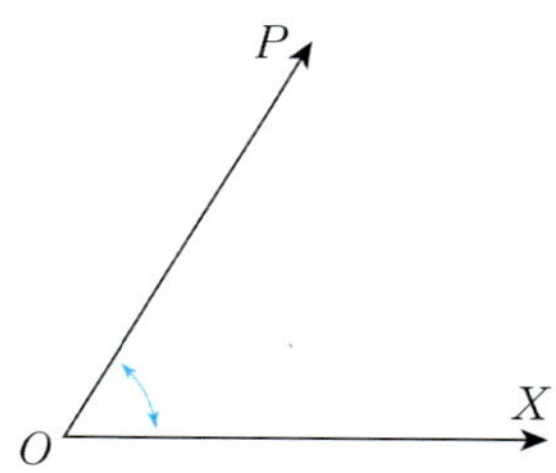

그림 2.1 각의 정의

각의 두 반직선이 벌어진 정도를 양적으로 표현한 것을 각의 크기(angle measurement)라고 한다. 크기를 나타내는 방법은 여러 가지 있으나 여기서는 육십분법과 호도법에 대해 알아보기로 한다.

육십분법

두 변이 극점을 사이에 두고 일직선을 이룰 때의 각을 평각(straight angle)이라고 한다. 평각의 180분의 1을 $1°$로 나타내며 1도(degree)라고 한다. 1도($°$)의 60분의 1을 $1'$으로 나타내고 1분(minute)이라 하며, 또 1분($'$)의 60분의 1을 $1''$로 나타내고 1초(second)라고 한다. 이와 같이 도・분・초의 단위를 사용하여 각의 크기를 나타내는 방법을 육십분법(sexagesimal system)이라고 한다.

육십분법으로 평각은 $180°$이다. 한편 각도가 $90°$인 각을 직각(right angle)이라고 한다. 또 각도가 평각보다 큰 각을 우각, 작은 각을 열각이라 하는데, 달리 말하지 않으면 보통 각이라 하면 열각을 가리키는 것으로 한다.

예제 2.1 육십분법의 정의에 의해 각의 크기가 $360°$이거나 $0°$이면, 두 변은 일치한다.

한편 각의 크기를 도($°$), 분($'$), 초($''$)로 나타내지 않고 $1°$를 10등분, 100등분, ... 하여 십진소수(decimal scale)를 써서 나타내기도 한다. 이와 같이 각의 크기를 십진소수와 도($°$)로 나타내면, 소수점 아래의 숫자는 십진소수로 표현된 것으로 약속한다.

예제 2.2 각의 크기 $57.29578°$를 육십분법으로 나타내라.

풀이 도분초의 정의에 의해 다음을 얻는다.

$$0.29578° = (60 \times 0.29578)' = 17.7468',$$
$$0.7468' = (60 \times 0.7468)'' = 44.808''$$

따라서 $57.29578° \approx 57°17'44''$이다. □

호도법

이제 각의 크기를 나타내는 방법으로 호도법(radian measure, circular system, natural system)에 대해서 알아보기로 하자.

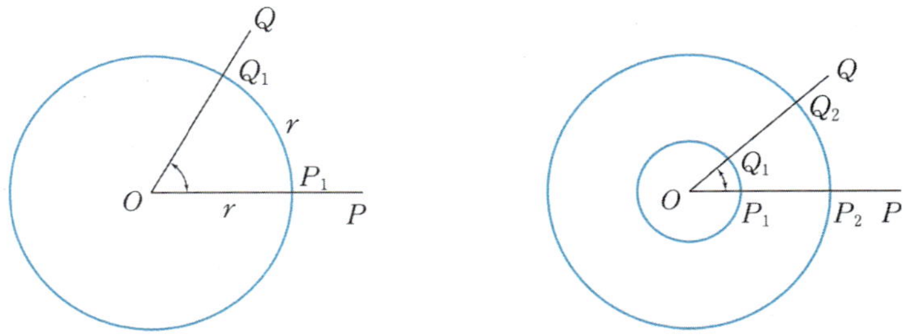

(a) 각도가 1라디안인 각 (b) 동심원과 호도법

| 그림 2.2 |

그림 2.2(a)와 같이 중심이 O이고 반지름이 r인 원을 생각하고, 두 개의 반직선 $\overrightarrow{OP}$와 $\overrightarrow{OQ}$와의 교점을 각각 P_1과 Q_1이라고 하자. 이때 호 P_1Q_1의 길이가 r이면, 즉 호 P_1Q_1의 길이와 원의 반지름 r의 비가 1이면 $\angle POQ$의 크기를 1라디안(radian)이라고 한다. 동심원은 서로 닮았으므로 라디안의 정의는 동심원의 선택과 무관하다[그림 2.2(b) 참조]. 라디안을 단위로 크기를 표현하는 방법을 호도법[1]이라고 하며, rad를 써서 나타낸다.

그림 2.3(a)와 같이 반지름이 r인 원 C를 생각했을 때 각 $\angle POQ$와 $\angle POR$이 원 C와 만드는 호의 길이를 각각 s와 l이라고 하자. 그러면 $\angle POQ$와 $\angle POR$의 비율은 호의 길이 s와 l의 비와 같으므로 다음이 성립한다.

$$\frac{\angle POQ}{\angle POR} = \frac{\text{호 } PQ\text{의 길이}}{\text{호 } PR\text{의 길이}} = \frac{s}{l}$$

따라서 $l = r$이면 각 $\angle POR$의 크기가 1rad이므로 $\angle POQ$의 크기 θ는 다음과 같다.

1) 라디안은 호의 길이를 이용하여 정의되므로 호도법(circular system)이라는 용어가 유래되었다.

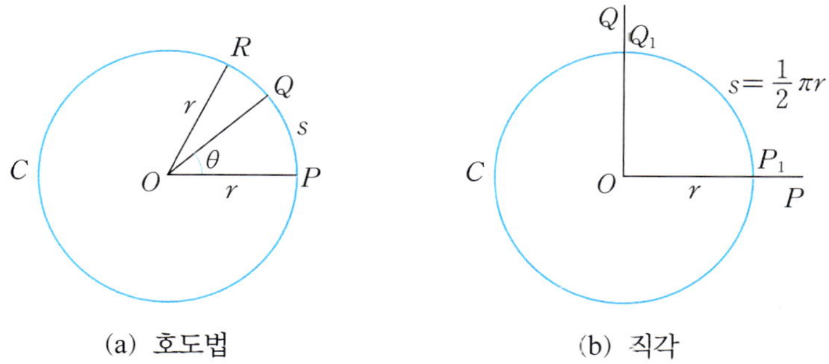

| 그림 2.3 |

$$\theta = \frac{s}{r}\ \text{rad}$$

반지름이 r인 원의 원주의 길이가 l이면 원주율의 정의에 의해 $\pi = l/2r$이다. 이때 평각이 만드는 호의 길이 s는 원주의 길이 $2\pi r$의 절반인 πr이므로 평각의 크기는 $s/r = \pi r/r = \pi\,[\text{rad}]$이다.

예제 2.3 직각의 크기를 호도법으로 나타내라.

풀이 그림 2.3(b)와 같이 반지름이 r인 원 C를 생각하자. 원 C의 원주의 길이를 l이라고 하면 원주율 π의 정의에 의해 $\pi = l/2r$이다. 따라서 직각에 해당하는 호 P_1Q_1의 길이 s는 $s = l/4 = \pi r/2$이다. 그러므로 직각의 크기는 $\pi/2$ rad이다. □

앞으로 각 $\theta°$ 또는 각 θ rad이라는 것은 크기가 $\theta°$ 또는 θ rad인 각을 뜻하는 것으로 약속한다.

호도법으로 나타낸 크기 θ rad에서 θ는 길이의 비(ratio)이므로 실수이다. 호도법에서 단위를 사용하지 않고 1, $\pi/2$, 2π 등과 같이 실수만으로 크기를 나타내기도 한다.

육십분법과 호도법의 관계

각의 두 변이 일치하는 각의 크기에 대해 다음이 성립한다.

$$2\pi\,\text{rad} = 360° \;\Rightarrow\; 1\,\text{rad} = \frac{180°}{\pi},\quad 1° = \frac{\pi}{180}\text{rad} \tag{2.1}$$

예제 2.4 식 (2.1)을 이용하면 다음을 얻는다.

$$180° = \pi\,\text{rad},\ 120° = \frac{2}{3}\pi\,\text{rad},\ 90° = \frac{1}{2}\pi\,\text{rad},$$

$$60° = \frac{1}{3}\pi\,\text{rad},\ 45° = \frac{1}{4}\pi\,\text{rad},\ 30° = \frac{1}{6}\pi\,\text{rad},\ \ldots$$

일반각

그림 2.4(a)와 같이 각 $\angle XOP$를 반직선 $\overrightarrow{OP}$가 꼭짓점 O를 중심으로 반직선 $\overrightarrow{OX}$의 위치에서 시작하여 $\overrightarrow{OP}$의 위치까지 회전하여 생긴 것으로 생각하자. 이때 회전하는 방향을 화살표로 나타내고 반직선 $\overrightarrow{OX}$를 각 $\angle XOP$의 시초선(initial side), 반직선 $\overrightarrow{OP}$를 종선(terminal side) 또는 동경이라고 한다.

그림 2.4(b)와 같이 $\angle XOP$에 대하여 동경 $\overrightarrow{OP}$가 회전하는 방향이 두 가지 있다. 각 $\angle XOP$가 동경이 시계바늘이 도는 방향과 반대방향으로 회전하여 생긴 각이라면 이를 양각(positive angle)이라고 한다. 이 경우에 $\angle XOP$의 크기에 양의 부호(+)를 붙이거나 부호 없이 각의 크기를 나타낸다. 한편, 각 $\angle XOP$가 동경이 시계바늘이 도는 방향과 같은 방향으로 회전하여 생긴 각이라면 음각(negative angle)이라 하고, 각 $\angle XOP$의 크기에 음의 부호(−)를 붙여 각의 크기를 나타낸다.

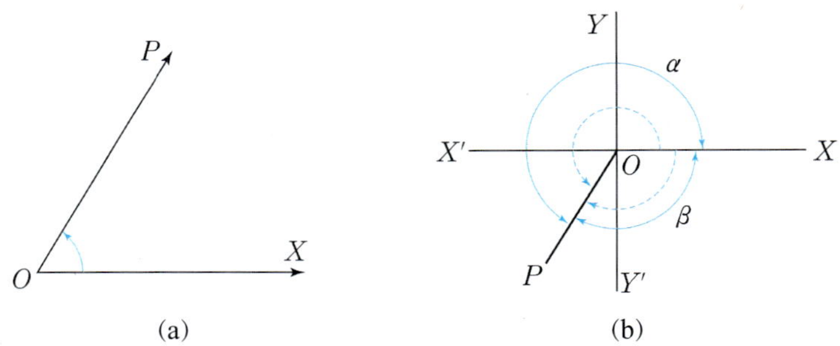

| 그림 2.4 | 양각과 음각

시초선 $\overrightarrow{OX}$가 고정되어 있을 때 $\angle XOP$의 각도가 정해지면 동경 $\overrightarrow{OP}$의 위치는 하나로 결정된다. 그러나 그림 2.5(a)와 같이 동경 $\overrightarrow{OP}$의 위치가 정해져도 $\angle XOP$의 크기는 하나로 결정되지 않는다. 각 $\angle XOP$의 크기를 $\theta°$ 또는 θ rad이라고 하면 동경 $\overrightarrow{OP}$가 나타내는 각의 크기는 일반적으로 다음과 같이 나타낼

수 있다.

$$n \times 360° + \theta° \text{ 또는 } (2n\pi + \theta)\text{rad}, \ n \in \mathbb{Z} \tag{2.2}$$

식 (2.2)를 $\angle XOP$의 동경 $\overrightarrow{OP}$가 나타내는 일반각(general measure)이라고 한다. 흔히 식 (2.2)에서 육십분법으로 나타낼 때는 $0° \leq \theta < 360°$ 또는 $-180° < \theta \leq 180°$, 호도법으로 나타낼 때는 $0 \leq \theta < 2\pi$ 또는 $-\pi < \theta \leq \pi$의 범위에서 θ를 택한다.

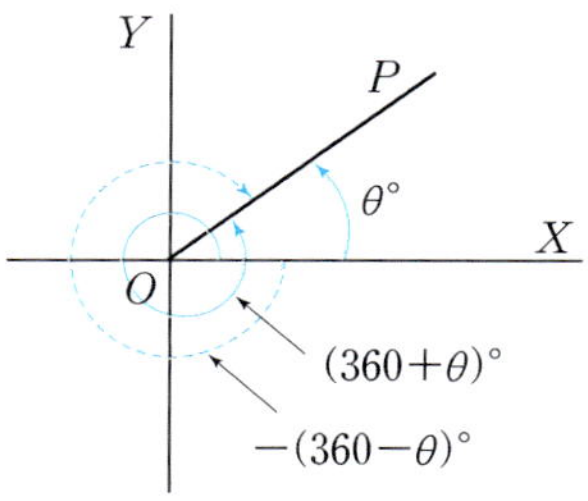

(a) 일반각

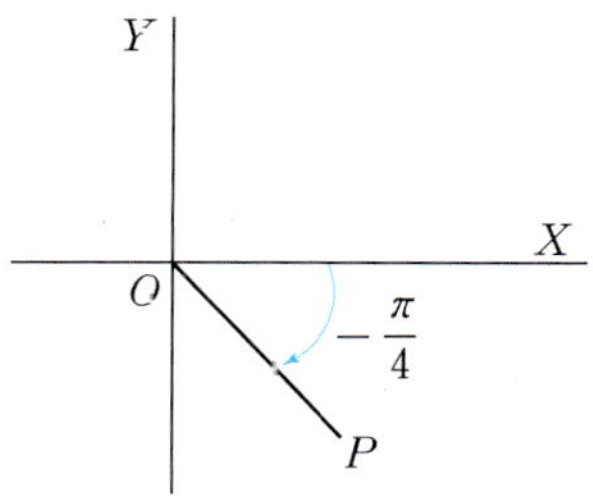

(b) 예제 2.5

| 그림 2.5 |

예제 2.5 양의 x축 $\overrightarrow{OX}$가 시초선일 때, 제4사분면을 이등분하는 동경 $\overrightarrow{OP}$가 나타내는 일반각을 구하라.

풀이 음각 $\angle XOP$의 크기는 $-45°$ 또는 $-\pi/4$이다. 이를 이용하면 각 $\angle XOP$의 일반각은 식 (2.2)에 의해 다음과 같다(그림 2.5(b) 참조).

$$(n \times 360 - 45)° \text{ 또는 } 2n\pi - \pi/4, \ n \in \mathbb{Z}$$

□

2.2 삼각함수

그림 2.6과 같이 좌표평면에서 양의 x축인 반직선 $\overrightarrow{OX}$가 시초선인 각 θ(° 또는 rad)를 생각하고, 이의 동경에 있는 한 점을 $P(x, y)$라고 하자. 선분 $\overline{OP}$의 길이를 $r = \sqrt{x^2 + y^2}$이라고 할 때 각 θ에 대해 다음을 정의하자.

$$
\begin{aligned}
\sin\theta &= \frac{y}{r} \ [\text{sine}\,\theta], & \cos\theta &= \frac{x}{r} \ [\text{cosine}\,\theta] \\
\tan\theta &= \frac{y}{x} \ [\text{tangent}\,\theta], & \cot\theta &= \frac{x}{y} \ [\text{cotangent}\,\theta] \\
\sec\theta &= \frac{r}{x} \ [\text{secant}\,\theta], & \csc\theta &= \frac{r}{y} \ [\text{cosecant}\,\theta]
\end{aligned} \tag{2.3}
$$

위에서 분모가 0인 경우에는 해당하는 식의 값을 정의하지 않는다.

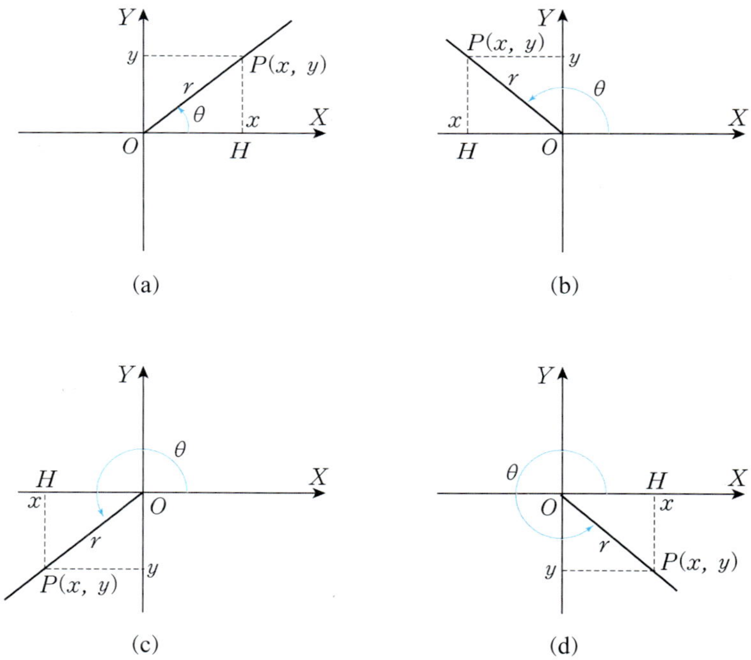

그림 2.6

각 θ의 동경에 있는 점 $P(x, y)$에서 x축에 그은 수선이 x축과 만나는 점을 H라고 할 때, 각 θ에 대한 위의 여섯 개의 식 (2.3)은 직각삼각형 $\triangle OPH$의 각 $\angle HOP$에 대한 각 함수에 대응하는 삼각비와 점 $P(x, y)$의 좌표 성분인 x와 y의 부호에 의해 결정된다(그림 2.6 참조).

한편 그림 2.7과 같이 주어진 각 θ에 대해 직각삼각형 $\triangle OP_1H_1$과 $\triangle OP_2H_2$는 서로 닮은 도형이다. 따라서 삼각형 $\triangle OP_1H_1$의 각 $\angle H_1OP_1$과 삼각형 $\triangle OP_2H_2$의 각 $\angle H_2OP_2$에 대해 서로 대응하는 삼각비는 모두 같다. 또 각 θ의 동경에 있는 두 점 P_1과 P_2의 좌표 성분의 부호는 대응하는 성분끼리 같다.

따라서 각 θ를 고정하면 식 (2.3)에서 정의한 여섯 가지 값은 각 θ의 동경에 있는 점 $P(x, y)$의 선택에 따라 변하지 않는다. 즉, 각 θ가 주어지면 식 (2.3)의 각각의 식에 의해 정의되는 실수는 유일하다. 이러한 대응 규칙은 함수이며 식 (2.3)의 관계식을 통틀어 삼각함수(trigonometric function)라고 부른다.

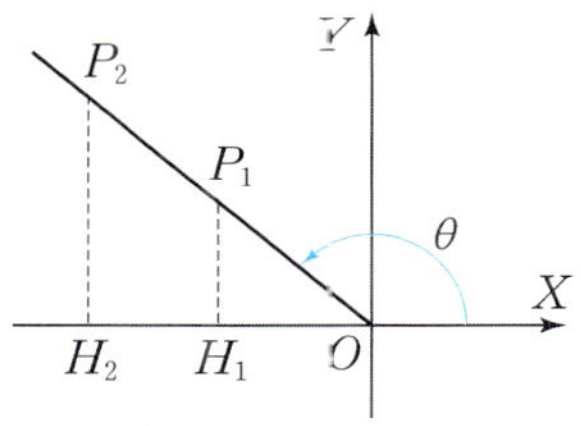

| 그림 2.7 | 삼각비와 삼각함수

한편 식 (2.3)의 정의로부터 삼각함수 사이에는 다음과 같은 관계가 있다.

$$\tan\theta = \frac{\sin\theta}{\cos\theta},\ \cot\theta = \frac{1}{\tan\theta} = \frac{\cos\theta}{\sin\theta},\ \sec\theta = \frac{1}{\cos\theta},\ \csc\theta = \frac{1}{\sin\theta} \tag{2.4}$$

즉 사인함수와 코사인함수를 써서 나머지 삼각함수를 정의할 수 있으므로 앞으로 사인함수와 코사인함수의 성질에 중점을 두어 살펴보기로 한다.

예제 2.6 각 θ의 동경에 있는 한 점 $P(x, y)$의 좌표가 $(-4, 3)$이라고 할 때, 각 θ에 대한 식 (2.3)에서 정의한 모든 삼각함수의 값을 구하라.

풀이 선분 $\overline{OP}$의 길이는 $r = |\overline{OP}| = \sqrt{(-4)^2 + 3^2} = 5$이고 $x = -4$이며 $y = 3$이므로, 식 (2.3)에 의해 다음을 얻는다.

$$\sin\theta = \frac{3}{5}, \quad \cos\theta = -\frac{4}{5}, \quad \tan\theta = -\frac{3}{4},$$
$$\cot\theta = -\frac{4}{3}, \quad \sec\theta = -\frac{5}{4}, \quad \csc\theta = \frac{5}{3}$$
□

위의 예제에서, 예를 들어 $\sin\theta = 3/5$으로부터 각 θ가 무엇인지 정확하게 알기 어렵다. 또 일반적으로 임의의 각 θ에 대한 삼각함수의 값이 무엇인지는 알기 어렵다. 그러나 $\theta = 0$, $\pi/6$, $\pi/4$, $\pi/3$, $\pi/2$, π, $3\pi/2$, 2π 등과 같은 각에 대한 삼각함수의 값을 어렵지 않게 알 수 있는데, 이러한 특별한 각을 특수각이라고 한다.

예제 2.7 각 변의 길이가 2인 정삼각형을 이용하여 $\sin(\pi/6)$, $\cos(\pi/6)$, $\sin(\pi/3)$, $\cos(\pi/3)$의 값을 구하라.

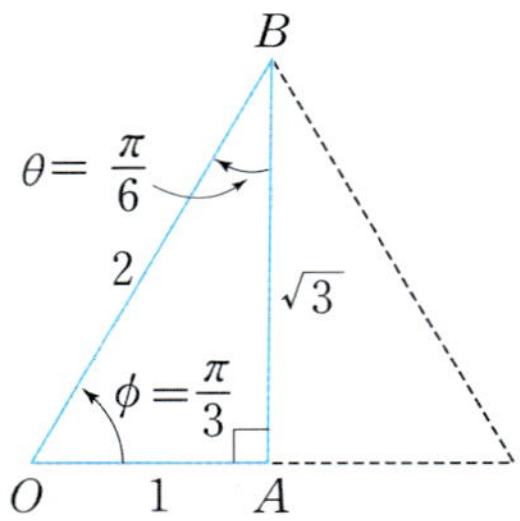

| 그림 2.8 |

풀이 그림 2.8에서 각 $\theta = \pi/6$이고 $\phi = \pi/3$이다. 따라서 직각삼각형 $\triangle OAB$에 대한 삼각비를 이용하면 다음을 얻는다.

$$\sin\frac{\pi}{6} = \frac{1}{2}, \quad \cos\frac{\pi}{6} = \frac{\sqrt{3}}{2}, \quad \sin\frac{\pi}{3} = \frac{\sqrt{3}}{2}, \quad \cos\frac{\pi}{3} = \frac{1}{2}$$
□

한편 두 변의 길이가 1인 직각이등변삼각형을 이용하면, $\sin(\pi/4) = \cos(\pi/4) = \sqrt{2}/2$이다.

삼각함수의 그래프

각의 크기의 단위로 라디안을 사용하면 한 각에 유일한 실수를 대응시킬 수 있으며, 그 역도 성립하므로 삼각함수는 실수의 (부분)집합에서 정의되는 실수값을 가지는 함수이다. 이제 이러한 삼각함수의 그래프에 대하여 알아보자.

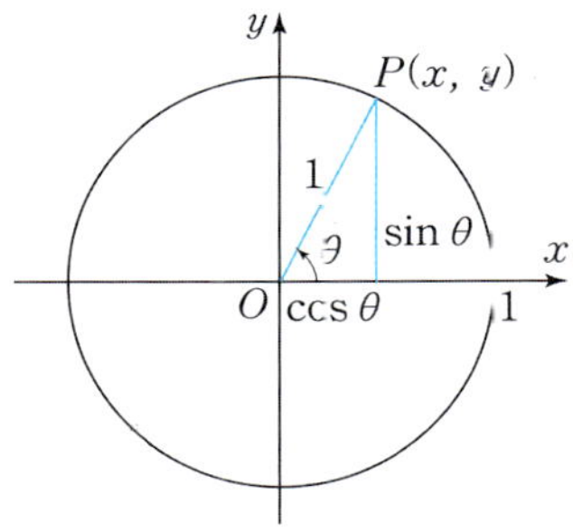

| 그림 2.9 | 단위원과 삼각함수

점 $P(x, y)$가 단위원과 각 θ의 동경과의 교점이면 $y = \sin\theta$이다(그림 2.9 참조). 따라서 θy평면에 사인함수의 그래프를 나타내면 그림 2.10(a)와 같다.

한편 $\cos\theta$는 점 P의 x좌표이므로 $\cos\theta$가 θ축에 대해 높이가 되도록 하여 $\cos\theta$의 그래프를 그리면 그림 2.10(b)와 같다.

그림 2.10(a)와 2.10(b)에서 보듯이 함수 $\sin\theta$와 $\cos\theta$의 정의역은 실수 전체의 집합 $\mathbb{R}$이고 치역은 닫힌 구간 $[-1, 1]$이다. 또 함숫값은 2π 간격으로 반복된다.

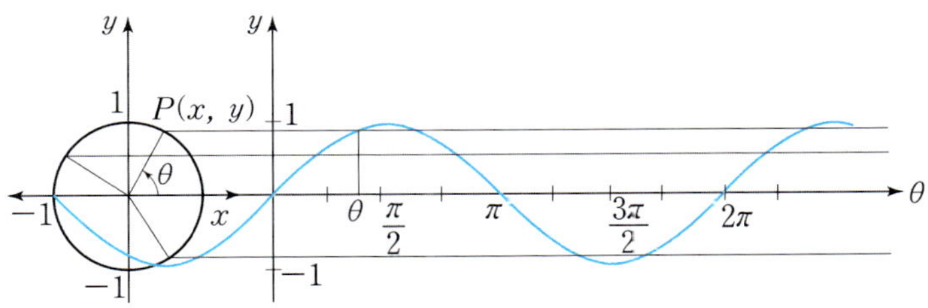

(a) 사인함수 $y = \sin\theta$의 그래프

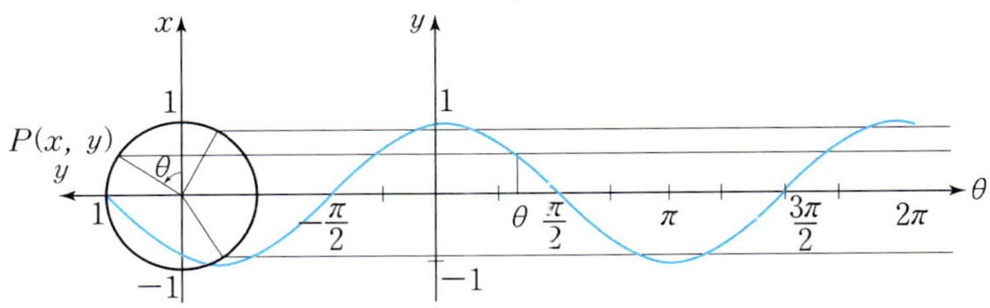

(b) 코사인함수 $y = \cos\theta$의 그래프

| 그림 2.10 | 삼각함수의 그래프

상수함수가 아닌 함수 f의 정의역의 모든 점 x에 대해 $f(x+p)=f(x)$를 만족시키는 양수 p가 존재하면, 함수 f를 주기함수(periodic function)라고 한다. 이때 상수 p를 함수 f의 주기(period)라고 하며, 주기 중에 가장 작은 양수를 f의 기본주기 또는 최소주기(least period)라고 한다. 흔히 최소주기를 주기라고 한다.

따라서 사인함수와 코사인함수는 주기가 2π인 주기함수, 즉 다음을 만족시키는 함수이다.

$$\sin(\theta+2\pi)=\sin\theta,\ \ \cos(\theta+2\pi)=\cos\theta$$

또 그림 2.10에서 보듯이 사인함수의 그래프는 코사인함수의 그래프를 θ축 방향으로 $\pi/2$만큼 평행이동한 것과 같으며, 코사인함수의 그래프는 사인함수의 그래프를 $-\pi/2$만큼 평행이동한 것과 같다. 따라서 다음이 성립한다.

$$\sin\left(\theta+\frac{\pi}{2}\right)=\cos\theta,\ \ \cos\left(\theta-\frac{\pi}{2}\right)=\sin\theta$$

나머지 삼각함수의 그래프는 그림 2.11에 보인 것과 같다.

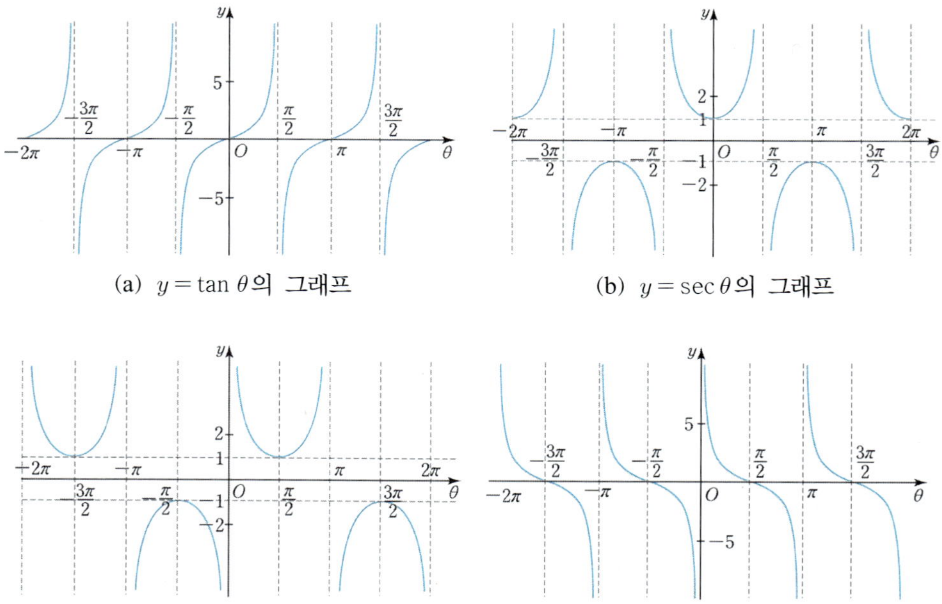

(a) $y=\tan\theta$의 그래프

(b) $y=\sec\theta$의 그래프

(c) $y=\csc\theta$의 그래프

(d) $y=\cot\theta$의 그래프

| 그림 2.11 | 삼각함수의 그래프

다음 표 2.1에 삼각함수의 정의역, 치역, 주기를 정리하였다.

| 표 2.1 | 삼각함수의 정의역, 치역 주기

함수	정의역(θ의 범위)	치역	주기
$\sin\theta$	$\mathbb{R}$	구간 $[-1, 1]$	2π
$\cos\theta$	$\mathbb{R}$	구간 $[-1, 1]$	2π
$\tan\theta$	$\mathbb{R}\setminus\left\{n\pi+\frac{1}{2}\pi \mid n\in\mathbb{Z}\right\}$	$\mathbb{R}$	π
$\csc\theta$	$\mathbb{R}\setminus\{n\pi \mid n\in\mathbb{Z}\}$	$\mathbb{R}\setminus(-1, 1)$	2π
$\sec\theta$	$\mathbb{R}\setminus\left\{n\pi+\frac{1}{2}\pi \mid n\in\mathbb{Z}\right\}$	$\mathbb{R}\setminus(-1, 1)$	2π
$\cot\theta$	$\mathbb{R}\setminus\{n\pi \mid n\in\mathbb{Z}\}$	$\mathbb{R}$	π

삼각함수의 성질

각 θ에 대한 식 (2.3)의 모든 삼각함수의 값은 각 θ의 동경에 있는 점 $P(x, y)$의 선택에 의존하지 않으므로(그림 2.7 참조) 단위원 $x^2+y^2=1$에 있는 점 $P(x, y)$를 생각하면 편리한 경우가 많다(그림 2.9 참조). 단위원에 있는 점 $P(x, y)$의 좌표를 삼각함수를 이용하여 나타내면 $x=\cos\theta$이고 $y=\sin\theta$이므로 다음을 얻는다.

$$\cos^2\theta+\sin^2\theta=1 \tag{2.5}$$

여기서 $\cos^2\theta$는 $(\cos\theta)(\cos\theta)$를 의미한다. 일반적으로 자연수 k에 대하여 다음과 같이 나타내기로 한다.

$$\cos^k\theta=\underbrace{(\cos\theta)\cdots(\cos\theta)}_{k\text{개}}$$

이러한 표기법을 다른 삼각함수에도 사용한다.

식 (2.5)의 양변을 $\cos^2\theta$와 $\sin^2\theta$로 나누면 각각 다음 등식을 얻는다.

$$1+\tan^2\theta=\sec^2\theta,\quad 1+\cot^2\theta=\csc^2\theta \tag{2.6}$$

한편 정수 n에 대하여 그림 2.9의 각 θ와 각 $2n\pi+\theta$의 동경은 모두 같으므로 다음이 성립한다.

$$\sin\theta=\sin(2n\pi+\theta),\ \cos\theta=\cos(2n\pi+\theta),\ n\in\mathbb{Z} \tag{2.7}$$

사인함수와 코사인함수 이외의 다른 삼각함수는 모두 사인함수와 코사인함수를 써서 정의되므로 사인함수와 코사인함수의 성질로부터 그러한 삼각함수의 성질을 유도할 수 있다.

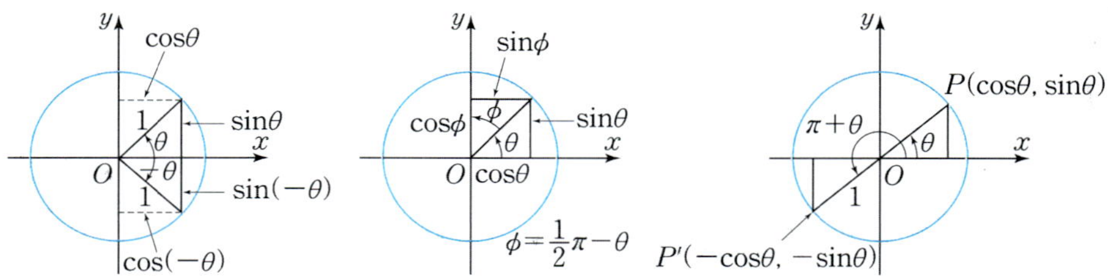

(a) $\sin(-\theta)=-\sin\theta$ (b) $\sin\left(\frac{1}{2}\pi-\theta\right)=\cos\theta$ (c) $\cos(\pi+\theta)=-\cos\theta$

| 그림 2.12 | $-\theta,\ \frac{1}{2}\pi-\theta,\ \pi+\theta$에 대한 사인함수와 코사인함수

그림 2.12(a)로부터 다음이 성립함을 알 수 있다.

$$\sin(-\theta)=-\sin\theta,\quad \cos(-\theta)=\cos\theta \tag{2.8}$$

또 그림 2.12(b)와 식 (2.8)을 이용하면, 즉 $\frac{1}{2}\pi+\theta$를 $\frac{1}{2}\pi-(-\theta)$로 놓으면 다음을 얻는다.

$$\sin\left(\frac{1}{2}\pi\pm\theta\right)=\cos\theta,\quad \cos\left(\frac{1}{2}\pi\pm\theta\right)=\mp\sin\theta \tag{2.9}$$

한편 그림 2.12(c)와 식 (2.8)을 이용하면 다음을 얻는다.

$$\sin(\pi\pm\theta)=\mp\sin\theta,\quad \cos(\pi\pm\theta)=-\cos\theta \tag{2.10}$$

삼각함수의 덧셈공식

임의의 두 각 θ와 ϕ의 합 $\theta+\phi$에 대한 사인함수와 코사인함수는 다음 식을 만족시킨다(그림 2.13 참조). 이를 덧셈공식(addition formula)이라고 한다.

$$\cos(\theta+\phi) = \cos\theta\cos\phi - \sin\theta\sin\phi \quad \text{[코사인함수의 덧셈공식]} \tag{2.11}$$

$$\sin(\theta+\phi) = \sin\theta\cos\phi + \cos\theta\sin\phi \quad \text{[사인함수의 덧셈공식]} \tag{2.12}$$

그림 2.13과 같이 원점 O가 중심인 단위원을 생각하여 코사인함수의 덧셈공식 (2.11)을 유도해보자. 사인함수의 덧셈공식 (2.12)의 유도는 연습문제로 남긴다. 그림으로부터 어렵지 않게 다음을 알 수 있다.

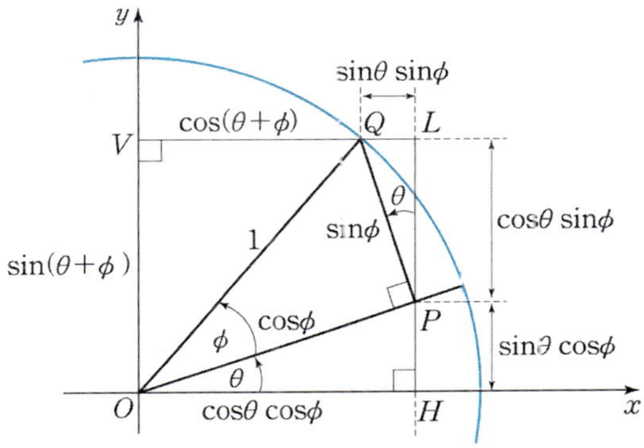

| 그림 2.13 | 사인함수와 코사인함수의 덧셈공식

$$|\overline{VQ}| = |\overline{VL}| - |\overline{QL}| = |\overline{OH}| - |\overline{QL}| \tag{2.13}$$

$$|\overline{VQ}| = \cos(\theta+\phi) \quad (\angle OQV = \angle HOQ \text{ 이므로}) \tag{2.14}$$

$$|\overline{OP}| = \cos\phi, \quad |\overline{PQ}| = \sin\phi \quad \left(\angle OPQ = \frac{\pi}{2} \text{ 이므로}\right)$$

$$|\overline{OH}| = \cos\theta\cos\phi \quad \left(\angle HOP = \frac{\pi}{2} \text{ 이고 } \angle HOP = \theta \text{ 이므로}\right) \tag{2.15}$$

$$|\overline{QL}| = \sin\theta\sin\phi \quad \left(\angle PLQ = \frac{\pi}{2} \text{ 이고 } \angle LPQ = \theta \text{ 이므로}\right) \tag{2.16}$$

따라서 (2.13)~(2.16)으로부터 코사인함수의 덧셈공식 (2.11)을 얻는다.

식 (2.11)과 (2.12), 그리고 식 (2.4)와 (2.5)를 이용하면 다음과 같은 삼각함수의 항등식을 얻는다.

$$\tan(\theta\pm\phi) = \frac{\tan\theta\pm\tan\phi}{1\mp\tan\theta\tan\phi} \quad \text{[탄젠트함수의 덧셈공식]} \tag{2.17}$$

$$\sin 2\theta = 2\sin\theta\cos\theta \quad \text{[사인함수의 배각공식]} \tag{2.18}$$

$$\cos 2\theta = \cos^2\theta - \sin^2\theta \quad \text{[코사인함수의 배각공식]} \tag{2.19}$$

$$\tan 2\theta = \frac{2\tan\theta}{1-\tan^2\theta} \qquad \text{[탄젠트함수의 배각공식]} \tag{2.20}$$

$$\sin^2\frac{1}{2}\theta = \frac{1}{2}(1-\cos\theta) \qquad \text{[사인함수의 반각공식]} \tag{2.21}$$

$$\cos^2\frac{1}{2}\theta = \frac{1}{2}(1+\cos\theta) \qquad \text{[코사인함수의 반각공식]} \tag{2.22}$$

$$\tan^2\frac{1}{2}\theta = \frac{1-\cos\theta}{1+\cos\theta} \qquad \text{[탄젠트함수의 반각공식]} \tag{2.23}$$

삼각함수의 합과 차, 그리고 곱

사인함수의 덧셈공식 (2.12)와 식 (2.8)로부터 임의의 두 각 α와 β에 대하여 다음을 얻는다.

$$\begin{aligned}\sin(\alpha+\beta) &= \sin\alpha\cos\beta+\cos\alpha\sin\beta,\\ \sin(\alpha-\beta) &= \sin\alpha\cos\beta-\cos\alpha\sin\beta\end{aligned} \tag{2.24}$$

이 두 식을 더하면 다음을 얻는다.

$$\sin(\alpha+\beta)+\sin(\alpha-\beta) = 2\sin\alpha\cos\beta \tag{2.25}$$

또 식 (2.24)의 첫째 식에서 둘째 식을 빼면 다음을 얻는다.

$$\sin(\alpha+\beta)-\sin(\alpha-\beta) = 2\cos\alpha\sin\beta$$

한편 코사인함수의 덧셈공식 (2.11)과 식 (2.8)을 이용하면 다음을 얻는다.

$$\begin{aligned}\cos(\alpha+\beta)+\cos(\alpha-\beta) &= 2\cos\alpha\cos\beta\\ \cos(\alpha+\beta)-\cos(\alpha-\beta) &= -2\sin\alpha\sin\beta\end{aligned} \tag{2.26}$$

이때 $x=\alpha+\beta$, $y=\alpha-\beta$로 놓으면 사인함수 또는 코사인함수의 합과 차를 다음과 같이 사인함수와 코사인함수의 곱으로 나타낼 수 있다.

$$\sin x+\sin y = 2\sin\frac{x+y}{2}\cos\frac{x-y}{2} \tag{2.27}$$

$$\sin x-\sin y = 2\sin\frac{x-y}{2}\cos\frac{x+y}{2} \tag{2.28}$$

$$\cos x+\cos y = 2\cos\frac{x+y}{2}\cos\frac{x-y}{2} \tag{2.29}$$

$$\cos x-\cos y = -2\sin\frac{x+y}{2}\sin\frac{x-y}{2} \tag{2.30}$$

한편 식 (2.25)와 (2.26)을 이용하면 다음과 같이 삼각함수의 곱을 삼각함수의 합 또는 차로 나타낼 수 있다.

$$\sin\alpha\cos\beta = \frac{1}{2}\{\sin(\alpha+\beta)+\sin(\alpha-\beta)\} \tag{2.31}$$

$$\cos\alpha\,\cos\beta = \frac{1}{2}\{\cos(\alpha-\beta)+\cos(\alpha-\beta)\} \tag{2.32}$$

$$\sin\alpha\,\sin\beta = -\frac{1}{2}\{\cos(\alpha+\beta)-\cos(\alpha-\beta)\} \tag{2.33}$$

예제 2.8 다음 삼각함수의 값을 구하라.

(1) $\sin 75^\circ$　　(2) $\cos 15^\circ$　　(3) $\tan 75^\circ$

풀이 (1) $\sin 75^\circ = \sin(45^\circ + 30^\circ) = \sin 45^\circ \cos 30^\circ + \cos 45^\circ \sin 30^\circ$

$$= \frac{1}{\sqrt{2}} \times \frac{\sqrt{3}}{2} + \frac{1}{\sqrt{2}} \times \frac{1}{2} = \frac{\sqrt{6}+\sqrt{2}}{4}$$

(2) $\cos 15^\circ = \cos(45^\circ - 30^\circ) = \cos 45^\circ \cos 30^\circ - \sin 45^\circ \sin 30^\circ$

$$= \frac{1}{\sqrt{2}} \times \frac{1}{2} + \frac{1}{\sqrt{2}} \times \frac{\sqrt{3}}{2} = \frac{\sqrt{2}+\sqrt{6}}{4}$$

(3) $\tan 75^\circ = \tan(45^\circ + 30^\circ) = \dfrac{\tan 45^\circ + \tan 30^\circ}{1 - \tan 45^\circ \tan 30^\circ} = \dfrac{1 + 1/\sqrt{3}}{1 - 1/\sqrt{3}}$

$$= \frac{\sqrt{3}+1}{\sqrt{3}-1} = 2 + \sqrt{3}$$

□

예제 2.9 다음 식의 값을 구하라.

(1) $\sin 75^\circ \cos 15^\circ$　　(2) $\sin 10^\circ + \sin 50^\circ - \sin 70^\circ$

풀이 (1) 식 (2.31)을 이용하면 다음과 같이 값을 구할 수 있다.

$$\sin 75^\circ \cos 15^\circ = \frac{1}{2}\{\sin(75^\circ + 15^\circ) + \sin(75^\circ - 15^\circ)\}$$

$$= \frac{1}{2}(\sin 90^\circ + \sin 60^\circ) = \frac{1}{2}\left(1 + \frac{\sqrt{3}}{2}\right) = \frac{2+\sqrt{3}}{4}$$

예제 2.8에서 $\sin 75^\circ \cos 15^\circ = \left(\dfrac{\sqrt{6}+\sqrt{2}}{4}\right)^2 = \dfrac{2-\sqrt{3}}{4}$ 임을 알 수 있다.

(2) 식 (2.28)을 이용하면 다음을 얻는다.

$$\begin{aligned}\sin 10^\circ + \sin 50^\circ - \sin 70^\circ &= \sin 10^\circ - (\sin 70^\circ - \sin 50^\circ)\\ &= \sin 10^\circ - 2\sin 10^\circ \cos 60^\circ\\ &= \sin 10^\circ - \sin 10^\circ = 0\end{aligned}$$

□

▶ 삼각함수의 합성

사인함수와 코사인함수의 덧셈정리를 이용하여 다음과 같은 식을 간단히 사인함수나 코사인함수로 나타낼 수 있다.

$$a\sin\theta + b\cos\theta,\quad ab \neq 0,\ a,\ b \in \mathbb{R} \tag{2.34}$$

식 (2.34)에 대하여 그림 2.14(a)와 같이 점 $P(a, b)$와 직각삼각형 $\triangle OPH$를 생각하자. 이때 $\angle HOP = \alpha,\ -\pi < \alpha \leq \pi$라고 하면 다음이 성립한다.

$$\cos\alpha = \frac{a}{\sqrt{a^2+b^2}},\quad \sin\alpha = \frac{b}{\sqrt{a^2+b^2}}$$

이 식과 사인함수의 덧셈공식 (2.12)를 이용하면 다음을 얻는다.

$$\begin{aligned}a\sin\theta + b\cos\theta &= \sqrt{a^2+b^2}\left(\frac{a}{\sqrt{a^2+b^2}}\sin\theta + \frac{b}{\sqrt{a^2+b^2}}\cos\theta\right)\\ &= \sqrt{a^2+b^2}(\cos\alpha\sin\theta + \sin\alpha\cos\theta)\\ &= \sqrt{a^2+b^2}\sin(\theta+\alpha)\end{aligned} \tag{2.35}$$

이와 같이 식 (2.34)와 같은 형태의 식을 식 (2.35)와 같은, 일반적으로 다음과 같은 꼴로 만드는 것을 삼각함수의 **사인합성**이라고 한다.

$$r\sin(\theta+\alpha),\quad r>0,\quad -\pi < \alpha \leq \pi$$

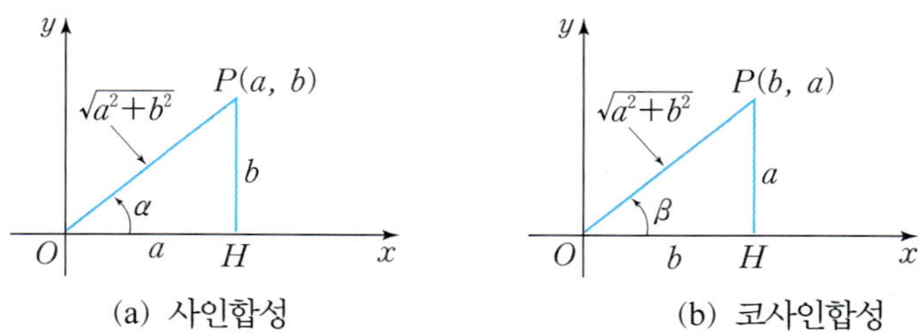

| 그림 2.14 | 삼각함수의 합성

또 그림 2.14(b)와 코사인함수의 덧셈공식 (2.11)을 이용하면 다음을 얻는다.

$$a\sin\theta + b\cos\theta = \sqrt{a^2+b^2}\cos(\theta-\beta) \tag{2.36}$$
$$\cos\beta = \frac{b}{\sqrt{a^2+b^2}}, \quad \sin\beta = \frac{a}{\sqrt{a^2+b^2}}$$

식 (2.34)와 같은 형태의 식을 식 (2.36)과 같이, 일반적으로 다음과 같은 꼴로 만드는 것을 삼각함수의 **코사인합성**이라고 한다.

$$r\cos(\theta-\beta), \quad r>0, \quad -\pi<\beta\le\pi$$

이러한 합성을 통틀어 **삼각함수의 합성**이라고 한다.

예제 2.10 다음 함수의 최댓값과 최솟값을 구하라.

(1) $y=\sqrt{3}\sin x-\cos x$

(2) $y=\sin x+\cos x+2\sin x\cos x$

풀이 (1) 식 (2.35)로부터 삼각함수를 합성하면 다음을 얻는다.

$$y=\sqrt{3}\sin x-\cos x = 2\sin\left(x-\frac{\pi}{6}\right)$$

이 식에서 사인함수의 치역은 닫힌 구간 $[-1, 1]$이므로 함수의 최댓값은 2이고, 최솟값은 -2이다.

(2) $\sin x+\cos x=t$ 라고 치환하면 식 (2.35)로부터 다음을 얻는다.

$$t=\sqrt{2}\sin\left(x+\frac{\pi}{4}\right), \quad -\sqrt{2}\le t\le\sqrt{2}$$

한편, $(\sin x+\cos x)^2=t^2$ 에서 $2\sin x\cos x=t^2-1$이므로 주어진 함수는 다음과 같다.

$$y=t^2+t-1=\left(t+\frac{1}{2}\right)^2-\frac{5}{4}, \quad -\sqrt{2}\le t\le\sqrt{2}$$

따라서 함수는 $t=\sqrt{2}$일 때 최댓값 $1+\sqrt{2}$, $t=-1/2$일 때 최솟값 $-5/4$를 가진다. □

연습문제 2.2

1 좌표평면에서 다음에 주어진 점 $P(a, b)$를 지나는 동경 $\overrightarrow{OP}$가 나타내는 각 θ에 대하여 $\sin\theta$, $\cos\theta$, $\tan\theta$의 값을 구하라.

(1) $P(-3, 4)$ (2) $P(5, -12)$

2 일반각 θ를 나타내는 동경이 어느 사분면에 있는지에 따라 각 삼각함수의 부호가 결정된다. 다음 표를 완성하라.

θ	제1사분면	제2사분면	제3사분면	제4사분면
$\sin\theta$, $\csc\theta$	$+$		$-$	
$\cos\theta$, $\sec\theta$		$-$	$-$	
$\tan\theta$, $\cot\theta$			$+$	$-$

3 $\sin\theta = 3/5$일 때 $\cos\theta$와 $\tan\theta$의 값을 구하라(단, θ는 제2사분면의 각).

4 $\cot\theta = 1/2$일 때 $\sin\theta$와 $\cos\theta$의 값을 구하라(단, θ는 제3사분면의 각).

5 다음 등식이 성립함을 보여라.

(1) $\dfrac{\cos\theta}{1-\sin\theta} = \dfrac{1+\sin\theta}{\cos\theta}$ (2) $\dfrac{1+\sin\theta}{\cos\theta} + \dfrac{\cos\theta}{1+\sin\theta} = 2\sec\theta$

(3) $\tan^2\theta - \sin^2\theta = \tan^2\theta\sin^2\theta$

6 다음 식을 간단히 하라.

(1) $\dfrac{\sin\theta}{1-\cos\theta} + \dfrac{1-\cos\theta}{\sin\theta}$ (2) $(\sin\theta + \cos\theta)^2 + (\sin\theta - \cos\theta)^2$

(3) $\dfrac{\cos\theta}{1+\sin\theta} + \tan\theta$ (4) $\dfrac{\sec\theta + 1}{\sin\theta + \tan\theta}$

7 $\sin\theta + \cos\theta = 1/2$일 때 다음 값을 구하라.

(1) $\sin\theta\cos\theta$ (2) $\sin^3\theta + \cos^3\theta$

8 다음 삼각함수의 값을 구하라.

(1) $\sin\frac{25}{6}\pi$ (2) $\cos\left(-\frac{7}{4}\pi\right)$

(3) $\tan\left(-\frac{13}{3}\pi\right)$ (4) $\cot 135°$

(5) $\sec 210°$ (5) $\csc\frac{11}{6}\pi$

9 다음 삼각함수의 값을 구하라.

(1) $\sin 15°$ (2) $\tan 15°$ (3) $\sin 22.5°$

10 $\sin\alpha = 1/3$, $\cos\beta = 1/4$일 때 다음 값을 구하라(단, $\pi/2 < \alpha < \pi$, $0 < \beta < \pi/2$).

(1) $\sin(\alpha+\beta)$ (2) $\cos(\alpha-\beta)$

11 다음 등식이 성립함을 보여라.

(1) $\sin(\alpha+\beta)\sin(\alpha-\beta) = \sin^2\alpha - \sin^2\beta$

(2) $\cos(\alpha+\beta)\cos(\alpha-\beta) = \cos^2\alpha - \cos^2\beta$

(3) $\dfrac{\tan\alpha - \tan\beta}{\tan\alpha + \tan\beta} = \dfrac{\sin(\alpha-\beta)}{\sin(\alpha+\beta)}$

12 x가 제2사분면의 각이고 $\cos x = -4/5$일 때 다음 값을 구하라.

(1) $\sin 2x$ (2) $\cos 2x$

13 x가 제3사분면의 각이고 $\tan x = 5/12$일 때 다음 값을 구하라.

(1) $\sin 2x$ (2) $\cos 2x$ (3) $\tan 2x$

14 다음 등식이 성립함을 보여라.

(1) $(1+\cos 2x)\tan x = \sin 2x$　　(2) $\sin 3x = 3\sin x - 4\sin^3 x$

(3) $\cos 3x = 4\cos^3 x - 3\cos x$　　(4) $\dfrac{1-\cos x}{\sin 2x} = \tan x$

(5) $\tan 3x = \dfrac{3\tan x - \tan^3 x}{1-3\tan^2 x}$　　(6) $\cot^2 x(1-\cos^2 x) = \cos^2 x$

15 x가 제2사분면의 각이고 $\sin x = 4/5$일 때 다음을 구하라.

(1) $\cos\dfrac{x}{2}$　　(2) $\cos 2x$　　(3) $\tan\dfrac{x}{2}$

16 다음 식을 $r\sin(\theta+\alpha)$ 꼴로 변형하라.

(1) $\sin\theta + \sqrt{3}\cos\theta$　　(2) $\sin\theta - \cos\theta$

17 다음 함수의 최댓값과 최솟값을 구하라.

(1) $y = \sin x - \sqrt{3}\cos x$

(2) $y = \cos x\cos\left(x+\dfrac{\pi}{6}\right),\ 0 \le x \le \dfrac{\pi}{2}$

(3) $y = \sin x\cos x + \sin^2 x$

(4) $y = \sin x\sin\left(x+\dfrac{\pi}{3}\right)$

18 다음 식의 값을 구하라.

(1) $\sin 75°\cos 15°$　　(2) $\cos 75°\cos 105°$

(3) $\sin 20°\sin 40°\sin 80°$

19 다음 식의 값을 구하라.

(1) $\sin 165° + \sin 15°$　　(2) $\cos 195° - \cos 15°$

(3) $\cos 175° + \cos 65° + \cos 55°$

20 그림 2.13에서 $\angle LPQ = \theta$임을 보여라.

21 그림 2.13을 참고하여 식 (2.12)를 유도하라.

22 원점이 중심인 반지름이 r인 원의 둘레를 점 $P_1(r, 0)$에서 시작하여 $2n$ $(n \in \mathbb{N})$ 등분하였다. 원 둘레에 있는 각 분점을 시계 반대방향으로 차례로 P_1, P_2, ... , P_{2n}이라 하고 $\angle P_1OP_2 = \theta$라고 할 때 다음을 구하라.

$$r\sin\theta + r\sin(2\theta) + \cdots + r\sin(20\theta)$$

2.3 삼각형과 삼각함수

여기서는 삼각함수와 삼각형 사이의 관계를 알아본다.

▶ 사인법칙

그림 2.15와 같이 삼각형 $\triangle ABC$의 외접원의 반지름이 R이고, 각 C가 예각이라고 하자. 같은 호에 대한 원주각은 모두 동일하므로 그림에서 삼각형 $\triangle ABC$의 각 C와 $\triangle ABC'$의 각 C'은 같다. 따라서 직각삼각형 $\triangle ABC'$에 대하여 다음이 성립한다.

$$2R = \frac{c}{\sin C'} = \frac{c}{\sin C}$$

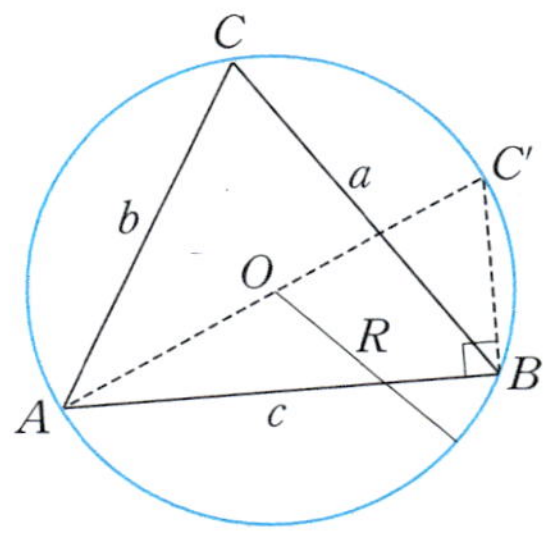

| 그림 2.15 | 사인법칙

이 식은 각 C가 둔각이나 직각인 경우에도 성립한다. 두 각 A와 B에 대하여 같은 방법으로 생각하면 삼각형 $\triangle ABC$의 세 각과 세 변의 길이 사이에 관한 다음 식을 얻는데, 이를 삼각형의 사인법칙(law of sines)이라고 한다.

$$\frac{a}{\sin A} = \frac{b}{\sin B} = \frac{c}{\sin C} = 2R \tag{2.37}$$

▶ 코사인법칙

그림 2.16과 같이 삼각형 $\triangle ABC$의 꼭짓점 C에서 그의 대변 $\overline{AB}$에 또는 (각 B가 둔각일 경우에는) 그의 연장선에 내린 수선의 발을 H라고 하자. 변 $\overline{AB}$의

길이 $|\overline{AB}|$를 c라고 하면 직각삼각형 $\triangle AHC$와 $\triangle BCH$로부터 그림 2.16(a)와 그림 2.16(b)에 대해 각각 다음 식을 얻는다(이는 각 C가 둔각이나 직각일 경우에도 성립한다).

$$c = |\overline{AH}| + |\overline{HB}| = b\cos A + a\cos B \tag{2.38}$$

$$c = |\overline{AH}| - |\overline{BH}| = b\cos A - a\cos(\pi - B) = b\cos A + a\cos B \tag{2.39}$$

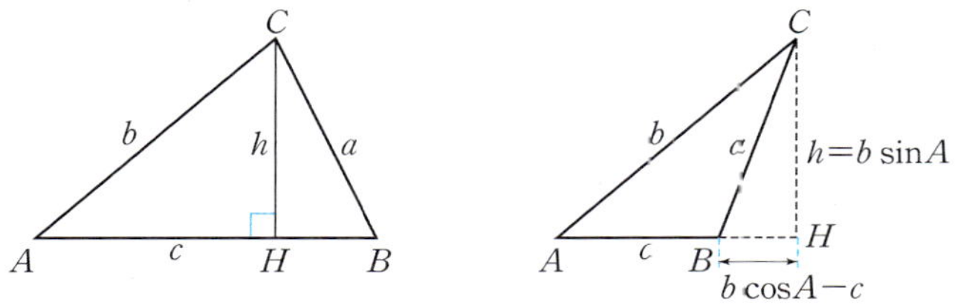

(a) (b)

| 그림 2.16 | 코사인법칙

같은 방법으로 꼭짓점 A와 B에 대하여 생각하면 각각 다음을 얻는다.

$$a = b\cos C - c\cos B \tag{2.40}$$

$$b = c\cos A + a\cos C \tag{2.41}$$

식 (2.38)~(2.41)을 삼각형의 제1 코사인법칙(first law of cosines)이라고 한다.

한편 그림 2.16(b)와 같은 삼각형 $\triangle ABC$에 대하여 직각삼각형 $\triangle CHB$에 대하여 피타고라스 정리와 삼각함수의 항등식 $\cos^2\theta + \sin^2\theta = 1$을 이용하면 다음을 얻는다(이는 각 B가 예각이나 직각인 경우에도 성립한다).

$$\begin{aligned} a^2 &= (b\sin A)^2 + (b\cos A - c)^2 \\ &= b^2(\sin^2 A + \cos^2 A) - 2bc\cos A + c^2 \\ &= b^2 + c^2 - 2bc\cos A \end{aligned} \tag{2.42}$$

같은 방법으로 $b = |\overline{AC}|$와 $c = |\overline{AB}|$에 대하여 생각하면 각각 다음을 얻는다.

$$b^2 = c^2 + a^2 - 2ca\cos B \tag{2.43}$$

$$c^2 = a^2 + b^2 - 2ab\cos C \tag{2.44}$$

식 (2.42), (2.43)과 (2.44)를 삼각형의 제2 코사인법칙(second law of cosines)

또는 코사인법칙이라고 한다.

삼각형의 세 변의 길이를 알면 제2 코사인법칙에 의하여 삼각형의 세 각의 크기를 알 수 있다.

예제 2.11 정삼각형 $\triangle ABC$에서 변 BC의 삼등분점을 각각 P, Q라 하고 $\angle PAQ=\theta$라고 하자. 이때 $\cos\theta$의 값을 구하라.

풀이 정삼각형의 한 변의 길이를 $3a$라고 하면 $|\overline{AB}|=|\overline{BC}|=3a$, $|\overline{BP}|=|\overline{PQ}|=a$이다. 삼각형 $\triangle ABP$에서 $|\overline{BP}|$을 구하기 위해 제2 코사인법칙을 적용하면 다음을 얻는다.

$$|\overline{AP}|^2=(3a)^2+a^2-2\cdot 3a\cdot a\cdot \cos\frac{\pi}{3}=7a^2$$

따라서 $|\overline{AP}|=|\overline{AQ}|=\sqrt{7}a$이므로 삼각형 $\triangle APQ$에서 다음을 얻는다.

$$\cos\theta=\frac{(\sqrt{7}a)^2+(\sqrt{7}a)^2-a^2}{2\cdot\sqrt{7}a\cdot\sqrt{7}a}=\frac{13}{14}$$ □

삼각형의 넓이

그림 2.16과 같이 삼각형 $\triangle ABC$의 꼭짓점 C에서 그의 대변 $\overline{AB}$에 또는 (각 B가 둔각일 경우에는) 그의 연장선에 내린 수선의 발을 H라고 하자. 그러면 삼각형 $\triangle ABC$의 높이 h가 $h=b\sin A$이므로 삼각형 $\triangle ABC$의 넓이 S는 다음과 같다(이는 각 C가 둔각이나 직각인 경우에도 성립한다).

$$S=\frac{1}{2}bc\sin A$$

꼭짓점 A나 B에 대하여 같은 방법으로 생각하면 삼각형 $\triangle ABC$의 넓이 S는 또한 다음과 같다.

$$S=\frac{1}{2}ac\sin B=\frac{1}{2}ab\sin C$$

호도법과 부채꼴의 넓이

그림 2.17과 같이 중심이 O이고 반지름이 r인 원에 중심각의 크기가 θrad인

부채꼴 OAB를 생각하자.

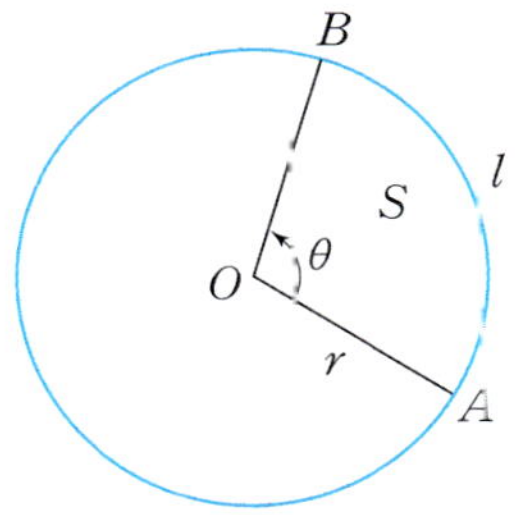

| 그림 2.17 | 부채꼴

중심각의 크기가 θrad인 부채꼴 OAB의 호 AB의 길이 l은 호도의 정의에 의하여 다음 정비례식을 만족시킨다.

$$2\pi r : l = 2\pi : \theta$$

따라서 부채꼴 OAB의 호 AB의 길이 l은 다음과 같다.

$$l = r\theta$$

또 부채꼴 OAB의 넓이 S가 중심각의 크기 θ에 정비례하므로 다음이 성립한다.

$$2\pi : \theta = \pi r^2 : S$$

따라서 중심각의 크기가 θ인 부채꼴 OAB의 넓이 S는 다음과 같다.

$$S = \frac{1}{2}r^2\theta = \frac{1}{2}rl$$

예제 2.12 중심이 O, 반지름의 길이가 4이고 중심각의 크기가 $\frac{3}{4}\pi$인 부채꼴 OAB에서 삼각형 $\triangle OAB$를 뺀 부분의 넓이를 구하라.

풀이 부채꼴의 넓이는 $\frac{1}{2}\cdot 4^2\cdot\frac{3}{4}\pi = 6\pi$이고 이등변삼각형의 넓이는 $\frac{1}{2}\cdot 4\cdot 4\cdot\sin\frac{3}{4}\pi = 4\sqrt{2}$이다. 따라서 구하고자 하는 부분의 넓이는 $6\pi - 4\sqrt{2}$이다. □

연습문제 2.3

1 삼각형 $\triangle ABC$에서 다음 등식이 성립할 때 각 A의 크기는 얼마인가?

$$\sin A = \frac{\sin B + \sin C}{\cos B + \cos C}$$

2 예각삼각형 $\triangle ABC$에서 $a = \sqrt{3}$, $b = 1$, $B = 30°$일 때 외접원의 반지름 R, 나머지 변의 길이와 내각을 구하라.

3 삼각형 $\triangle ABC$에서 $A = 45°$, $b = 1 + \sqrt{3}$, $c = \sqrt{2}$일 때 a를 구하라.

4 삼각형 $\triangle ABC$에서 다음 등식이 성립함을 보여라.

$$\frac{c}{a+b} = \frac{\sin C}{\sin A + \sin B}$$

5 다음 식을 만족시키는 삼각형 $\triangle ABC$는 어떤 삼각형인가?

(1) $a\cos A = b\cos B$ (2) $b\cos A = a\cos B$

(3) $\sin^2 A \tan B = \sin^2 B \tan A$

6 삼각형 $\triangle ABC$에서 $a^2 = b^2 + c^2 + bc$일 때 각 A의 크기는 얼마인가?

7 사각형의 두 대각선의 길이를 p, q라고 하고 두 대각선이 이루는 각을 θ라고 할 때 이 사각형의 넓이 S는 다음과 같음을 보여라.

$$S = \frac{1}{2}pq\sin\theta$$

8 삼각형 $\triangle ABC$의 넓이를 S, 외접원의 반지름을 R, 내접원의 반지름을 r이라고 할 때, 다음 등식이 성립함을 보여라.

(1) $S = 2R^2 \sin A \sin B \sin C$　　(2) $S = \frac{1}{4R}abc$

(3) $S = \frac{1}{2}(a+b+c)r$

9 그림 2.15에서 각 $\angle ACB$와 각 $\angle AC'B$가 같음을 증명하라.

10 삼각형 $\triangle ABC$에서 $\frac{\sin A}{2} = \frac{\sin B}{2} = \sin C$일 때 최대각의 크기를 구하라.

11 삼각형의 세 변의 크기가 $\sqrt{2}$, 2, $\sqrt{3}+1$일 때 최소각의 크기를 구하라.

12 그림 2.18과 같이 반지름이 2cm인 동전 둘레를 반지름이 1cm인 동전으로 둘러 싸려고 할 때 최대한 몇 개까지 외접시킬 수 있는가? 단, 동전은 모두 동일한 평면 위에 있으며 필요하면 부록의 삼각함수표를 이용하라(도움말 : 제2 코사인 법칙).

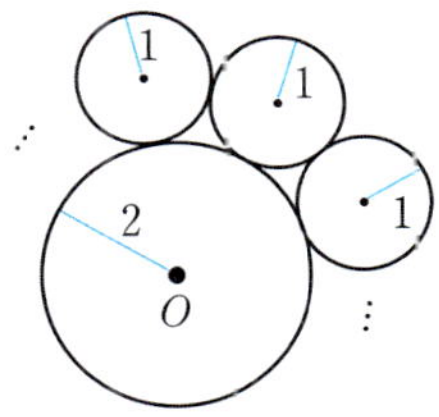

| 그림 2.18 | 문제 12의 그림

2.4 삼각방정식과 삼각부등식

각의 크기 θ가 미지수인 삼각함수를 포함하는 방정식을 **삼각방정식**, 부등식을 **삼각부등식**이라고 한다. $0 \le \theta < 2\pi$ 또는 $-\pi < \theta \le \pi$와 같이 특정한 범위에 있는 삼각방정식 또는 삼각부등식의 해를 **특수해**라고 한다.2)

삼각방정식이나 부등식의 해를 구할 때 삼각함수의 그래프나 단위원을 이용하면 편리하다.

예제 2.13 삼각방정식 $\sin x = 1/2$의 해 x를 $0 \le x < 2\pi$의 범위에서 구하라.

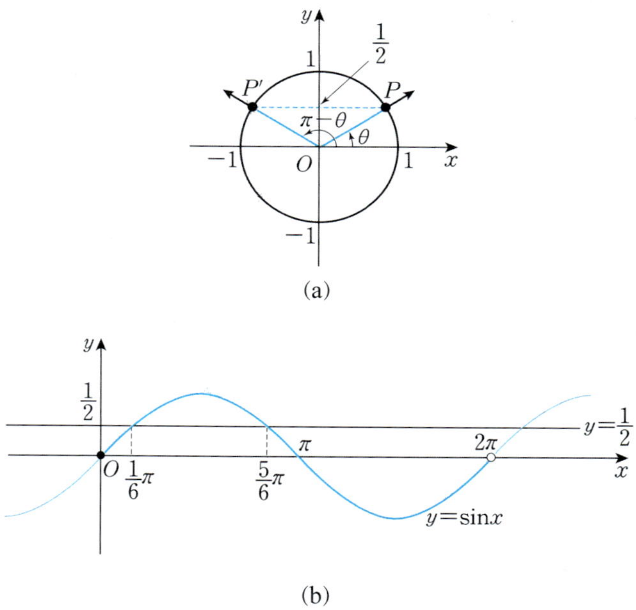

| 그림 2.19 | 예제 2.13의 그래프

풀이 단위원과 함수의 그래프를 이용하여 해를 구해보자.

(1) 그림 2.19(a)와 같이 단위원 O 위에서 y좌표가 $1/2$인 점 P의 동경 $\overrightarrow{OP}$가 나타내는 각을 θ라고 하면, 동경 $\overrightarrow{OP'}$이 나타내는 각은 $\pi-\theta$이다. 그러면

2) 각을 육십분법으로 나타낼 수도 있다.

$\sin x = 1/2$을 만족시키는 x는 $\theta, \pi-\theta$이다. 그런데 $\sin(\pi/6) = 1/2$이므로 $\theta = \pi/6,\ \pi-\theta = 5\pi/6$이다. 따라서 구하는 해는 $x = \pi/6$ 또는 $x = 5\pi/6$이다.

(2) 그림 2.19(b)에서 보듯이 함수 $y = \sin x$의 그래프와 직선 $y = 1/2$이 $0 \le x < 2\pi$의 범위에서 만나는 점의 x좌표는 $\pi/6$, $5\pi/6$이므로 구하는 해는 $x = \pi/6$ 또는 $x = 5\pi/6$이다. □

예제 2.14 삼각부등식 $\sin x \le 1/2$의 해 x를 $0 \le x < 2\pi$의 범위에서 구하라.

풀이 예제 2.8의 풀이와 그림 2.19(a)를 참고하여 해를 구해보자. 그림 2.19(a)에서 $\sin\theta$는 점 P의 y좌표이다. 따라서 원호 PP' 사이에 동경을 가지는 모든 각 x에 대해 $\sin x > 1/2$이 성립한다. 이때 동경 $\overrightarrow{OP}$가 나타내는 각은 $\pi/6$이고 동경 $\overrightarrow{OP'}$이 나타내는 각은 $5\pi/6$이므로 구하는 해는 $0 \le x \le \pi/6$ 또는 $5\pi/6 \le x < 2\pi$이다. □

삼각방정식의 일반해

예제 2.8과 같이 삼각방정식의 해를 제한된 범위에서 구하는 경우도 있으나 범위가 제한되지 않는 경우도 있다. 이 경우에 삼각함수는 주기함수이므로 해의 개수가 무한히 많다.

방정식 $\sin x = 1/2$은 $0 \le x < 2\pi$의 범위에서 $x = \pi/6$ 또는 $x = 5\pi/6$의 근을 갖는다. 그런데 $\pi/6, 5\pi/6$에 대한 일반각은 각각 $2n\pi + \pi/6,\ 2n\pi + 5\pi/6$이다($n$은 정수). 따라서 이 방정식의 모든 해는 $x = 2n\pi + \pi/6,\ 2n\pi + 5\pi/6$이다($n$은 정수). 이와 같이 일반각으로 표현되는 해를 일반해라고 한다. 한편 $2n\pi + 5\pi/6 = (2n+1)\pi - \pi/6$이므로 위의 일반해를 다음과 같이 하나의 식으로 나타낼 수 있다.

$$x = n\pi + (-1)^n \frac{1}{6}\pi, \quad n \in \mathbb{Z}$$

다음은 삼각방정식의 일반해를 구하는 데 유용하게 쓰인다.

(1) 방정식 $\sin x = a\ (|a| \le 1)$의 한 해가 α이면 일반해는 $x = n\pi + (-1)^n\alpha$이다.

(2) 방정식 $\cos x = a\ (|a| \le 1)$의 한 해가 α이면 일반해는 $x = 2n\pi \pm \alpha$이다.

(3) 방정식 $\tan x = a$의 한 해가 α이면 일반해는 $x = n\pi + \alpha$이다.

여기서 n은 정수이며, α는 흔히 $-\pi < \alpha \le \pi$ 또는 $0 \le \alpha < 2\pi$인 범위에서 구한다.

예제 2.15 삼각방정식 $2\cos^2 x + 3\sin x - 3 = 0$의 해를 구하라.

풀이 등식 $\cos^2 x = 1 - \sin^2 x$를 주어진 방정식에 대입하여 정리하면 다음을 얻는다.

$$2\sin^2 x - 3\sin x + 1 = 0 \quad \Leftrightarrow \quad (2\sin x - 1)(\sin x - 1) = 0$$

따라서 방정식 $\sin x = 1/2$ 또는 $\sin x = 1$의 해가 구하는 해이며, 다음과 같다.

$$x = n\pi + (-1)^n \frac{1}{6}\pi \text{ 또는 } x = n\pi + (-1)^n \frac{1}{2}\pi \quad (n \in \mathbb{Z})$$ □

연습문제 2.4

1 삼각방정식 $\sqrt{3}\sin x - \cos x = \sqrt{2}$의 일반해를 구하라.

2 삼각방정식 $2\cos^2 x - 2\sqrt{3}\sin x \cos x + 1 = 0$의 해를 구하라(단, $0 \le x < 2\pi$).

3 $0 \le \theta < 2\pi$일 때 방정식 $|2\sin\theta - 1| - 2 = 0$의 해를 구하라.

4 삼각부등식 $2\sin^2 x \le 3\cos x$의 해를 구하라(단, $0 \le x < 2\pi$).

5 $0 \le \theta < 2\pi$ 중에서 부등식 $2\cos^2\theta - 1 < |\sin\theta|$를 만족시키는 θ를 모두 찾아라.

6 변수 x에 대한 다음 방정식이 실근을 갖도록 하는 θ의 값의 범위를 구하라(단, $0 \le \theta < 2\pi$).

$$x^2 - 2x - \sqrt{2}\sin\theta = 0$$

7 모든 실수 x에 대하여 다음이 성립하는 θ값의 범위를 구하라(단, $0 \le \theta < 2\pi$).

$$x^2 - 2x\sin\theta - 4\sin\theta \ge 0$$

8 방정식 $\cos(\pi \sin x) = 0$의 모든 해의 합을 구하라(단, $0 \le x < 2\pi$).

9 연립방정식 $\begin{cases} |\sin x| = \dfrac{\sqrt{3}}{2} \\ 2\cos\left(x + \dfrac{\pi}{3}\right) = 1 \end{cases}$ 의 해를 구하라(단, $0 \le x < 2\pi$).

10 부등식 $(9 - 3^x)(2\sin x - 1) < 0$의 해를 구하라(단, $0 \le x < 2\pi$).

11 모든 실수 x에 대하여 부등식 $\cos^2 x \le 4(k + \sin x)$가 항상 성립할 때, 실수 k의 최솟값을 구하라.

PRE CALCULUS

03

함수의 극한과 연속성

함수의 극한의 뜻과 성질을 알아보고, 함수의 극한값을 구해본다. 그리고 함수의 연속의 뜻을 알아보고, 연속함수의 성질들을 조사한다. 함수의 극한과 연속성은 이후에 다룰 미분법과 적분법의 바탕이 된다.

3.1 | 함수의 수렴과 발산

함수의 수렴

함수 $y=f(x)$에서 x의 값이 어떤 수에 한없이 가까워질 때 함수 $f(x)$의 값이 어떻게 변하는지 알아보자. 예를 들어 다음 함수를 생각하자.

$$f(x)=x+1$$

표 3.1과 그림 3.1에서 알 수 있듯이, x의 값이 1에 한없이 가까워질 때 함수 $f(x)$의 값은 2에 한없이 가까워진다.

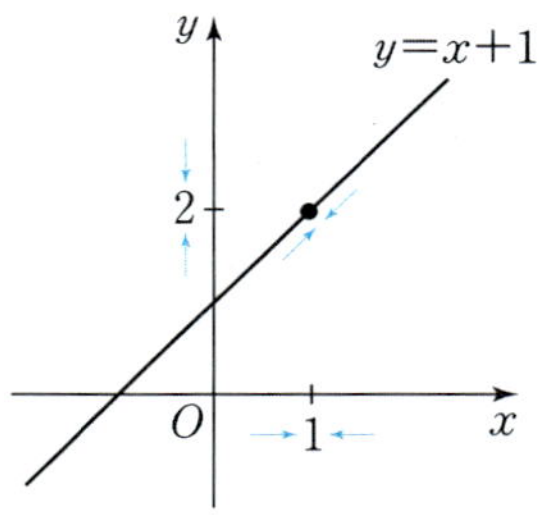

| 그림 3.1 | 함수의 극한

| 표 3.1 | 점 $x=1$ 근처에서 함수 $f(x)=x+1$의 값의 변화

x	0.9	0.99	0.999	0.9999	**1**	1.0001	1.001	1.01	1.1
$f(x)$	1.9	1.99	1.999	1.9999	**2**	2.0001	2.001	2.01	2.1

한편 함수 $g(x)=\dfrac{x^2-1}{x-1}$은 $x=1$에서 정의되지 않지만, $x \neq 1$인 모든 실수에 대해 다음과 같다.

$$g(x)=\frac{(x+1)(x-1)}{x-1}=x+1$$

그러므로 함수 $g(x)$의 그래프는 그림 3.2와 같고 x의 값이 1에 한없이 가까워질 때 $g(x)$의 값은 2에 한없이 가까워진다.

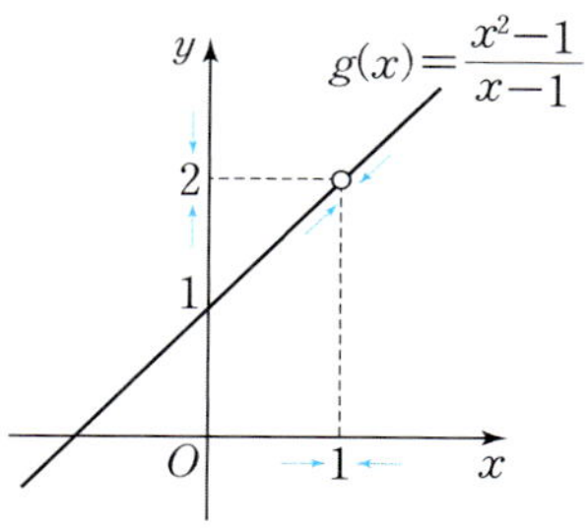

| 그림 3.2 | $y=\frac{x^2-1}{x-1}$의 그래프

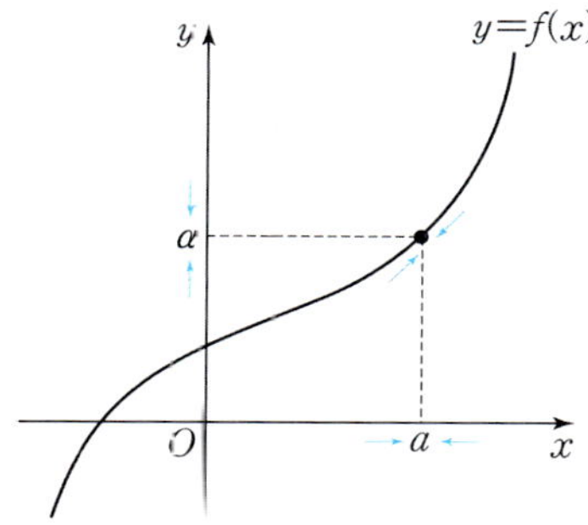

| 그림 3.3 | 함수의 극한

이와 같이 함수 $f(x)$에 대해 x가 a와 다른 값을 취하면서 a에 한없이 가까워질 때 $f(x)$의 값이 일정한 값 α에 한없이 가까워지면 함수 $f(x)$는 α에 수렴한다(converge)고 하며, α를 $x=a$에서 $f(x)$의 극한값 또는 극한(limit)이라고 한다(그림 3.3 참조). 이것을 기호로 다음과 같이 나타낸다.

$$\lim_{x\to a}f(x)=\alpha \quad (\text{또는 } x\to a\text{일 때 } f(x)\to\alpha)$$

앞에서 살펴본 함수 $f(x)=x+1$과 $g(x)=\frac{x^2-1}{x-1}$의 $x=1$에서의 극한값은 다음과 같다.

$$\lim_{x\to 1}(x+1)=2,$$

$$\lim_{x\to 1}\frac{x^2-1}{x-1}=\lim_{x\to 1}(x+1)=2$$

특히 상수함수 $f(x)=c$는 모든 실수 x에 대해 함숫값이 항상 c이므로 a값에 관계없이 다음이 성립한다(그림 3.4 참조).

$$\lim_{x\to a}c=c$$

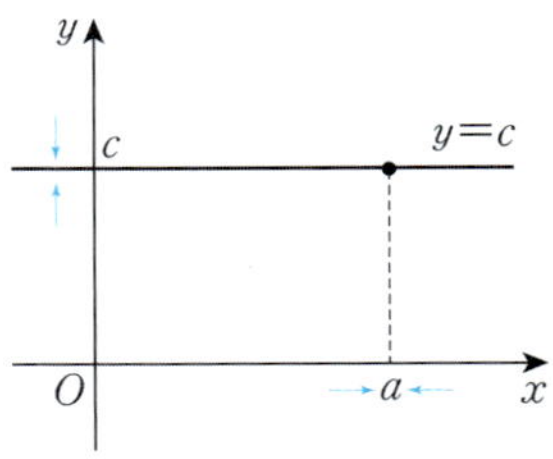

| 그림 3.4 | $y=c$의 그래프

예제 3.1 다음 함수의 극한값을 구하라.

(1) $\lim_{x\to 2}(-x^2+3)$ (2) $\lim_{x\to 2}\frac{x^2-5x+6}{x-2}$

풀이 (1) 그림 3.5와 같이 $f(x)=-x^2+3$은 x가 2에 한없이 가까워질 때 $f(x)$의 값이 -1에 한없이 가까워짐을 알 수 있다. 따라서 다음을 얻는다.

$$\lim_{x\to 2}(-x^2+3)=-1$$

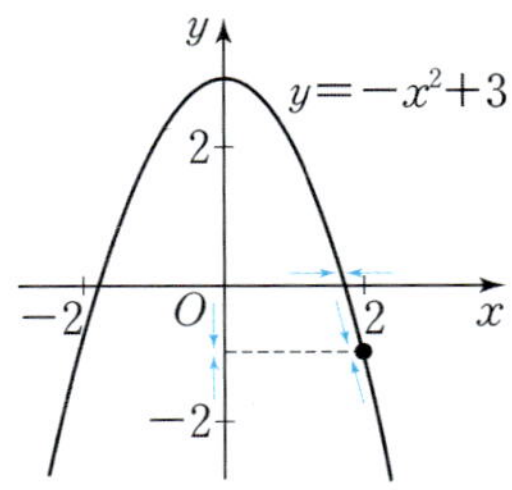

| 그림 3.5 | $y=-x^2+3$의 그래프

즉 구하는 극한값은 -1이다.

(2) $x\neq 2$일 때 $\frac{x^2-5x+6}{x-2}=\frac{(x-2)(x-3)}{x-2}=x-3$이므로 다음을 얻는다.

$$\lim_{x\to 2}\frac{x^2-5x+6}{x-2}=\lim_{x\to 2}(x-3)=-1$$

따라서 구하는 극한값은 -1이다. □

함수의 발산

그림 3.6에서 함수 $f(x)=1/x^2$의 그래프는 x의 값이 0에 한없이 가까워질 때 $f(x)$의 값은 한없이 커진다.

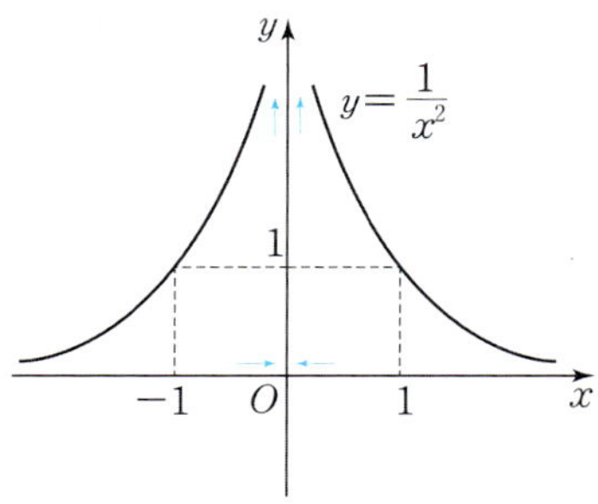

| 그림 3.6 | 함수 $y=\frac{1}{x^2}$의 그래프

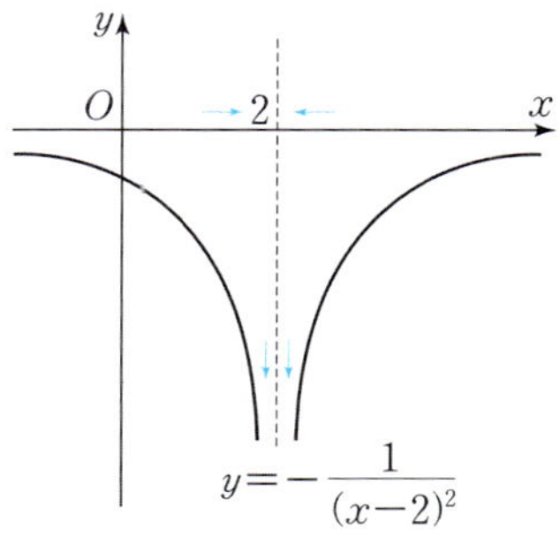

| 그림 3.7 | 함수 $y=-\frac{1}{(x-2)^2}$의 그래프

이와 같이 함수 $f(x)$에서 x의 값이 a에 한없이 가까워질 때 함수 $f(x)$의 값이 한없이 커지면 함수 $f(x)$는 양의 무한대로 **발산한다**(diverge)고 하며, 기호로 다음과 같이 나타낸다.

$$\lim_{x\to a} f(x)=\infty \quad (\text{또는 } x\to a\text{일 때 } f(x)\to\infty)$$

한편 그림 3.7에서 함수 $f(x)=-1/(x-2)^2$의 경우에는 x의 값이 2에 한없이 가까워질 때 $f(x)$의 값은 한없이 작아진다.

이와 같이 함수 $f(x)$에서 x의 값이 a에 한없이 가까워질 때 함수 $f(x)$의 값이 한없이 작아지면 함수 $f(x)$는 음의 무한대로 발산한다고 하며, 기호로 다음과 같이 나타낸다.

$$\lim_{x\to a} f(x)=-\infty \quad (\text{또는 } x\to a\text{일 때 } f(x)\to-\infty)$$

무한대에서의 극한

그림 3.8의 함수 $f(x)=1/x$의 그래프에서 알 수 있듯이, x의 값이 한없이 커질 때 $f(x)$의 값은 0에 한없이 가까워진다. 그리고 x의 값이 음수이면서 그 절댓값이 한없이 커질 때도 $f(x)$의 값은 0에 한없이 가까워진다.

이와 같이 함수 $f(x)$에서 x의 값이 한없이 커질 때 $f(x)$의 값이 일정한 값 α에 한없이 가까워지면, 이것을 기호로 다음과 같이 나타낸다.

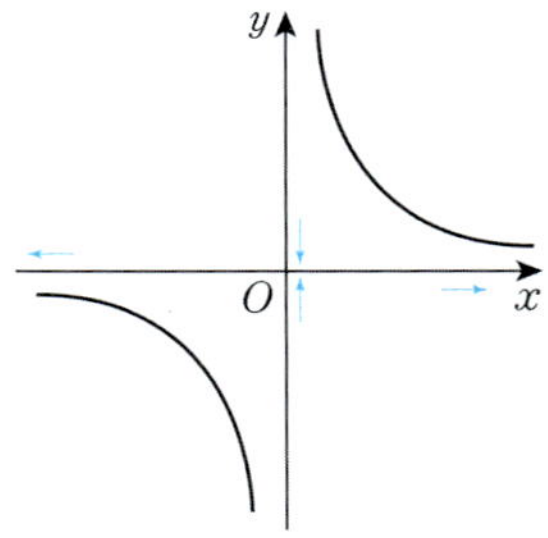

| 그림 3.8 | $y = \dfrac{1}{x}$의 그래프

$$\lim_{x \to \infty} f(x) = \alpha \qquad (\text{또는 } x \to \infty \text{일 때 } f(x) \to \alpha)$$

또 x의 값이 음수이면서 그 절댓값이 한없이 커질 때 $f(x)$의 값이 일정한 값 α에 한없이 가까워지면, 이것을 기호로 다음과 같이 나타낸다.

$$\lim_{x \to -\infty} f(x) = \alpha \qquad (\text{또는 } x \to -\infty \text{일 때 } f(x) \to \alpha)$$

그리고 x의 값이 위의 각 경우와 같을 때 $f(x)$가 양 또는 음의 무한대로 발산하면, 이것들을 기호로 각각 다음과 같이 나타낸다.

$$\lim_{x \to \infty} f(x) = \infty, \quad \lim_{x \to \infty} f(x) = -\infty,$$
$$\lim_{x \to -\infty} f(x) = \infty, \quad \lim_{x \to -\infty} f(x) = -\infty$$

다음이 성립함을 각 함수의 그래프로부터 쉽게 알 수 있다.

$$\lim_{x \to \infty}\left(-\frac{1}{x}\right) = 0, \quad \lim_{x \to -\infty} \frac{1}{x} = 0, \quad \lim_{x \to \infty} x^2 = \infty, \quad \lim_{x \to -\infty} x^3 = -\infty$$

좌극한과 우극한

다음 함수에 대해 x의 값이 1에 한없이 가까워지는 경우를 알아보자.

$$f(x) = \begin{cases} 1 & (x \le 1) \\ -x+3 & (x > 1) \end{cases}$$

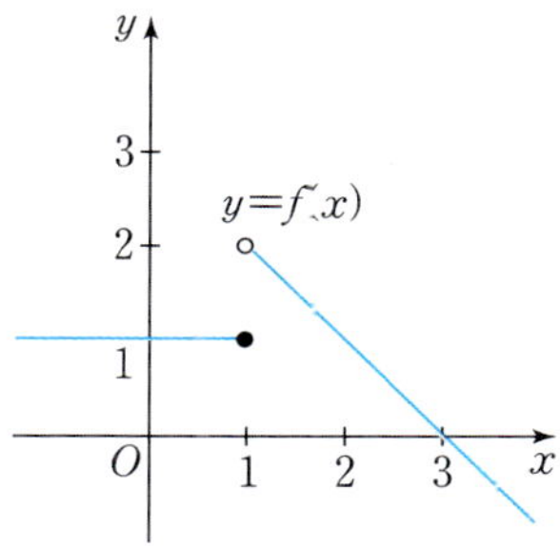

| 그림 3.9 | 좌극한과 우극한

그림 3.9에서 알 수 있듯이, x의 값이 1보다 작으면서 1에 한없이 가까워질 때 $f(x)$의 값은 1에 한없이 가까워진다. 또 x의 값이 1보다 크면서 1에 한없이 가까워질 때 $f(x)$의 값은 2에 한없이 가까워진다.

일반적으로 함수 $f(x)$에서 x의 값이 a보다 작으면서 a에 한없이 가까워질 때 $f(x)$의 값이 일정한 값 α에 한없이 가까워지면, α를 $x=a$에서 $f(x)$의 좌극한값 또는 좌극한(left side limit)이라 한다. 이것을 기호로 다음과 같이 나타낸다.

$$\lim_{x\to a-} f(x)=\alpha \qquad (\text{또는 } f(a-)=\alpha)$$

또 x의 값이 a보다 크면서 a에 한없이 가까워질 때 $f(x)$의 값이 일정한 값 β에 한없이 가까워지면, β를 $x=a$에서 $f(x)$의 우극한값 또는 우극한(right side limit)이라 한다. 이것을 기호로 다음과 같이 나타낸다.

$$\lim_{x\to a+} f(x)=\beta \qquad (\text{또는 } f(a+)=\beta)$$

그러므로 위에서 예로 든 함수 $f(x)$에 대해 $x=1$에서 좌극한과 우극한은 다음과 같다.

$$\lim_{x\to 1-} f(x)=f(1-)=1, \qquad \lim_{x\to 1+} f(x)=f(1+)=2$$

그러나 x의 값이 (1보다 작거나 크면서) 1에 한없이 가까워질 때 $f(x)$의 값이 일정한 값에 한없이 가까워지지 않으므로, $x=1$에서 $f(x)$의 극한은 존재하지 않는다.

예제 3.2 열려 있던 전기 스위치를 시각 $t=a$에서 닫을 때 전기의 흐름을 다음과 같은 헤비사이드 함수 $H(t)$로 나타내기로 하자(그림 3.10 참조).[1]

$$H(t)=\begin{cases}0 & (t<a)\\ 1 & (t\geq a)\end{cases}$$

이때 $\lim_{t\to a-} H(t)$와 $\lim_{t\to a+} H(t)$를 구하라.

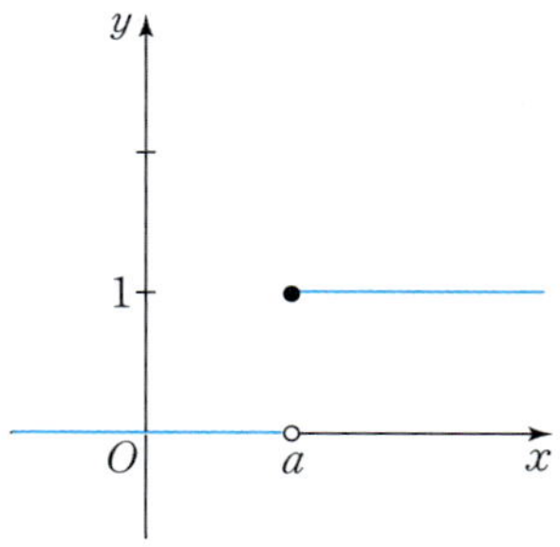

| 그림 3.10 | 헤비사이드 함수

풀이 주어진 헤비사이드 함수의 정의로부터 함수의 좌극한과 우극한은 자명하게 각각 다음과 같다.

$$H(a-)=0, \quad H(a+)=1$$

그러므로 $\lim_{t\to a} H(t)$는 존재하지 않는다. □

극한의 정의에 의해 어떤 점에서 극한이 존재하면 그 점에서 좌극한과 우극한이 존재하고 그 값이 서로 같다. 그러나 앞에서 살펴본 대로 한 점에서 좌극한과 우극한이 모두 존재하더라도 그 값이 서로 같지 않으면 극한은 존재하지 않는다. 일반적으로 좌극한과 우극한 및 극한 사이에 다음 정리가 성립함이 알려져 있다.

---

1) 함수 $H(t)$를 영국의 전기 공학자 헤비사이드(O. Heaviside, 1850~1925)의 이름을 따서 '헤비사이드 함수' 또는 '단위 계단 함수'라고 한다.

정리 3.1

적당한 영역에서 정의된 함수 $f(x)$에 대하여 다음 관계가 성립한다.

$$\lim_{x\to a} f(x)=\alpha \quad \Leftrightarrow \quad \lim_{x\to a-} f(x)= \lim_{x\to a+} f(x)=\alpha$$

다음 예제 3.3에서 기호 $\lfloor x \rfloor$는 x보다 크지 않은 정수 중에서 가장 큰 정수를 나타낸다. 따라서 $\lfloor -0.5 \rfloor = -1$이고 $\lfloor 2.3 \rfloor = 2$이다. 함수 $f(x)=\lfloor x \rfloor$를 **최대 정수 함수** 또는 **가우스 함수**라고 한다(그림 3.11 참조).

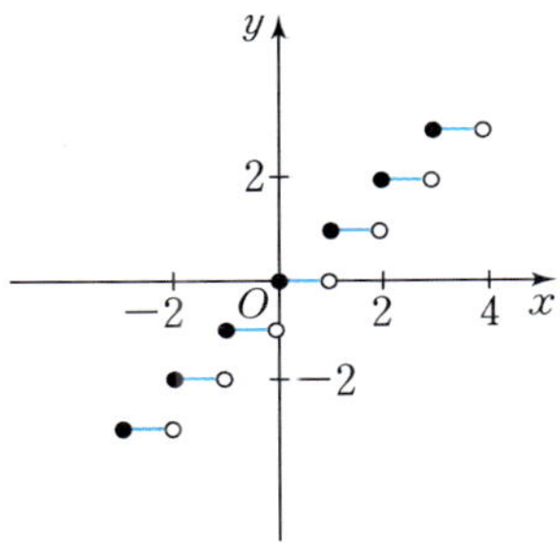

| 그림 3.11 | 가우스 함수

예제 3.3 다음 함수의 극한을 조사하라.

(1) $\lim_{x\to 1} \dfrac{|x-1|}{x-1}$ (2) $\lim_{x\to 2} \lfloor x \rfloor$

풀이 (1) 좌극한과 우극한이 다음과 같으므로 극한이 존재하지 않는다.

$$\lim_{x\to 1+} \frac{|x-1|}{x-1}=1, \quad \lim_{x\to 1-} \frac{|x-1|}{x-1} = -1$$

(2) 좌극한과 우극한은 다음과 같으므로 극한이 존재하지 않는다.

$$\lim_{x\to 2+} \lfloor x \rfloor = 2, \quad \lim_{x\to 2-} \lfloor x \rfloor = 1$$

□

연습문제 3.1

1 다음 중 극한이 존재하면 극한값을 구하라.

(1) $\lim_{x \to 1}(x+2)$

(2) $\lim_{x \to 2}(3x-5)$

(3) $\lim_{x \to 2}(x^2+1)$

(4) $\lim_{x \to -1}(x^2+x-2)$

(5) $\lim_{x \to 3}\frac{x^2-x-2}{x-2}$

(6) $\lim_{x \to 2}\frac{x^3-8}{x-2}$

(7) $\lim_{x \to 0}\frac{|x|}{x}$

(8) $\lim_{x \to 0}\frac{x^2-3x}{x}$

(9) $\lim_{x \to -2}\frac{x-2}{x+2}$

(10) $\lim_{x \to 2}\frac{x^2-4}{|x-2|}$

(11) $\lim_{x \to 4+}\frac{\lfloor x \rfloor -4}{x-4}$

(12) $\lim_{x \to \infty}\left(3-\frac{5}{x}\right)$

2 다음 극한을 조사하라.

(1) $\lim_{x \to 1}\frac{1}{|x-1|}$

(2) $\lim_{x \to 1}\frac{2}{(x-1)^2}$

(3) $\lim_{x \to -1}\frac{-5}{(x+1)^2}$

(4) $\lim_{x \to 0}\left(3-\frac{1}{x^2}\right)$

(5) $\lim_{x \to \infty}(2x-5)$

(6) $\lim_{x \to \infty}(-x^2+3)$

(7) $\lim_{x \to \infty}\frac{3+2x}{x}$

(8) $\lim_{x \to \infty}\log_{10}\frac{1}{x}$

3.2 함수의 극한에 관한 성질

함수의 극한에 대해서 다음과 같은 기본적인 성질이 성립한다.

정리 3.2 함수의 극한에 관한 기본 성질

$\lim_{x \to a} f(x) = \alpha$이고 $\lim_{x \to a} g(x) = \beta$일 때 다음이 성립한다.

[1] $\lim_{x \to a}\{f(x)+g(x)\} = \lim_{x \to a} f(x) + \lim_{x \to a} g(x) = \alpha + \beta$

[2] $\lim_{x \to a}\{f(x)-g(x)\} = \lim_{x \to a} f(x) - \lim_{x \to a} g(x) = \alpha - \beta$

[3] $\lim_{x \to a} cf(x) = c\lim_{x \to a} f(x) = c\alpha$ (단, c는 상수)

[4] $\lim_{x \to a}\{f(x)g(x)\} = \lim_{x \to a} f(x) \cdot \lim_{x \to a} g(x) = \alpha\beta$

[5] $\lim_{x \to a} \dfrac{f(x)}{g(x)} = \dfrac{\lim_{x \to a} f(x)}{\lim_{x \to a} g(x)} = \dfrac{\alpha}{\beta}$ (단, $g(x) \neq 0$, $\beta \neq 0$)

[6] a와 가까운 x의 모든 값에 대해 $f(x) \leq g(x)$이면, $\alpha \leq \beta$이다.

[7] a와 가까운 x의 모든 값에 대해 $f(x) \leq h(x) \leq g(x)$이고 $\alpha = \beta$이면, $\lim_{x \to a} h(x) = \alpha$이다.

참고 [1] 위에서 $\lim_{x \to a}$의 $x \to a$를 $x \to a-$, $x \to a+$, $x \to \infty$, $x \to -\infty$로 바꾸어도 함수의 극한에 관한 기본 성질은 모두 성립한다.

[2] 위에서 [7]을 '샌드위치 정리' 또는 '조임 정리'라고 한다.

임의의 점 $x = a$에서 $\lim_{x \to a} c = c$ (c는 상수)이고 $\lim_{x \to a} x = a$라는 사실과 함수의 극한에 관한 기본 성질을 이용하여 다항함수의 극한을 구해보자.

예제 3.4 (1) $\lim_{x\to1}(2x+3)=\lim_{x\to1}2x+\lim_{x\to1}3=2\lim_{x\to1}x+3=2\cdot1+3=5$

(2) $$\lim_{x\to2}(x^2-3x)=\lim_{x\to2}x^2-3\lim_{x\to2}x$$
$$=\left(\lim_{x\to2}x\right)^2-3\lim_{x\to2}x=4-6=-2$$

이제 함수의 극한에 관한 기본 성질을 이용하여 분수함수의 극한을 구하는 방법을 예제를 통하여 알아보자.

▶ $\lim_{x\to a}f(x)=\lim_{x\to a}g(x)=0$일 때는 인수분해 또는 유리화하여 주어진 식을 변형한 다음에 극한 $\lim_{x\to a}\frac{f(x)}{g(x)}$를 구할 수도 있다.

예제 3.5 다음 극한값을 구하라.

(1) $\lim_{x\to1}\frac{2x}{x+1}$ (2) $\lim_{x\to1}\frac{x^3-1}{x-1}$ (3) $\lim_{x\to4}\frac{\sqrt{x+5}-3}{x-4}$

풀이 (1) $\lim_{x\to1}(x+1)=2\neq0$이므로 정리 3.2에 의해 다음을 얻는다.

$$\lim_{x\to1}\frac{2x}{x+1}=\frac{\lim_{x\to1}2x}{\lim_{x\to1}(x+1)}=\frac{2\lim_{x\to1}x}{\lim_{x\to1}x+\lim_{x\to1}1}=\frac{2\cdot1}{1+1}=1$$

(2) $\lim_{x\to1}(x-1)=0$이므로 정리 3.2를 직접 이용할 수 없다. 따라서 다음과 같이 분자를 인수분해하고 약분한 뒤에 극한을 구할 수 있다.

$$\lim_{x\to1}\frac{x^3-1}{x-1}=\lim_{x\to1}\frac{(x-1)(x^2+x+1)}{x-1}=\lim_{x\to1}(x^2+x+1)=3$$

(3) $\lim_{x\to4}(x-4)=0$이므로 정리 3.2를 직접 이용할 수 없다. 따라서 다음과 같이 분모와 분자에 각각 $\sqrt{x+5}+3$을 곱하고 식을 변형해서 극한을 구할 수 있다.

$$\lim_{x\to4}\frac{\sqrt{x+5}-3}{x-4}=\lim_{x\to4}\left(\frac{\sqrt{x+5}-3}{x-4}\cdot\frac{\sqrt{x+5}+3}{\sqrt{x+5}+3}\right)$$

$$= \lim_{x \to 4} \frac{x-4}{(x-4)(\sqrt{x+5}+3)}$$

$$= \lim_{x \to 4} \frac{1}{\sqrt{x+5}+3}$$

따라서 구하는 극한값은 $1/6$이다. □

▶ $\lim_{x \to \infty} f(x) = \infty$이고 $\lim_{x \to \infty} g(x) = \infty$일 때 $\lim_{x \to \infty} \frac{f(x)}{g(x)}$ 또는 $\lim_{x \to \infty}\{f(x)-g(x)\}$의 극한을 구하는 방법을 알아보자.

예제 3.6 다음 극한값을 구하라.

(1) $\lim_{x \to \infty} \frac{x^2+3x-2}{2x^2-1}$ (2) $\lim_{x \to \infty} (\sqrt{x^2+2x}-x)$

풀이 (1) $\lim_{x \to \infty} (x^2+3x-2) = \infty$이고 $\lim_{x \to \infty} (2x^2-1) = \infty$이다. 이 경우에는 분모와 분자의 각 항을 x^2으로 나누어 계산하면 다음을 얻는다.

$$\lim_{x \to \infty} \frac{x^2+3x-2}{2x^2-1} = \lim_{x \to \infty} \frac{1+\frac{3}{x}-\frac{2}{x^2}}{2-\frac{1}{x^2}}$$

$$= \frac{\lim_{x \to \infty}\left(1+\frac{3}{x}-\frac{2}{x^2}\right)}{\lim_{x \to \infty}\left(2-\frac{1}{x^2}\right)} = \frac{1}{2}$$

(2) 분모와 분자에 $\sqrt{x^2+2x}+x$를 곱하여 계산하면 다음을 얻는다.

$$\lim_{x \to \infty} (\sqrt{x^2+2x}-x) = \lim_{x \to \infty} \frac{(\sqrt{x^2+2x}-x)(\sqrt{x^2+2x}+x)}{\sqrt{x^2+2x}+x}$$

$$= \lim_{x \to \infty} \frac{2x}{\sqrt{x^2+2x}+x}$$

$$= \lim_{x\to\infty} \frac{2}{\sqrt{1+\frac{2}{x}}+1}$$

$$= \frac{2}{1+1}$$

따라서 구하는 극한은 1이다. □

▶ $\lim_{x\to a} f(x) = 0$이고 $\lim_{x\to a} g(x) = \infty$는 통분한 후에 극한 $\lim_{x\to a}\{f(x)g(x)\}$를 구할 수도 있다.

예제 3.7 다음 극한값을 구하라.

(1) $\lim_{x\to 3} \frac{1}{x-3}\left(\frac{x^2}{x+1}-\frac{9}{4}\right)$ (2) $\lim_{x\to 2}(x-2)\left(1-\frac{1}{x^2-4}\right)$

풀이 (1) 먼저 주어진 함수를 간단히 하면 다음과 같다.

$$\frac{1}{x-3}\left(\frac{x^2}{x+1}-\frac{9}{4}\right) = \frac{4x^2-9x-9}{4(x-3)(x+1)} = \frac{4x+3}{4(x+1)}$$

따라서 구하는 극한은 다음과 같다.

$$\lim_{x\to 3}\frac{4x+3}{4x+4} = \frac{15}{16}$$

(2) 다음 등식이 성립한다.

$$1-\frac{1}{x^2-4} = \frac{x^2-5}{(x-2)(x+2)}$$

따라서 구하는 극한은 다음과 같다.

$$\lim_{x\to 2}(x-2)\left(1-\frac{1}{x^2-4}\right) = \lim_{x\to 2}\frac{x^2-5}{x+2} = -\frac{1}{4}$$ □

▶ $\lim_{x\to a}\frac{f(x)}{g(x)} = \alpha$이고 $\lim_{x\to a} g(x) = 0$이면 정리 3.2에 의해 다음이 성립한다.

$$\lim_{x\to a} f(x) = \lim_{x\to a} \frac{f(x)}{g(x)} g(x) = \lim_{x\to a} \frac{f(x)}{g(x)} \cdot \lim_{x\to a} g(x) = \alpha \cdot 0 = 0$$

즉 $\lim_{x\to a} f(x) = 0$이다. 이 결과를 이용해서 다음 예제를 풀어보자.

예제 3.8 다음 등식이 성립하도록 상수 a와 b의 값을 정하라.

(1) $\lim_{x\to 2} \frac{x^2 + ax + b}{x - 2} = 5$　　(2) $\lim_{x\to 1} \frac{a\sqrt{x} + b}{x - 1} = 2$

풀이 (1) $\lim_{x\to 2} (x-2) = 0$이고 극한값이 존재하므로 $\lim_{x\to 2} (x^2 + ax + b) = 4 + 2a + b = 0$ 이다. 이제 $b = -2a - 4$를 주어진 식에 대입하여 계산하면 다음을 얻는다.

$$\begin{aligned}\lim_{x\to 2} \frac{x^2 + ax + b}{x - 2} &= \lim_{x\to 2} \frac{x^2 + ax - 2a - 4}{x - 2} \\ &= \lim_{x\to 2} (x + a + 2) = a + 4\end{aligned}$$

따라서 $a + 4 = 5$, 즉 $a = 1$이고 $b = -6$이다.

(2) $\lim_{x\to 1} (x-1) = 0$이고 극한값이 존재하므로 $\lim_{x\to 1} (a\sqrt{x} + b) = a + b = 0$이다. 이제 $b = -a$를 주어진 식에 대입하여 계산하면 다음을 얻는다.

$$\begin{aligned}\lim_{x\to 1} \frac{a\sqrt{x} + b}{x - 1} &= \lim_{x\to 1} \frac{a\sqrt{x} - a}{x - 1} \\ &= \lim_{x\to 1} \frac{a(\sqrt{x} - 1)}{(\sqrt{x} - 1)(\sqrt{x} + 1)} = \frac{a}{2} = 2\end{aligned}$$

따라서 $a = 4$이고 $b = -4$이다. □

연습문제 3.2

1 다음 극한값을 구하라.

(1) $\lim\limits_{x \to -1} (x^2 - 2x + 3)$

(2) $\lim\limits_{x \to 1} \dfrac{1}{x-3}$

(3) $\lim\limits_{x \to 2} \dfrac{x^2 - 5}{2x+3}$

(4) $\lim\limits_{x \to -1} \dfrac{2x^2 - x - 3}{x+1}$

(5) $\lim\limits_{x \to 1} \dfrac{x^2 + x - 2}{x^2 - 1}$

(6) $\lim\limits_{x \to -2} \dfrac{x^3 + 8}{x^2 - 4}$

(7) $\lim\limits_{x \to 3} \dfrac{x-3}{x^2 - 9}$

(8) $\lim\limits_{x \to -8} \dfrac{x+8}{\sqrt[3]{x} + 2}$

(9) $\lim\limits_{x \to 0} \dfrac{\sqrt{x+4} - 2}{x}$

(10) $\lim\limits_{x \to 2} \dfrac{\sqrt{x^2 + 5} - 3}{x-2}$

(11) $\lim\limits_{x \to a} \dfrac{1}{x-a}\left(\dfrac{x^2}{x+1} - \dfrac{a^2}{a+1}\right) \quad (a \neq -1)$

(12) $\lim\limits_{x \to 0} \dfrac{\sqrt{1+x} - \sqrt{1-x}}{x}$

2 다음 등식이 성립하도록 상수 a, b, c의 값을 정하라.

(1) $\lim\limits_{x \to 1} \dfrac{x^2 + ax + b}{x-1} = 3$

(2) $\lim\limits_{x \to 3} \dfrac{ax + 6}{x-3} = b$

(3) $\lim\limits_{x \to -1} \dfrac{ax^2 + bx - 2}{x+1} = 3$

(4) $\lim\limits_{x \to -1} \dfrac{x^2 + ax + b}{x+1} = 2$

(5) $\lim\limits_{x \to 0} \dfrac{\sqrt{x^2 + 4x + 2} - (ax+b)}{x^2} = c$

(6) $\lim\limits_{x \to 2} \dfrac{\sqrt{x+a} + b}{x-2} = \dfrac{1}{2}$

3 다음 극한값을 구하라.

(1) $\lim\limits_{x \to \infty} \dfrac{2x^3 + 1}{x^2 + x - 2}$

(2) $\lim\limits_{x \to \infty} \dfrac{2x^2 - x}{x^2 + 2x + 1}$

(3) $\lim_{x\to\infty}\frac{(3x-1)(x+2)}{2x^2+x}$　　(4) $\lim_{x\to\infty}(\sqrt{x^2-2x}-x)$

(5) $\lim_{x\to\infty}(\sqrt{x^2-2x}-\sqrt{x^2+2x})$　　(6) $\lim_{x\to-\infty}\frac{\sqrt{1+x^2}-1}{x}$

(7) $\lim_{x\to\infty}(\sqrt{x^2-2x+3}-\sqrt{x^2+2x+3})$

(8) $\lim_{x\to\infty}(\sqrt{4x^2+2}-2x)$

4 $\lim_{x\to-1}\frac{x^3+ax+b}{(x+1)^2}$가 극한값을 갖도록 두 상수 a와 b의 값을 정하라.

5 함수 $f(x)=\frac{ax^2+bx+c}{x^2-x-2}$에 대해 $\lim_{x\to-1}f(x)=-1$과 $\lim_{x\to\infty}f(x)=2$가 성립하도록 세 상수 a, b, c의 값을 정하라.

6 $\lim_{x\to0}\frac{f(x)}{x}=3$일 때 $\lim_{x\to2}\frac{f(x-2)}{x^2-4}$의 값을 구하라.

7 $\lim_{x\to1}\frac{f(x-1)}{x-1}=2$일 때 $\lim_{x\to0}\frac{f(x)-x^{100}}{x-f(x)}$의 값을 구하라.

8 $\lim_{x\to\infty}\frac{f(x)}{x^2}$의 값이 존재할 때, $\lim_{x\to\infty}\frac{f(x)-2x^5}{x^5-f(x)}$의 값을 구하라.

3.3 | 여러 가지 함수의 극한

삼각함수의 극한

함수의 극한의 정의와 삼각함수의 그래프(그림 3.12)를 이용하면 다음 사실을 알 수 있다.

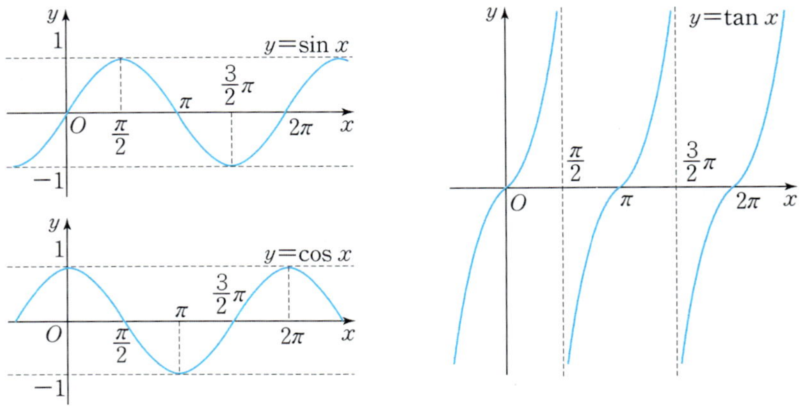

| 그림 3.12 | 삼각함수 $y=\sin x$, $y=\cos x$, $y=\tan x$의 그래프

삼각함수 $y=\sin x$, $y=\cos x$, $y=\tan x$의 정의역의 한 원소 a에 대하여 다음이 성립한다.

(1) $\lim_{x\to a}\sin x = \sin a$ (2) $\lim_{x\to a}\cos x = \cos a$ (3) $\lim_{x\to a}\tan x = \tan a$

> **참고** 위 식에서 a는 각 함수의 정의역의 원소여야 함에 유의하자. 예를 들어 $\lim_{x\to \pi/4}\tan x = 1$이지만 $\lim_{x\to\pi/2}\tan x$는 존재하지 않는다.

예제 3.9 다음 극한값을 구하라.

(1) $\displaystyle\lim_{x\to\pi/6}\frac{\cos x}{\tan x}$ (2) $\displaystyle\lim_{x\to 0}\frac{\sin^2 x}{\cos x - 1}$

풀이 (1) $\displaystyle\lim_{x\to\pi/6}\frac{\cos x}{\tan x}=\frac{\displaystyle\lim_{x\to\pi/6}\cos x}{\displaystyle\lim_{x\to\pi/6}\tan x}=\frac{\cos\frac{\pi}{6}}{\tan\frac{\pi}{6}}=\frac{\frac{\sqrt{3}}{2}}{\frac{\sqrt{3}}{3}}=\frac{3}{2}$

(2) $\displaystyle\lim_{x\to 0}\frac{\sin^2 x}{\cos x-1}=\lim_{x\to 0}\frac{1-\cos^2 x}{\cos x-1}=\lim_{x\to 0}\frac{(1-\cos x)(1+\cos x)}{\cos x-1}$

$\displaystyle=-\lim_{x\to 0}(1+\cos x)=-2$ □

다음 정리는 삼각함수의 극한을 구할 때 유용하게 활용된다.

정리 3.3

$$\lim_{x\to 0}\frac{\sin x}{x}=1 \quad (\text{단, } x\text{는 라디안})$$

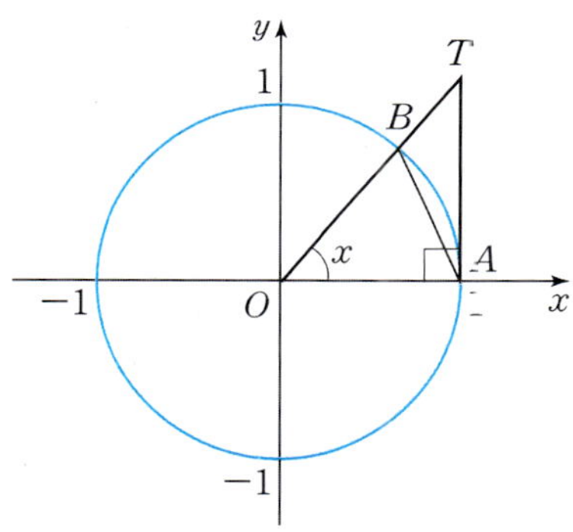

| 그림 3.13 |

증명 (i) $0<x<\pi/2$인 경우

그림 3.13을 보면 다음이 성립한다.

(삼각형 OAB 넓이) < (부채꼴 OAB 넓이) < (삼각형 OAT) 넓이

이 관계를 식으로 정리하면 다음을 얻는다.

$$\frac{1}{2}\sin x<\frac{1}{2}x<\frac{1}{2}\tan x$$

이 식에서 $\sin x > 0$이므로 각 항에 2를 곱하고 $\sin x$로 나누면 다음과 같다.

$$1 < \frac{x}{\sin x} < \frac{1}{\cos x}$$

또 각 항의 역수를 취하면 다음을 얻는다.

$$\cos x < \frac{\sin x}{x} < 1$$

따라서 $\lim_{x \to +0} \cos x < \lim_{x \to +0} \frac{\sin x}{x} < \lim_{x \to +0} 1$이 성립하고, 샌드위치 정리에 의해 원하는 결과를 얻는다.

(ii) $-\pi/2 < x < 0$인 경우

$t = -x$로 놓으면 $x \to -0$이면 $t \to +0$이므로 다음을 얻는다.

$$\lim_{x \to -0} \frac{\sin x}{x} = \lim_{t \to +0} \frac{\sin(-t)}{(-t)} = \lim_{t \to +0} \frac{\sin t}{t} = 1$$ ■

예제 3.10 다음 극한값을 구하라.

(1) $\lim_{x \to 0} \frac{\sin mx}{nx}$ (단, m과 n은 0 아닌 상수)

(2) $\lim_{x \to +0} \frac{\tan 2x}{3x}$

풀이 (1) $\lim_{x \to 0} \frac{\sin mx}{nx} = \lim_{x \to 0} \frac{\sin mx}{mx} \frac{mx}{nx} = \frac{m}{n}$

(2) $\lim_{x \to +0} \frac{\tan 2x}{3x} = \lim_{x \to +0} \frac{\sin 2x}{\cos 2x} \frac{1}{3x} = \lim_{x \to +0} \frac{\sin 2x}{2x} \frac{2}{3\cos 2x} = \frac{2}{3}$ □

지수함수와 로그함수의 극한

지수함수 $y = a^x$ $(a > 0,\ a \neq 1)$에 대해 다음이 성립한다(그림 3.14 참조).

(1) $a > 1$일 때,

$$\lim_{x \to 0} a^x = 1, \quad \lim_{x \to 1} a^x = a, \quad \lim_{x \to \infty} a^x = \infty, \quad \lim_{x \to -\infty} a^x = 0.$$

(2) $0 < a < 1$일 때,

$$\lim_{x\to 0} a^x = 1,\quad \lim_{x\to 1} a^x = a,\quad \lim_{x\to\infty} a^x = 0,\quad \lim_{x\to -\infty} a^x = \infty.$$

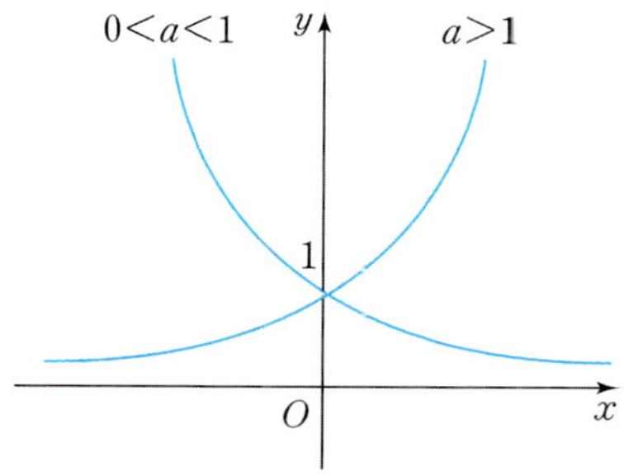

| 그림 3.14 | 지수함수 $y = a^x$의 그래프

예제 3.11 다음 극한값을 구하라.

(1) $\displaystyle\lim_{x\to\infty} \frac{4^x - 1}{4^x + 1}$ (2) $\displaystyle\lim_{x\to 0} (1-2x)^{1/3x}$

풀이 (1) $\displaystyle\lim_{x\to\infty} \frac{4^x - 1}{4^x + 1} = \lim_{x\to\infty} \frac{1 - \frac{1}{4^x}}{1 + \frac{1}{4^x}} = \frac{1-0}{1+0} = 1$

(2) $t = -2x$로 놓으면 $x \to 0$일 때 $t \to 0$이고, $-3t/2 = 3x$이므로 다음을 얻는다.

$$\lim_{x\to 0} (1-2x)^{1/3x} = \lim_{t\to 0} (1+t)^{-2/3t} = \lim_{t\to 0} (1+t)^{(1/t)(-2/3)} = e^{-2/3}$$ □

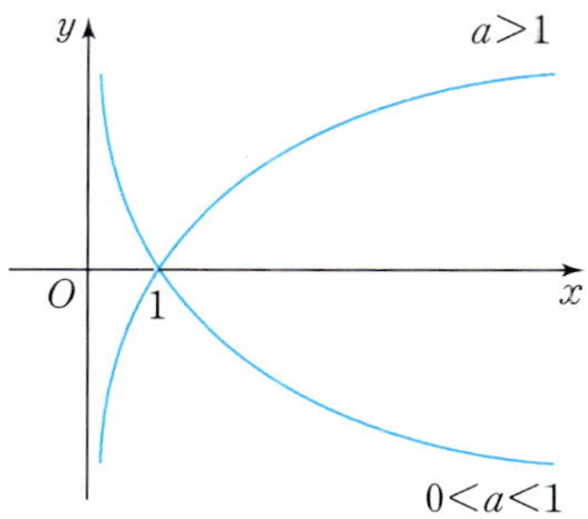

| 그림 3.15 | 로그함수 $y = \log_a x$의 그래프

로그함수 $y=\log_a x$ $(a>0,\ a\neq 1)$에 대해 다음이 성립한다(그림 3.15 참조).

(1) $a>1$일 때,

$$\lim_{x\to+0}\log_a x=-\infty,\quad \lim_{x\to 1}\log_a x=0,\quad \lim_{x\to a}\log_a x=1,\quad \lim_{x\to\infty}\log_a x=\infty.$$

(2) $0<a<1$일 때,

$$\lim_{x\to+0}\log_a x=\infty,\quad \lim_{x\to 1}\log_a x=0,\quad \lim_{x\to a}\log_a x=1,\quad \lim_{x\to\infty}\log_a x=-\infty.$$

예제 3.12 $\lim_{x\to\infty}\{\log_3 x-\log_3(3+x)\}$의 값은?

풀이

$$\lim_{x\to\infty}\{\log_3 x-\log_3(3+x)\}=\lim_{x\to\infty}\log_3\frac{x}{3+x}$$

$$=\lim_{x\to\infty}\log_3\left(\frac{1}{1+\frac{3}{x}}\right)=\log_3 1=0$$

□

무리수 e와 자연로그 $\ln x$는 자연과학과 공학에 자주 등장한다. e는 아래와 같은 극한값으로 정의되고 자연로그는 그 값을 이용하여 정의된다.

(1) $e=\lim_{x\to 0}(1+x)^{1/x}=\lim_{x\to\infty}\left(1+\frac{1}{x}\right)^x$

(2) $\ln x=\log_e x$

> **참고** $e=2.718281828459\cdots$

예제 3.13 $a>0$이고 $a\neq 1$일 때 다음 극한을 구하여라.

(1) $\lim_{x\to 0}\frac{\ln(1+x)}{x}$　　(2) $\lim_{x\to 0}\frac{\log_a(1+x)}{x}$

(3) $\lim_{x\to 0}\frac{e^x-1}{x}$　　(4) $\lim_{x\to 0}\frac{a^x-1}{x}$

풀이 (1) $\lim_{x\to 0}\frac{\ln(1+x)}{x} = \lim_{x\to 0}\ln(1+x)^{1/x} = \ln\left(\lim_{x\to 0}(1+x)^{1/x}\right) = \ln e = 1$

(2) $\lim_{x\to 0}\frac{\log_a(1+x)}{x} = \lim_{x\to 0}\log_a(1+x)^{1/x} = \log_a e = \frac{\ln e}{\ln a} = \frac{1}{\ln a}$

(3) $e^x - 1 = t$로 놓으면 $x\to 0$일 때 $t\to 0$이고, 이 식을 x에 대해 정리하면 $x=\ln(1+t)$를 얻는다. 따라서 다음을 얻는다.

$$\lim_{x\to 0}\frac{e^x-1}{x} = \lim_{t\to 0}\frac{t}{\ln(1+t)} = \lim_{t\to 0}\frac{1}{\frac{1}{t}\ln(1+t)}$$
$$= \frac{1}{\lim_{t\to 0}\ln(1+t)^{1/t}} = 1$$

(4) $a^x - 1 = t$로 놓으면 $x\to 0$일 때 $t\to 0$이고, 이 식을 x에 대해 정리하면 $x=\log_a(1+t)$를 얻는다. 따라서 다음을 얻는다.

$$\lim_{x\to 0}\frac{a^x-1}{x} = \lim_{t\to 0}\frac{t}{\log_a(1+t)} = \frac{1}{\lim_{t\to 0}\log_a(1+t)^{1/t}} = \ln a$$ □

연습문제 3.3

1 다음 극한값을 구하라.

(1) $\lim_{x\to 0}\frac{x+\tan 3x}{\sin x}$

(2) $\lim_{x\to\infty} x\sin\frac{1}{x}$

(3) $\lim_{x\to 0}\frac{\tan(\tan 2x)}{x}$

(4) $\lim_{x\to\infty}\frac{4^x}{3^{2x}}$

(5) $\lim_{x\to -\infty}\frac{2^x+2^{-x}}{2^x-2^{-x}}$

(6) $\lim_{x\to 1+0}\log_{\frac{1}{3}}(x-1)$

(7) $\lim_{x\to 1} x^{\frac{2}{x-1}}$

(8) $\lim_{x\to +0}(\ln 2x - \ln x^3)$

(9) $\lim_{x\to 0}\frac{1-\cos 2x}{2\cos x}$

(10) $\lim_{x\to 0}(\tan x-\sec x)$

(11) $\lim_{x\to 0}\frac{\tan x+\tan 2x}{3x}$

(12) $\lim_{x\to \infty}(4^x-3^x)^{1/x}$

(13) $\lim_{x\to 0}\frac{9x}{\ln(1+3x)}$

(14) $\lim_{x\to \infty}\{x\ln(x+5)-x\ln x\}$

2 두 실수 a와 b에 대하여 다음 식이 성립할 때 ab의 값을 찾아라.

$$\lim_{x\to 0}\frac{x\sin 2x}{6+a\cos x}=b\quad(b\neq 0)$$

3 극한값 $\lim_{n\to\infty}\left\{\frac{1}{3}\left(1+\frac{1}{n}\right)\left(1+\frac{1}{n+1}\right)\left(1+\frac{1}{n+2}\right)\cdots\left(1+\frac{1}{3n}\right)\right\}^n$을 찾아라.

4 한 연못의 특정 종의 개체수 n과 시간 t 사이에 다음과 같은 관계가 성립한다고 한다.

$$n=\frac{b}{1+ae^{-0.3t}}\qquad(a\text{와 }b\text{는 상수})$$

이때 극한값 $\lim_{t\to\infty}n$을 구하라.

3.4 함수의 연속

구간의 뜻과 표현

$a<b$인 두 실수 a와 b에 대하여 다음과 같은 실수의 부분집합을 모두 구간(interval)이라고 부른다. 등호의 오른쪽과 같이 기호로 나타내고, 유한구간(finite interval), 무한구간(infinite interval) 또는 열린(개) 구간(open interval), 닫힌(폐) 구간(closed interval)으로 분류한다.

$\{x \mid a \le x \le b\} = [a,\ b]$,	유한구간, 닫힌 구간
$\{x \mid a \le x < b\} = [a,\ b)$,	유한구간, 반닫힌 구간 또는 반열린 구간
$\{x \mid a < x \le b\} = (a,\ b]$,	유한구간, 반닫힌 구간 또는 반열린 구간
$\{x \mid a < x < b\} = (a,\ b)$,	유한구간, 열린 구간
$\{x \mid x \le a\} = (-\infty,\ a]$,	무한구간, 닫힌 구간
$\{x \mid x < a\} = (-\infty,\ a)$,	무한구간, 열린 구간
$\{x \mid x \ge a\} = [a,\ \infty)$,	무한구간, 닫힌 구간
$\{x \mid x > a\} = (a,\ \infty)$,	무한구간, 열린 구간

특히 실수 전체 집합을 $(-\infty,\ \infty)$ 또는 $\mathbb{R}$로 나타내기도 한다.

예제 3.14 몇 가지 함수의 정의역을 구간의 기호로 나타내면 다음과 같다.

(1) $y=\sqrt{x}$: $[0,\ \infty)$

(2) $y=\log_a x$: $(0,\ \infty)$

(3) $y=\dfrac{1}{x-1}$: $(-\infty,\ 1)\cup(1,\ \infty)$

연속과 불연속

함수 $f(x)=x+2$에 대해 $f(2)=4$이고 $\lim_{x\to 2} f(x)=4$이므로 다음이 성립한다.

$$\lim_{x\to 2} f(x)=f(2)$$

함수 $g(x)=\dfrac{x^2-4}{x-2}$에 대해 $\lim_{x\to 2} g(x)=4$이지만 $g(2)$가 정의되어 있지 않다. 다음 함수 $h(x)$를 생각하자.

$$h(x)=\begin{cases} \dfrac{x^2-4}{x-2} & (x\neq 2) \\ 3 & (x=2) \end{cases}$$

$h(2)=3$이 정의되어 있고 $\lim_{x\to 2} h(x)=4$이지만 $\lim_{x\to 2} h(x)\neq h(2)$이다.

일반적으로 함수 $f(x)$가 실수 a에 대해 다음 세 조건을 모두 만족시킬 때, 함수 $f(x)$는 $x=a$에서 **연속**(continuous)이라고 한다.

(1) $x=a$에서 정의되어 있다.

(2) 극한값 $\lim_{x\to a} f(x)$가 존재한다.

(3) $\lim_{x\to a} f(x)=f(a)$

또 함수 $f(x)$는 $x=a$에서 연속이 아닐 때, 함수 $f(x)$는 $x=a$에서 **불연속**(discontinuous)이라고 한다.

예제 3.15 위에서 함수 $f(x)=x+2$는 $x=2$에서 연속이지만, 다음 함수는 $x=2$에서 불연속이다.

$$g(x)=\frac{x^2-4}{x-2}, \quad h(x)=\begin{cases} \dfrac{x^2-4}{x-2} & (x\neq 2) \\ 3 & (x=2) \end{cases}$$

연속함수

함수 $f(x)$가 어떤 구간에 속하는 모든 점에서 연속일 때, 함수 $f(x)$는 그 구간에서 연속 또는 **연속함수**라고 한다. 특히 함수 $f(x)$가 다음을 만족시킬 때 $f(x)$는 닫힌 구간 $[a, b]$에서 연속이라고 한다.

(1) 함수 $f(x)$는 열린 구간 (a, b)에서 연속이다.

(2) $\lim_{x\to a+} f(x)=f(a)$, $\lim_{x\to b-} f(x)=f(b)$

예제 3.16 다음과 같이 중요한 많은 함수는 각 함수의 정의역 전체에서 연속이다.

함수	연속인 구간
$f(x)=ax+b$	$(-\infty, \infty)$
$f(x)=ax^2+bx+c$	$(-\infty, \infty)$
$f(x)=\sin x$	$(-\infty, \infty)$
$f(x)=\cos x$	$(-\infty, \infty)$
$f(x)=\tan x$	$\bigcup_{n=-\infty}^{\infty}\left(n\pi-\frac{1}{2}\pi, n\pi+\frac{1}{2}\pi\right)$
$f(x)=a^x$	$(-\infty, \infty)$
$f(x)=\log_a x$	$(0, \infty)$
$f(x)=\sqrt{x}$	$[0, \infty)$

예제 3.17 다음 함수의 그래프를 그리고 연속성을 조사하라.

$$f(x)=\lim_{n\to\infty}\frac{x^{2n}-1}{x^{2n}+1}$$

풀이 $|x|>1$ 인 경우는 $\lim_{n\to\infty}x^{2n}=\infty$ 이므로 다음을 얻는다.

$$f(x)=\lim_{n\to\infty}\frac{1-\frac{1}{x^{2n}}}{1+\frac{1}{x^{2n}}}=1$$

또 $|x|<1$인 경우는 $\lim_{n\to\infty}x^{2n}=0$이므로 $f(x)=-1$이다. 한편 $|x|=1$일 때는 $\lim_{n\to\infty}x^{2n}=1$이므로 $f(x)=\frac{1-1}{1+1}=0$이다. 따라서 함수 $f(x)$의 그래프는 그림 3.16과 같고 $f(x)$는 $x=\pm 1$에서 불연속이다. □

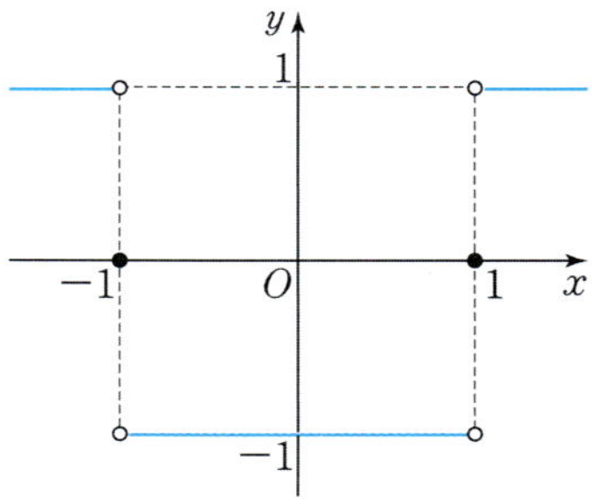

| 그림 3.16 | $\lim_{n\to\infty}\frac{x^{2n}-1}{x^{2n}+1}$

연습문제 3.4

1 다음 함수의 정의역을 구간의 기호를 써서 나타내라.

(1) $y=\sqrt{4-x^2}$ (2) $y=\frac{3x}{x-1}$

(3) $y=\frac{1}{\sqrt{x-1}}$ (4) $y=\log\frac{3-x}{x+1}$

2 다음 함수의 [ ] 안의 값에서의 연속성을 조사하라.

(1) $f(x)=-2x+1$, $[x=1]$ (2) $f(x)=\frac{x^2-1}{x-1}$, $[x=1]$

3 다음 함수가 연속인 구간을 구하라.

(1) $y=x^2+1$ (2) $y=\log_2(4-x^2)$

(3) $y=\sqrt{x+1}$ (4) $y=\sqrt{9-x^2}$

4 다음 함수의 그래프를 그리고 연속성을 조사하라.

(1) $f(x)=\dfrac{1}{x-3}$

(2) $f(x)=\dfrac{x^2+x}{x}$

(3) $f(x)=\dfrac{|x|-1}{x-1}$

(4) $f(x)=\dfrac{|x|-2}{|x-2|}$

(5) $f(x)=\begin{cases}-x+1 & (x\le 1)\\ 2x-2 & (x>1)\end{cases}$

(6) $f(x)=\lfloor x \rfloor$

5 다음 함수의 그래프를 그리고, 연속성을 조사하라.

(1) $f(x)=\lim\limits_{n\to\infty}\dfrac{(2x)^{2n}}{1+(2x)^{2n}}$

(2) $f(x)=\lim\limits_{n\to\infty}\dfrac{x^n}{1+x^{2n}}$

(3) $f(x)=\lim\limits_{n\to\infty}\dfrac{x-x^{n+1}}{1+x^n}$

6 함수 $f(x)$가 모든 실수에서 연속이 되도록 상수 a와 b의 값을 정하라.

(1) $f(x)=\begin{cases}x+2 & (x\le 1)\\ ax+5 & (x>1)\end{cases}$

(2) $f(x)=\begin{cases}x+1 & (1<x<3)\\ x^2+ax+b & (|x-2|\ge 1)\end{cases}$

(3) $f(x)=\lim\limits_{n\to\infty}\dfrac{x^{2n+1}+ax^2+bx+1}{x^{2n}+1}$

(4) $f(x)=\begin{cases}\dfrac{a\sqrt{|x-1|}+b}{x-2} & (x\ne 2)\\ 2 & (x=2)\end{cases}$

7 함수 $f(x)=\lim\limits_{n\to\infty}\dfrac{x^{2n+1}+(x+2)^{2n+1}}{x^{2n}+(x+2)^{2n}}$가 불연속이 되는 점을 찾아라.

3.5 | 연속함수의 성질

이 절에서는 연속함수의 기본 성질과 함께 연속함수에 관한 최대·최소 정리와 중간값 정리를 구체적인 예를 통해 알아보고 이를 활용한다.

두 함수 $f(x)$와 $g(x)$가 $x=a$에서 연속이면 함숫값 $f(a)$와 $g(a)$ 및 극한값 $\lim_{x\to a} f(x)$와 $\lim_{x\to a} g(x)$가 존재하고 다음이 성립한다.

$$\lim_{x\to a} f(x) = f(a), \quad \lim_{x\to a} g(x) = g(a)$$

이때 $x=a$에서 함수 $f(x)+g(x)$의 함숫값은 $f(a)+g(a)$이고, 함수의 극한에 관한 기본 성질에 의해 다음이 성립한다.

$$\lim_{x\to a}\{f(x)+g(x)\} = \lim_{x\to a} f(x) + \lim_{x\to a} g(x) = f(a)+g(a)$$

따라서 함수 $f(x)+g(x)$는 $x=a$에서 연속이다.

마찬가지 방법으로, 함수 $f(x)g(x)$가 $x=a$에서 연속이고 $g(a)\neq 0$일 때 함수 $f(x)/g(x)$가 $x=a$에서 연속임을 밝힐 수 있다.

일반적으로 연속함수에 대해 다음과 같은 성질이 성립한다.

정리 3.4 연속함수의 기본 성질

$f(x)$와 $g(x)$가 $x=a$에서 연속이면 다음 함수도 $x=a$에서 연속이다.

(1) $f(x)+g(x)$ (2) $cf(x)$ (단, c는 상수)

(3) $f(x)g(x)$ (4) $\dfrac{f(x)}{g(x)}$ (단, $g(a)\neq 0$)

예제 3.18 다항함수 $f(x)=a_0x^n + a_1x^{n-1} + \cdots + a_{n-1}x + a_n$은 모든 실수에서 연속임을 증명하라.

증명 일차함수 $y=x$는 모든 실수에서 연속이므로, 정리 3.4 기본 성질 (3)에 의해 다음 함수는 모든 실수에서 연속이다.

$$y = x^2,\ \ y = x^3,\ \dots,\ \ y = x^n$$

이런 함수들에 상수를 곱해서 더하면 다항함수를 얻는다. 따라서 정리 3.4의 기본 성질 (1)과 (2)에 의해 다항함수 $f(x)$는 모든 실수에서 연속이다. ■

일반적으로 함수 $f(x)$가 $x = a$에서 연속이고 함수 $g(x)$가 $b = f(a)$에서 연속이면, 합성함수 $g(f(x))$는 $x = a$에서 연속이다.

연속함수의 중요한 성질 중 하나인 **최대 최소 정리**에 대하여 알아보자.

그림 3.17과 같이 닫힌 구간 $[1, 3]$에서 정의된 함수 $f(x) = -x^2 + 2x + 3$은 이 구간에서 연속이고 치역은 $[0, 4]$이다. 이 함수의 최댓값은 $x = 1$일 때 4이고, 최솟값은 $x = 3$일 때 0이다.

그러나 열린 구간 $(1, 3)$에서 정의된 함수 $f(x)$의 치역은 열린 구간 $(0, 4)$이므로 최댓값도 없고 최솟값도 없다.

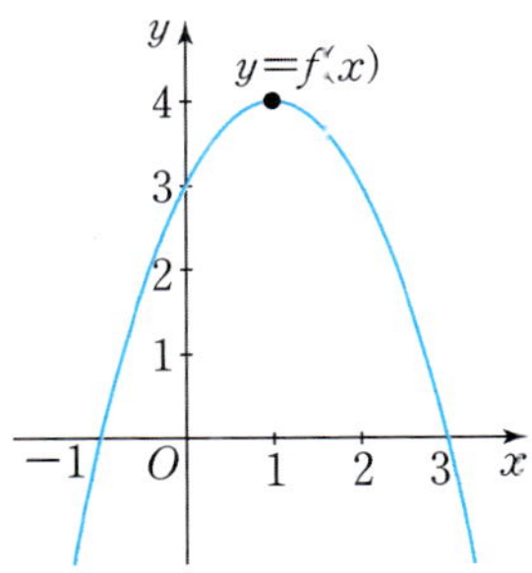

| 그림 3.17 |

일반적으로 유한 닫힌 구간에서 연속인 함수에 대해 다음과 같은 최대·최소 정리가 성립한다.

정리 3.5 **최대·최소 정리**

함수 $f(x)$가 닫힌 구간 $[a, b]$에서 연속이면, $f(x)$는 이 구간에서 반드시 최댓값과 최솟값을 취한다.

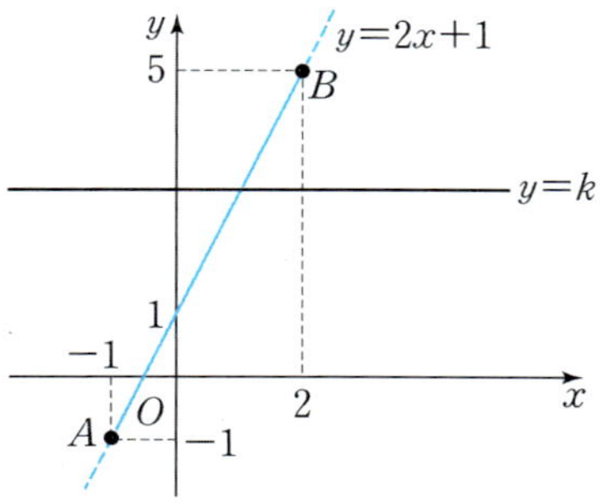

| 그림 3.18 | 중간값 정리

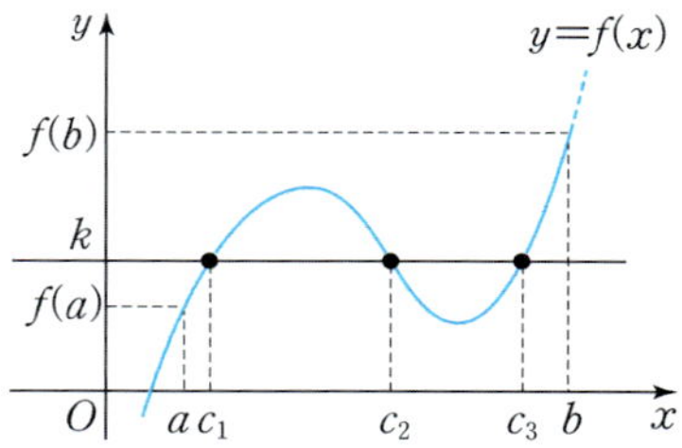

| 그림 3.19 | 중간값 정리

연속함수가 만족시키는 중요한 성질 중 하나인 중간값 정리에 대하여 알아보자.

그림 3.18과 같이 닫힌 구간 $[-1, 2]$에서 정의된 함수 $f(x)=2x+1$은 이 구간에서 연속이고 치역은 구간 $[-1, 5]$이다. 그러므로 -1과 5 사이의 임의의 상수 k에 대해 직선 $y=k$는 이 함수의 그래프와 반드시 만난다.

일반적으로 함수 $f(x)$가 그림 3.19와 같이 유한 닫힌 구간 $[a, b]$에서 연속이면 $f(x)$의 그래프는 그 구간에서 끊어지지 않고 이어져 있으므로, 다음의 중간값 정리가 성립한다.

정리 3.6 **중간값 정리**

함수 $f(x)$가 닫힌 구간 $[a, b]$에서 연속이고 $f(a) \neq f(b)$이면, $f(a)$와 $f(b)$ 사이의 임의의 값 k에 대해 $f(c)=k$를 만족시키는 c가 a와 b 사이에 적어도 하나 존재한다.

그림 3.20과 같이 함수 $f(x)$가 닫힌 구간 $[a, b]$에서 연속이고 $f(a)$와 $f(b)$의 부호가 서로 다르면, 0은 $f(a)$와 $f(b)$ 사이의 값이므로 중간값 정리에 의해 a와 b 사이에 적어도 하나의 c가 존재해서 $f(c)=0$이 성립한다. 그러므로 방정식 $f(x)=0$의 실근이 a와 b 사이에 적어도 하나 존재한다.

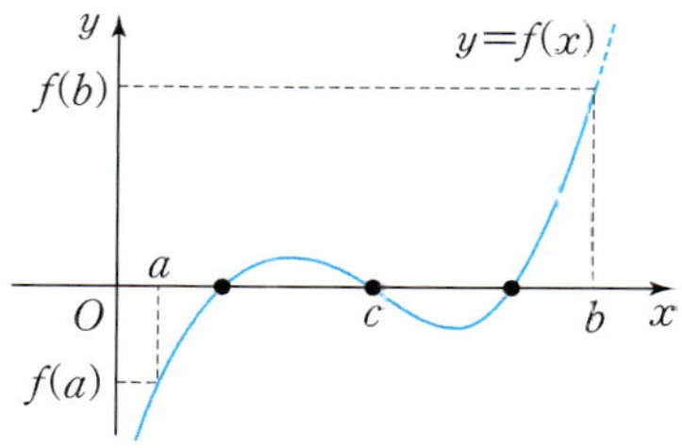

| 그림 3.20 | 방정식의 근

예제 3.19 방정식 $x^3+2x-1=0$의 실근이 0과 1 사이에 적어도 하나 존재함을 증명하라.

증명 $f(x)=x^3+2x-1$이라 하면 함수 $f(x)$는 닫힌 구간 $[0, 1]$에서 연속이고 $f(0)=-1<0$이며 $f(1)=2>0$이다. 그러므로 중간값 정리에 의해 0과 1 사이에 있는 적어도 하나의 c에 대해서 $f(c)=0$이다. 따라서 방정식 $x^3+2x-1=0$의 실근이 0과 1 사이에 적어도 하나 존재한다. ■

연습문제 3.5

1 다음 함수가 연속인 x값의 범위를 구간의 기호를 써서 나타내라.

(1) $y=x^3-2x^2+x-5$

(2) $y=(x-3)(4x^2-3x+2)$

(3) $y=\dfrac{2x}{x-1}$

(4) $y=\dfrac{3x-6}{x^2-x-2}$

2 함수 $f(x)=1/x$과 $g(x)=x^2-4$에 대해 합성함수 $f(g(x))$와 $g(f(x))$가 연속인 x값의 범위를 구하라.

3 두 함수 $f(x)=\sin x$와 $g(x)=1/x$에 대해 합성함수 $(f\circ g)(x)$가 연속인 구간을 구하라.

4 주어진 구간에서 다음 함수의 최댓값과 최솟값을 구하라.

(1) $y=2x+3,\quad [-1, 3]$

(2) $y=x^2+4x-3,\quad [-3, 1]$

(3) $y=\dfrac{1}{x},\quad [1, 4]$

(4) $y=\sin x,\quad \left[-\dfrac{\pi}{4}, \dfrac{3\pi}{2}\right]$

5 함수 $f(x)=2^x$에 대해 열린 구간 $(0, 1)$에 $f(x)=\sqrt{3}$을 만족시키는 c가 반드시 존재함을 보여라.

6 다음 방정식의 실근이 주어진 구간에 적어도 하나 존재함을 보여라.

(1) $x^3=2,\ (1, 2)$

(2) $x^3-x-5=0,\ (0, 2)$

(3) $2^x-3x^2=0,\ (0, 1)$

(4) $x-\cos x=0,\ \left(0, \dfrac{\pi}{4}\right)$

(5) $x^3-4x^2-x+2=0,\ (-1, 0)$

(6) $\sin x-\dfrac{x}{2}=0,\ (1, 2)$

(7) $(x-1)\sin x+\sqrt{2}\cos x=1,\ \left(0, \dfrac{\pi}{2}\right)$

7 함수 $f(x)=\log_3 x+1$에서 $f(c)=2$인 c가 열린 구간 $(1, 9)$에 반드시 존재함을 밝혀라.

참고 극한과 연속에 대한 엄밀한 정의

여기서는 고등학교 수학에서와 마찬가지로 극한의 개념을 직관적으로 정의했다. 이런 정의에서는 '한없이 커진다' 또는 '한없이 가까워진다'와 같이 물리적 직관에 의존하는 표현을 이용하고 있다. 이런 직관적인 정의는 근본적으로 프랑스 수학자 코시(A. L. Cauchy, 1789~1857)로부터 나왔다. 19세기 초까지도 미분적분학의 기초는 부실했는데, 코시는 이런 극한 개념으로 극한 이론을 전개하고, 그 다음에 연속성, 미분가능성, 정적분 등을 정의함으로써 해석학의 엄밀한 토대를 마련하려고 노력했다.

코시 이후에 해석학의 기초에 대한 더 깊은 이해는 1874년에 결정적으로 나타났다. 이 해에 독일 수학자 바이어슈트라스(K. T. Weierstrass, 1815~1897)는 도함수가 없는 연속함수, 달리 말하면 모든 점에서 접선이 존재하지 않는 연속곡선의 예를 발표했다. 이 예는 기하학적 직관에 의존하는 해석학 연구에 치명적인 타격을 가했다. 당시까지 연속성과 미분가능성의 개념이 의존하고 있는 극한 이론은 실수 체계에 대한 간단하고 직관적인 기하학적 개념에 근거해서 설립됐고, 실수 체계를 어느 정도 당연한 것으로 받아들였다. 바이어슈트라스의 예를 통해 극한, 연속성, 미분가능성의 이론은 그 이전에 가정되었던 실수 체계의 성질보다 더욱 심오한 성질에 근거하고 있다는 사실이 분명해졌다.

이에 따라 바이어슈트라스는 먼저 실수 체계를 엄밀하게 전개하고 그 다음에 해석학의 모든 기초적인 개념을 실수 체계로부터 유도하자는 계획인 '해석학의 산술화'를 주장했다. 해석학의 산술화에서 첫째 단계인 실수 체계의 엄밀한 전개는 19세기 말에 바이어슈트라스, 데데킨트(R. Dedekind, 1831~1916), 칸토어(G. Cantor, 1845~1918), 페아노(G. Peano, 1858~1932) 등에 의해 성공적으로 실현되었다.

해석학의 산술화에서 둘째 부분은 엄밀한 '$\varepsilon-N$'과 '$\varepsilon-\delta$' 논법의 도입으로 달성되었다. 수열의 극한의 경우는, 수열 $\langle a_n \rangle$과 실수 a에 대해 다음이 성립할 때, a_n은 a에 수렴한다고 한다.

> "임의로 주어진 양수 ε에 대해 적당한 자연수 N이 존재해서 $n>N$일 때, $|a_n-a|<\varepsilon$이다."

이때 a를 수열 a_n의 극한이라 하며, 기호 $\lim_{n\to\infty} a_n = a$로 나타낸다. 이 정의에는 '한없이 커진다'거나 '한없이 가까워진다'와 같은 모호한 말은 없으며, 실수와 그것의 연산 및 대소 관계와 같은 산술적인 요소만이 사용된다. 수열에 대한 이 정의를 이용해서 수열의 극한에 관한 성질들을 직접 증명할 수 있다.

함수의 극한은 $\varepsilon-\delta$ 논법으로 정의하는데, 다음이 성립할 때 $x=a$에서 함수 $f(x)$는 α에 수렴한다고 한다.

> "임의의 양수 ε에 대해 적당한 양수 δ가 존재해서 $0<|x-a|<\delta$이면 $|f(x)-\alpha|<\varepsilon$이다."

이때 α를 $x=a$에서 함수 $f(x)$의 극한이라 하며, 이를 기호 $\lim_{x\to a} f(x)=\alpha$로 나타낸다.

함수의 극한에 대한 이 정의를 사용하면, 함수의 극한에 관한 성질들을 직접 증명할 수 있다. 또는 함수의 극한과 수열의 극한 사이의 관계인 다음 사실을 밝힌 다음에, 수열의 극한에 관한 성질을 이용해서 증명할 수도 있다.

> "$\lim_{x\to a} f(x)=\alpha$이기 위한 필요충분조건은 점 a에 수렴하는 임의의 수열 a_n에 대해 $\lim_{n\to\infty} f(a_n)=\alpha$이다(단, $a_n \neq a$)."

예를 들어 $\lim_{x\to a} f(x)=\alpha$이고 $\lim_{x\to a} g(x)=\beta$일 때, 함수의 극한에 관한 성질을 수열의 극한에 관한 성질을 이용해서 $\lim_{x\to a}\{f(x)+g(x)\}=\alpha+\beta$라는 사실을 증명할 수 있다.

증명 수열 a_n을 점 a에 수렴하는 임의의 수열이라 하자(단, $a_n \neq a$). 이때 $\lim_{n\to\infty} f(a_n) = \alpha$이고 $\lim_{n\to\infty} g(a_n) = \beta$이다. 따라서 수열의 극한에 관한 성질에 의해 다음이 성립한다.

$$\begin{aligned}\lim_{x\to a}\{f(x)+g(x)\} &= \lim_{n\to\infty}\{f(a_n)+g(a_n)\}\\ &= \lim_{n\to\infty} f(a_n) + \lim_{n\to\infty} g(a_n)\\ &= \alpha + \beta\end{aligned}$$

그러므로 증명이 완성된다. ■

함수의 연속성도 $\varepsilon-\delta$ 논법으로 정의하는데, 다음이 성립할 때 함수 $f(x)$는 $x=a$에서 연속이라 한다.

> "임의로 주어진 양수 ε에 대해 적당한 양수 δ가 존재해서 $|x-a|<\delta$이면 $|f(x)-f(a)|<\varepsilon$이다."

이 정의에서 함수 $f(x)$는 $x=a$에서 연속이기 위해서는 반드시 $f(a)$가 정의되어야 한다.

함수의 연속성과 수열의 극한 사이에는 다음과 같은 관계가 있다.

> "함수 f가 $x=a$에서 연속이기 위한 필요충분조건은 a에 수렴하는 임의의 수열 a_n에 대해 $\lim_{n\to\infty} f(a_n) = f(a)$이다."

위의 사실에 의해 연속함수의 기본 성질도 수열의 극한에 관한 성질을 이용해서 증명할 수 있다. 또 $\lim_{n\to\infty} f(a_n) = f(a)$를 $\lim_{n\to\infty} f(a_n) = f\left(\lim_{n\to\infty} a_n\right)$과 같이 쓸 수 있는데, 이는 수열의 극한을 계산할 때 매우 유용하다.

PRE CALCULUS 04

미분과 그 응용

도함수는 자연과학, 공학, 사회과학 등의 다양한 분야에서 중요하게 다루어지는 값들의 변화율과 예측에 관련된 문제를 연구하는 데 유용하고도 기본적인 개념이다. 본 절에서는 다항함수와 유리함수 및 간단한 초월함수의 미분계수와 도함수의 기초적인 개념과 응용에 관하여 살펴보기로 한다.

4.1 평균변화율과 미분계수

서로 20km 떨어진 두 지점 A와 B를 자전거를 타고 2시간 만에 갔다면 1시간당 평균 얼마나 이동한 것일까? 자전거를 타고 20km의 거리를 2시간 동안 이동했기 때문에 1시간당 평균 10km씩은 이동한 셈이다. 즉 평균 10km/h의 속도로 이동했다. 이와 같이 전체적인 거리의 변화와 시간의 변화 간의 비율을 시간과 거리의 **평균변화율**, 즉 **평균속도**라고 한다.

하지만 이러한 평균속도는 자전거로 이동을 마친 다음 계산할 수 있는 결과적인 값일 뿐, 세세한 시간의 흐름에 따른 운동 상태를 말해주지는 않는다. 위의 자전거 여행에서도 내리막 구간에서는 가속이 되어 10km/h보다 빠르게 달렸을 것이고, 오르막을 만나면 10km/h보다 느렸을 것이다. 즉 출발한 지 30분이 지난 시각의 미세한 근방에서 자전거의 운동 상태는 두 시간의 평균 속도 10km/h와 무관할 것이다. 바로 그 시각, 자전거 운전자는 음료수를 사기 위해 가게 앞에 멈춰섰는지도 모른다.

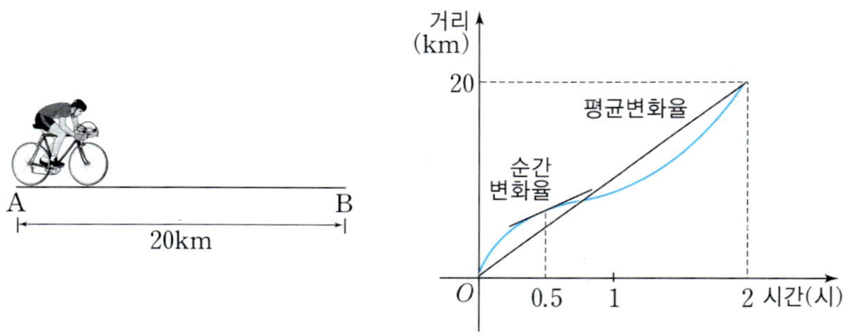

| 그림 4.1 | 평균변화율과 순간변화율

실제로 어떠한 경우에는 전체적인 변화에 관한 평균적 결과보다는 순간순간 혹은 현재의 변화 상태를 알아야 할 경우가 많은데, 이러한 아주 짧은 순간의 시간과 거리의 변화율을 **순간변화율** 혹은 **순간속도**라 하고, 이를 함수 개념에 적용하여 정의하면 다음과 같다.

두 점 a와 b를 포함하는 구간에서 정의되고 치역이 실수 집합의 부분집합인 함수 $y=f(x)$를 생각하자. 독립변수 x가 a에서 b까지 변하면 이에 대응하여 종속변수 y는 $f(a)$에서 $f(b)$까지 변한다. 이때 아래의 식 (4.1)과 같이 정의되는 x의 변화량 $\Delta x=b-a$에 대한 y의 변화량 $\Delta y=f(b)-f(a)$의 비를 x가 a에서 b까지 변할 때 함수 $f(x)$의 **평균변화율**(average rate of change)이라고 한다.[1)]

$$\frac{\Delta y}{\Delta x}=\frac{f(b)-f(a)}{b-a}, \quad a \neq b \tag{4.1}$$

여기서 x의 변화량 Δx를 **x증분**, y의 변화량 Δy를 **y증분**이라 한다.

> **참고** (1) 수직선 위를 움직이는 물체(점)의 위치가 시각 t의 함수 $y=f(t)$로 나타내어진다고 하자. 이때 시각 t가 a에서 b까지 변할 때 $f(t)$의 평균변화율은 두 시각 a와 b 사이의 물체의 평균속도를 나타낸다.
>
> (2) x가 a에서 b까지 변할 때 $f(x)$의 평균변화율은 기하학적으로 $f(x)$의 그래프에 있는 두 점 $(a, f(a))$와 $(b, f(b))$를 잇는 직선의 기울기를 나타낸다(그림 4.2 참조).
>
> 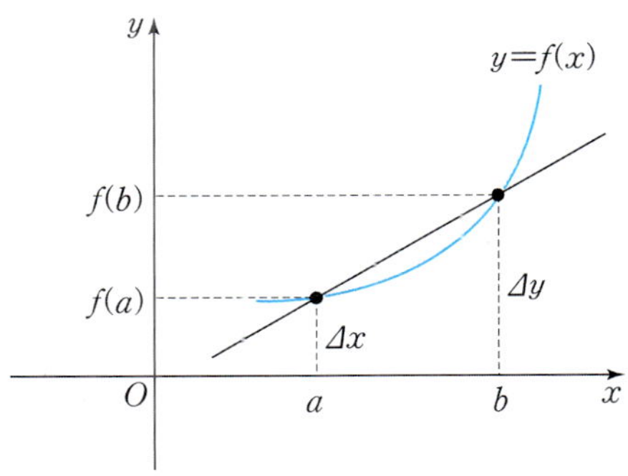
>
>
> **| 그림 4.2 |** 함수의 평균변화율

1) 함수 $f(x)$의 a와 b 사이의 평균변화율이라고도 하며, a와 b의 위치에 따라 구간 $[a, b]$ 또는 $[b, a]$에서의 함수 $f(x)$의 평균변화율이라고도 한다.

예제 4.1 $f(x)=x^2$의 a와 b 사이의 평균변화율을 구하라.

풀이 평균변화율의 정의를 따라 계산하면 다음을 얻는다.

$$\frac{\Delta y}{\Delta x}=\frac{f(b)-f(a)}{b-a}=\frac{b^2-a^2}{b-a}=b+a$$

따라서 구하는 평균변화율은 $a+b$이다. □

양의 실수 h에 대하여 실수 a를 포함하는 열린 구간 $(a-h, a+h)$를 점 a의 **근방**(neighborhood)이라고 한다.

실수 a의 근방 I에서 정의된 $f(x)$에 대하여 b가 I에 속하는 임의의 점이라고 하자. 이때 $\Delta x=b-a$라고 하면 식 (4.1)은 다음과 같이 변수 $\Delta x\neq 0$에 관한 함수 $Q(\Delta x)$를 정의한다.

$$Q(\Delta x)=\frac{\Delta y}{\Delta x}=\frac{f(a+\Delta x)-f(a)}{\Delta x},\quad \Delta x\neq 0 \tag{4.2}$$

여기서 $\Delta x\to 0$, 즉 $b\to a$일 때 함수 $Q(\Delta x)$의 극한이 존재하면, 함수 $f(x)$는 점 $x=a$에서 **미분가능**(differentiable)하다고 한다. 이때 그 극한을 $x=a$에서 함수 $f(x)$의 **미분계수**(differential coefficient)라 하고 $f'(a)$로 나타낸다. 즉 점 $x=a$에서 미분가능한 함수 $f(x)$의 미분계수 $f'(a)$는 다음과 같이 정의한다.

정의 4.1

함수 $y=f(x)$를 구간 I에서 실수로의 함수라고 하자. $a\in I$에 대하여 다음 극한이 존재하면, 그 극한값을 $x=a$에서의 함수 $y=f(x)$의 **미분계수**라 하고 $f'(a)$로 나타낸다.

$$\lim_{\Delta x\to 0}\frac{f(a+\Delta x)-f(a)}{\Delta x}$$

즉 다음과 같다.

$$f'(a)=\lim_{\Delta x\to 0}\frac{f(a+\Delta x)-f(a)}{\Delta x} \tag{4.3}$$

$x = a$에서 함수 $f(x)$의 미분계수 $f'(a)$는 $x = a$의 근방의 길이가 0이 될 정도로 짧은 길이의 근방에서의 변화율이므로 $x = a$가 되는 순간의 변화율과 같다. 그래서 미분계수 $f'(a)$는 $x = a$에서 함수 $f(x)$의 순간변화율(instantaneous rate of change)이라고 한다.

참고 [1] 수직선 위를 움직이는 물체(점)의 위치가 시각 t의 함수 $y = f(t)$로 나타내어진다고 하자. 이때 시각 $t = a$에서 $f(t)$의 미분계수는 시각 $t = a$에서의 순간속도를 나타낸다.

[2] $x = a$에서 $f(x)$의 미분계수 $f'(a)$는 기하학적으로 $f(x)$의 그래프 위의 한 점 $(a, f(a))$에서의 접선의 기울기를 나타낸다(그림 4.3 참조). 접선의 기울기는 $x = a$인 순간 함수 $f(x)$의 순간변화율과 같다.

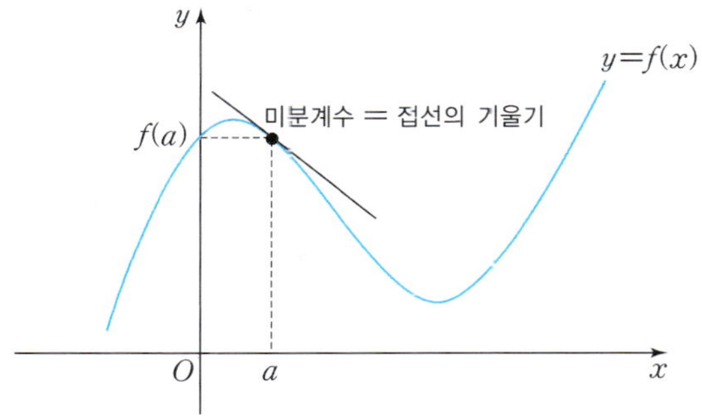

| 그림 4.3 | 함수의 미분계수

함수 $f(x)$가 집합 I의 모든 점에서 미분가능하면 $f(x)$는 집합 I에서 미분가능한 함수라고 한다. 한편 점 $x = a$에서 함수 $f(x)$의 미분계수가 존재하지 않으면 $f(x)$는 $x = a$에서 미분가능하지 않다 또는 미분불가능하다고 한다.

예제 4.2 점 $x = 1$에서 $f(x) = x^2 + x$의 미분계수 $f'(1)$을 구하라.

풀이 식 (4.3)으로부터 다음을 얻는다.

$$\lim_{\Delta x \to 0} \frac{f(1+\Delta x) - f(1)}{\Delta x} = \lim_{\Delta x \to 0} \frac{\{(1+\Delta x)^2 + (1+\Delta x)\} - (1^2 + 1)}{\Delta x}$$

$$= \lim_{\Delta x \to 0} \frac{(\Delta x)^2 + 3\Delta x}{\Delta x}$$

$$= \lim_{\Delta x \to 0} (\Delta x + 3) = 3$$

따라서 $f(x) = x^2 + x$는 $x = 1$에서 미분가능하고 $f'(1) = 3$이다. □

> **참고** 예제 4.2의 함수 $f(x) = x^2 + x$는 실제로 모든 실수 a에 대하여 식 (4.3)을 구할 수 있다. 따라서 $f(x) = x^2 + x$는 모든 실수에 대하여 미분가능하다.

예제 4.3 점 $x = a$ $(a \neq 0)$에서 $f(x) = 1/x$의 미분계수를 구하라.

풀이 미분계수의 정의를 따라 계산하면 다음을 얻는다.

$$\lim_{x \to a} \frac{f(x) - f(a)}{x - a} = \lim_{x \to a} \frac{1}{x - a} \{f(x) - f(a)\}$$

$$= \lim_{x \to a} \frac{1}{x - a} \left(\frac{1}{x} - \frac{1}{a} \right)$$

$$= \lim_{x \to a} \frac{a - x}{ax(x - a)}$$

$$= -\frac{1}{a^2}$$

따라서 $f'(a) = -1/a^2$이다. □

> **참고** 예제 4.3의 함수 $f(x) = 1/x$은 실제로 $a \neq 0$인 모든 실수 a에 대하여 식 (4.3)을 구할 수 있다. 따라서 $f(x) = 1/x$은 $x \neq 0$인 모든 실수에 대하여 미분가능하다.

$x = a$에서 함수 $y = f(x)$가 연속이 아니라면, 함숫값이 없거나 극한이 존재하지 않아 식 (4.3)의 극한을 구할 수 없을 것이다. 그래서 함수의 미분가능성과 연속성은 밀접한 관계가 있다. 다음 정리에서 미분가능한 함수는 연속함수라는 것을 알 수 있다.

정리 4.1

함수 $f(x)$가 점 $x=a$에서 미분가능하면 $f(x)$는 점 $x=a$에서 연속이다.

증명 함수의 극한에 관한 정리에 의하여 다음이 성립한다.

$$\begin{aligned}\lim_{x\to a}\{f(x)-f(a)\} &= \lim_{x\to a}\frac{f(x)-f(a)}{x-a}(x-a)\\ &= \lim_{x\to a}\frac{f(x)-f(a)}{x-a}\lim_{x\to a}(x-a)\\ &= f'(a)\cdot 0 = 0\end{aligned}$$

따라서 $\lim_{x\to a} f(x) = f(a)$이므로 $f(x)$는 $x=a$에서 연속이다. ■

그러나 정의역에서 연속인 함수라 하더라도 정의역의 모든 x에서 미분가능한 것은 아니다. 다시 말해 미분불가능한 x값이 존재할 수 있다. 이는 곧 정리 4.1의 역은 성립하지 않음을 의미한다. 예제 4.4가 바로 정리 4.1의 역이 성립하지 않음을 보여주는 예이다.

예제 4.4 함수 $f(x)=|x|$는 $x=0$에서 연속이지만 미분가능하지 않다.

풀이 먼저 $f(x)=|x|$가 $x=0$에서 연속인 것은 이미 알고 있다.
한편 $f(x)$가 점 $x=0$에서 미분가능하다는 것은 식 (4.2)로 주어지는 함수 $Q(\Delta x)=\dfrac{|\Delta x|}{\Delta x}$가 $\Delta x=0$에서 극한을 가지는 것이다. 그런데 $\Delta x=0$에서 $Q(\Delta x)$의 우극한과 좌극한은 각각 다음과 같다.

$$\lim_{\Delta x\to 0+} Q(\Delta x) = \lim_{\Delta x\to 0+}\frac{\Delta x}{\Delta x} = 1,$$

$$\lim_{x\to 0-} Q(\Delta x) = \lim_{\Delta x\to 0-}\left(-\frac{\Delta x}{\Delta x}\right) = -1$$

따라서 $\Delta x=0$에서 $Q(\Delta x)$는 극한을 가지지 않는다. 그러므로 $f(x)$는 $x=0$에서 미분가능하지 않다. □

그림 4.4에서의 그래프는 연속이다. $x=0$에서는 그래프가 뾰족하게 꺾여 있다. 이 부분은 실제 접선의 기울기가 갑자기 변하는 점이다. 이러한 점을 첨점(cusp)이라고 한다. 미분가능한 함수의 그래프 특징은 $y=|x|$의 그래프처럼 뾰족하게 꺾인 점이 없다는 것이다.

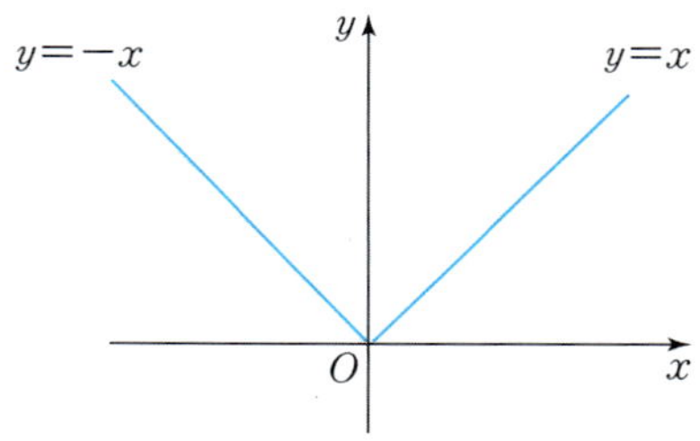

| 그림 4.4 | $y=|x|$의 그래프

따라서 미분불가능한 경우를 살펴보면, 그래프에 불연속인 점이나 첨점이 있는 함수나 미분계수가 무한대가 되는 함수(연직 접선이 있는 함수)는 미분불가능이다. 미분불가능한 함수의 그래프 개형을 살펴보면 그림 4.5와 같다. 그림 4.5의 그래프는 모두 $x=a$에서 미분불가능이다.

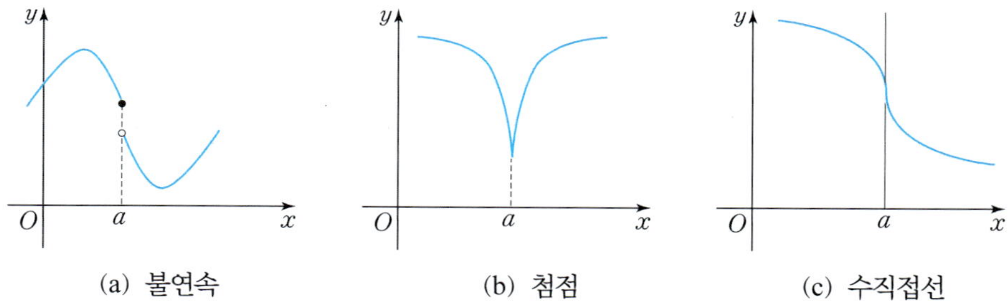

| 그림 4.5 | 미분불가능한 함수의 그래프

연습문제 4.1

1 두 점 a와 $a+h$ 사이의 다음 함수의 평균변화율을 구하라.

(1) $f(x)=x$

(2) $f(x)=x^3$

(3) $f(x)=-x^2+x-5$

2 다음 함수에 대해 주어진 점 $x=a$에서의 미분계수를 구하라.

(1) $f(x)=100,\ a=99$

(2) $f(x)=4x,\ a=1$

(3) $f(x)=2-5x,\ a=3$

(4) $f(x)=\dfrac{1}{x^2+1},\ a=0$

(5) $f(x)=4x^2-x,\ a=1$

(6) $f(x)=\dfrac{1}{3}x^3+x+1,\ a=1$

(7) $f(x)=\dfrac{1}{x+1},\ a=0$

(8) $f(x)=x+\dfrac{1}{x},\ a=1$

3 다음 함수에 대하여 주어진 점 $x=a$에서의 미분가능성을 조사하라.

(1) $f(x)=x|x|,\ a=0$

(2) $f(x)=|x^3|,\ a=0$

(3) $f(x)=|x^2-1|,\ a=1$

4 점 $x=a>0$에서의 함수 $f(x)=\sqrt{x}$의 미분계수 $f'(a)$를 구하라.

5 함수 $f(x)$가 우함수이고 $f'(1)=-1$일 때, $f'(-1)$의 값을 구하라.

4.2 도함수와 미분법

함수 $f(x)$가 점 $x=a$에서 미분가능하면 $x=a$에서 미분계수 $f'(a)$가 존재한다. 이러한 미분계수는 유일하게 존재한다. 그러므로 어떤 함수 f가 적당한 열린 구간 I에서 미분가능하다면, 열린 구간 I의 각 원소 x에 대해 유일한 미분계수가 하나씩 존재함을 말한다. 그러면 우리는 구간 I의 각 점과 그 점에서의 미분계수와의 새로운 함수 관계를 다음과 같이 생각할 수 있다. 새로운 함수는 f'이라 하고, 새 함수 $f':I\to\mathbb{R}$은 다음과 같이 정의한다.

$$x \mapsto f'(x)$$

이와 같이 함수 $f(x)$의 미분계수와의 관계로 정의되는 새로운 함수를 $f(x)$의 도함수(derivative)라 하고 $f'(x)$로 나타낸다. '도함수'라는 것은 '함수 $f(x)$로부터 유도되는 함수'라는 의미이다. $f(x)$의 도함수 $f'(x)$는 다음과 같이 정의한다.

정의 4.2

$$f'(x)=\lim_{h\to 0}\frac{f(x+h)-f(x)}{h}, \quad x\in I \tag{4.4}$$

참고 함수 $y=f(x)$의 도함수 $y'=f'(x)$의 정의는 미분계수의 정의와 일치한다. 도함수 $y'=f'(x)$는 실제로 함수의 정의역 내에 있는 미분가능한 x들과 그 점에서의 미분계수의 함수이다. 따라서 도함수 $f'(x)$를 구하면 미분가능한 점 $x=a$에서의 미분계수 $f'(a)$를 구할 수 있다.

함수 $y=f(x)$의 도함수 $f'(x)$를 다음과 같은 기호로 나타내기도 한다.

$$y',\ \frac{dy}{dx},\ \frac{df(x)}{dx},\ \frac{d}{dx}f(x),\ Df(x),\ D_x f(x)$$

함수 $f(x)$의 도함수 $f'(x)$를 구하는 것을 미분한다(differentiate)고 하며, 미분하는 방법을 미분법이라고 한다. 도함수는 정의 4.2의 극한을 계산함으로써 구할 수 있다. 하지만 다음에 설명할 도함수가 알려진 일반적인 함수들의 합의 미분, 곱의 미분, 합성함수의 미분 등의 일반적 함수들의 미분 공식을 이용하면 어렵지 않게 주어진 함수의 도함수를 구할 수도 있다. 하지만 우선 도함수의 정의를 익숙하게 하기 위해 정의 4.2에 따라 도함수를 구해보자.

예제 4.5 $f(x)=x^3$의 도함수 $f'(x)$를 구하라.

풀이 $f(x)=x^3$을 식 (4.4)에 대입하여 계산하면 다음을 얻는다.

$$\begin{aligned} f'(x) &= \lim_{h\to 0}\frac{(x+h)^3-x^3}{h} \\ &= \lim_{h\to 0}\frac{3x^2h+3xh^2+h^3}{h} \\ &= \lim_{h\to 0}(3x^2+3xh+h^2)=3x^2 \end{aligned}$$

따라서 $f'(x)=3x^2$이다. □

상수함수의 도함수 정의로부터 쉽게 얻을 수 있다. 실제 상수함수는 x가 변해도 y가 변하지 않기 때문에 '미분계수는 순간변화율이다'라는 입장에서 보면 매순간변화율이 0임을 쉽게 알 수 있다.

정리 4.2

상수함수 $f(x)=c$에 대하여 $f'(x)=0$이다(단, c는 상수).

증명 도함수의 정의에 의해 다음이 성립한다.

$$f'(x)=\lim_{h\to 0}\frac{f(x+h)-f(x)}{h}=\lim_{h\to 0}\frac{c-c}{h}=0$$

따라서 $f'(x)=0$이다. ■

자연수 n에 대하여 $f(x)=x^n$일 때 함수 $f(x)$를 거듭제곱함수(power function)라고 한다. 거듭제곱함수는 다항함수의 각 항을 구성하는 기본 함수이다. 다항함수의 도함수를 구하기 전에 우선 거듭제곱함수의 도함수를 이항정리[2])를 이용하여 구해보도록 하자.

정리 4.3

$f(x) = x^n$에 대하여 $f'(x) = nx^{n-1}$이다. (단, n은 자연수)

증명 $f(x) = x^n$을 식 (4.4)에 대입하여 계산하면 다음을 얻는다.

$$\begin{aligned} f'(x) &= \lim_{h \to 0} \frac{(x+h)^n - x^n}{h} \\ &= \lim_{h \to 0} \frac{1}{h}\left[\left\{x^n + nx^{n-1}h + \frac{n(n-1)}{2!}x^{n-2}h^2 + \cdots + h^n\right\} - x^n\right] \\ &= \lim_{h \to 0}\left\{nx^{n-1} + \frac{n(n-1)}{2!}x^{n-2}h + \cdots + h^{n-1}\right\} \\ &= nx^{n-1} \end{aligned}$$

따라서 $f'(x) = nx^{n-1}$이다. ■

다음은 미분가능한 두 함수의 합과 차 및 곱으로 정의되는 함수의 미분법에 관한 정리이다.

정리 4.4

미분가능한 함수 $f(x)$와 $g(x)$에 대하여 다음이 성립한다.

(1) $\{f(x) \pm g(x)\}' = f'(x) \pm g'(x)$

(2) $\{cf(x)\}' = cf'(x)$ (단, c는 상수)

(3) $\{f(x)g(x)\}' = f'(x)g(x) + f(x)g'(x)$

증명 (1)과 (2)는 도함수 정의를 이용하면 쉽게 보일 수 있으므로 연습문제로 남기고, (3)의 경우만 증명하기로 한다.

먼저 $\{f(x)g(x)\}'$을 계산하기 위하여 다음을 생각하자.

---

2) 이항정리: $(a+b)^n = \sum_{k=0}^{n}\binom{n}{k}a^{n-k}b^k$, 단 $\binom{n}{k} = \frac{n(n-1)\cdots(n-k+1)}{k!}$.

$$\begin{aligned}
&\frac{f(x+h)g(x+h)-f(x)g(x)}{h}\\
&=\frac{f(x+h)g(x+h)-f(x)g(x+h)+f(x)g(x+h)-f(x)g(x)}{h}\\
&=\frac{f(x+h)-f(x)}{h}g(x+h)+f(x)\frac{g(x-h)-g(x)}{h}
\end{aligned}$$

그러므로 도함수 정의와 $f(x)$와 $g(x)$의 미분가능성(따라서 연속성)과 함수의 극한에 관한 정리를 이용하면 다음을 얻는다.

$$\begin{aligned}
\{f(x)g(x)\}' &= \lim_{h\to 0}\frac{f(x+h)g(x+h)-f(x)g(x)}{h}\\
&= \lim_{h\to 0}\frac{f(x+h)-f(x)}{h}\lim_{h\to 0}g(x+h)\\
&\quad + f(x)\lim_{h\to 0}\frac{g(x-h)-g(x)}{h}\\
&= f'(x)g(x)+f(x)g'(x)
\end{aligned}$$

따라서 $\{f(x)g(x)\}' = f'(x)g(x)+f(x)g'(x)$이다. ■

> **참고** 두 함수의 덧셈에 관한 도함수는 각 함수에 관한 도함수의 덧셈과 같다. 하지만 두 함수의 곱에 대한 미분은 각 도함수의 곱이 아니라는 사실에 유의하자.

정리 4.4는 미분가능한 함수들의 합과 차 및 실수배와 곱은 미분가능한 함수임을 의미한다. 또 복잡해보이는 함수의 도함수를 간단한 함수의 도함수를 이용하여 구할 수 있음을 다음과 같은 예를 통하여 볼 수 있다.

예제 4.6 함수 $f(x)=(x^3+3x^2)(5x-1)$을 미분하라.

풀이 정리 4.2와 정리 4.3에 의하여 상수함수와 함수 x^n (n은 자연수)이 모두 미분가능하므로 정리 4.4의 (2)에 의하면 함수 $3x^2$과 $5x$도 미분가능하다. 또 정리 4.4의 (1)과 (2)에 의하면 함수 x^3+3x^2과 $5x-1$이 모두 미분가능하다. 그러므로 정리 4.4의 (3)에 의하여 주어진 함수 $f(x)$는 미분가능하다. 마지막으로 정리 4.4와 정리 4.2를 이용하면 다음을 얻는다.

$$\begin{aligned} f'(x) &= \{(x^3+3x^2)(5x-1)\}' \\ &= (x^3+3x^2)'(5x-1)+(x^3+3x^2)(5x-1)' \\ &= (3x^2+6x)(5x-1)+(x^3+3x^2)(5) \\ &= 20x^3+42x^2-6x \end{aligned}$$

□

> **참고** [1] 예제 4.6의 함수 $f(x)$를 먼저 전개한 뒤에 각 항의 도함수와 정리 4.4를 이용하여 함수 $f(x)$의 도함수 $f'(x)$를 구할 수도 있다.
> [2] 정리 4.2와 정리 4.4로부터 모든 다항함수는 모든 실수에서 미분가능하다는 것을 알 수 있다. 연습문제 4.2의 문제 1을 참조하라.

정리 4.4의 (3)을 다음 정리와 같이 n개의 미분가능한 함수의 곱으로 정의되는 새로운 함수에 대하여 확장할 수 있다. 이에 대한 증명은 수학적 귀납법을 이용하여 할 수 있다.

정리 4.5

집합 I에서 미분가능한 n개의 함수 $f_1(x), f_2(x), \cdots, f_n(x)$에 대하여 $f(x)=f_1(x)f_2(x)\cdots f_n(x)$라고 하자. 그러면 함수 $f(x)$는 I에서 미분가능하고 그 도함수 $f'(x)$는 다음과 같다.

$$f'(x)=\sum_{k=1}^{n} f_1(x)\cdots f_k'(x)\cdots f_n(x) \tag{4.5}$$

연습문제 4.2

1 다음 함수의 도함수를 구하라.

(1) $f(x) = x^2 + 6x - 4$

(2) $v = \frac{1}{3}t^3 + \frac{1}{2}t^2 + t$

(3) $h(x) = \frac{1}{2}(x^2+1)(5x-2)$

(4) $y = 3(x^2+1)(2x^2-1)(2x+3)$

(5) $z = (2x^3+4)(x^2-3x+1)$

(6) $f(x) = 2012$

(7) $f(x) = 4 - 5x$

(8) $z = 2x(3x-1)(4-2x)$

2 함수 $f(x) = x|x|$에 대하여 물음에 답하라.

(1) 도함수 $f'(x)$를 구하라.

(2) 점 $x=0$에서 도함수 $f'(x)$의 미분계수가 존재하는가?

3 $x > 0$일 때 함수 $f(x) = x\sqrt{x}$의 도함수를 구하라.

4 정리 4.4의 (1)과 (2)가 성립함을 보여라.

5 함수 $f(x) = ax^3 + bx^2 + cx + d$가 네 조건 $f(0) = 1$, $f(1) = 1$, $f'(0) = 4$, $f'(1) = 3$을 만족시킬 때, $f(2)$의 값을 구하라.

6 $|x| < 1$인 실수 x에 대해 도함수를 이용하여 다음 급수의 값을 구하라.

$$1 + 2x + 3x^2 + \cdots + nx^{n-1}$$

7 미분가능한 함수 $f(x)$가 우함수일 때, $f'(x)$가 기함수임을 보여라.

4.3 유리함수의 미분법

예제 4.3에서 함수 $f(x)=1/x(x\neq 0)$의 도함수는 $f'(x)=-1/x^2$임을 알 수 있다. 여기서는 다음과 같이 서로 소인 다항식 $p(x)$와 $q(x)$의 몫(quotient), 즉 분수 꼴로 정의되는 유리함수(rational function)의 도함수에 관하여 살펴보자.

$$f(x)=\frac{p(x)}{q(x)} \tag{4.6}$$

함수 $g(x)$가 미분가능한 함수일 때 $1/g(x)$로 주어지는 함수의 도함수에 관해 다음이 성립한다.

정리 4.6

함수 $g(x)$가 점 x에서 미분가능하고 $g(x)\neq 0$이면, 함수 $1/g(x)$은 점 x에서 미분가능하고 다음이 성립한다.

$$\left\{\frac{1}{g(x)}\right\}'=-\frac{g'(x)}{\{g(x)\}^2},\quad g(x)\neq 0 \tag{4.7}$$

증명 절댓값이 충분히 작은 실수 h에 대하여 $1/g(x)$의 x와 $x+h$ 사이의 평균변화율을 구하면 다음과 같다.

$$\frac{1}{h}\left\{\frac{1}{g(x+h)}-\frac{1}{g(x)}\right\}=\frac{g(x+h)-g(x)}{h}\cdot\frac{(-1)}{g(x)g(x+h)}$$

$g(x)$가 x에서 미분가능하므로 연속이고, 또 $g(x)\neq 0$이므로 $h\to 0$일 때, 함수의 극한에 관한 정리를 써서 위 식의 극한을 구하면 다음과 같다.

$$\lim_{h\to 0}\frac{g(x+h)-g(x)}{h}\lim_{h\to 0}\frac{-1}{g(x)g(x+h)}=-\frac{g'(x)}{\{g(x)\}^2}$$

따라서 식 (4.7)이 성립한다. ■

위의 정리로부터 서로 소인 두 함수 $f(x)$와 $g(x)$의 몫으로 정의된 함수 $f(x)/g(x)$의 도함수는 다음과 같이 구할 수 있다.

정리 4.7

함수 $f(x)$와 $g(x)$가 점 x에서 미분가능하고 $g(x) \neq 0$이면, 함수 $f(x)/g(x)$는 점 x에서 미분가능하고 다음이 성립한다.

$$\left\{\frac{f(x)}{g(x)}\right\}' = \frac{f'(x)g(x) - f(x)g'(x)}{\{g(x)\}^2} \tag{4.8}$$

증명 정리 4.6에 의하여 함수 $1/g(x)$은 점 x에서 미분가능하다. 따라서 정리 4.4의 (3)과 식 (4.7)에 의하여 $f(x)/g(x) = f(x)\{1/g(x)\}$은 점 x에서 미분가능하고 다음이 성립한다.

$$\begin{aligned}\left\{\frac{f(x)}{g(x)}\right\}' &= f'(x)\left\{\frac{1}{g(x)}\right\} + f(x)\left\{\frac{1}{g(x)}\right\}' \\ &= f'(x)\left\{\frac{1}{g(x)}\right\} - f(x)\frac{g'(x)}{\{g(x)\}^2} \\ &= \frac{f'(x)g(x) - f(x)g'(x)}{\{g(x)\}^2}\end{aligned}$$

따라서 식 (4.8)이 성립한다. ■

예제 4.7 유리함수 $f(x) = \dfrac{x^3 + x + 1}{x^2 + 1}$을 미분하라.

풀이 정리 4.7을 이용한다. 먼저 $(x^3 + x + 1)' = 3x^2 + 1$이고 $(x^2 + 1)' = 2x$이다. 따라서 식 (4.8)을 이용하여 계산하면 주어진 함수 $f(x)$의 도함수 $f'(x)$는 다음과 같다.

$$\begin{aligned}f'(x) &= \frac{(3x^2 + 1)(x^2 + 1) - (x^3 + x + 1)(2x)}{(x^2 + 1)^2} \\ &= \frac{x^4 + 2x^2 - 2x + 1}{(x^2 + 1)^2}\end{aligned}$$

□

참고 [1] 세 정리 4.2, 4.3, 4.4에 의하여 다항함수는 모든 실수에서 미분가능하다. 또 다항함수는 여러 번 반복해서 미분가능하며, 이렇게 계속 미분하여 얻은 도함수 또한 다항함수가 된다(연습문제 4.2의 문제 1번 참조).

[2] 정리 4.7에 의하여 유리함수 $p(x)/q(x)$는 $q(x) \neq 0$인 모든 실수 x에서 미분가능하며, 그 도함수도 유리함수이다. 따라서 $q(x) \neq 0$인 모든 실수 x에서 모든 계의 도함수를 가진다.

정리 4.2와 정리 4.3은 음이 아닌 정수 n에 대하여 함수 x^n의 도함수는 nx^{n-1}임을 말하고 있다. 이는 $x \neq 0$이면 모든 음의 정수에 대하여도 참이다.

정리 4.8

함수 $f(x) = x^n$의 도함수는 다음과 같다.

$$(x^n)' = nx^{n-1}, \quad n \in \mathbb{Z} \tag{4.9}$$

단, n이 음의 정수이면 위 식은 $x \neq 0$인 경우에 성립한다.

증명 정리 4.2와 정리 4.3에 의하여 n이 음이 아닌 정수인 경우에 대하여 식 (4.9)가 성립한다. 이제 n을 음의 정수라 하자. 여기서 $m = -n$이라 하면 m은 양의 정수이고 $x^n = x^{-m} = 1/x^m$이다. 또 $-(m+1) = n-1$이다. 따라서 $x \neq 0$이면 정리 4.7에 의하여 다음이 성립한다.

$$(x^n)' = \left\{\frac{1}{x^m}\right\}' = -\frac{mx^{m-1}}{x^{2m}} = \frac{-m}{x^{m+1}} = nx^{n-1}$$

따라서 임의의 정수 n에 대하여 식 (4.9)가 성립한다. ■

연습문제 4.3

1 다음 함수의 도함수를 구하라.

(1) $f(x) = \dfrac{x}{x^2+1}$

(2) $g(t) = \dfrac{t}{1+1/t}$

(3) $f(x) = \dfrac{x^2-1}{x^2+1}$

(4) $y = \dfrac{1}{(2x+1)(x-3)}$

(5) $f(x) = 1 + x^{-1} + x^{-2} + x^{-3}$

(6) $y = \{(s^2+1)^3 + s\}^{-1}$

(7) $z = \dfrac{(x-1)(x-2)}{x-3}$

(8) $f(x) = \dfrac{2x^{-1} - x^{-2}}{3x^{-1} - 4x^{-2}}$

(9) $f(x) = x + 1 - \dfrac{1}{x}$

(10) $w = \left(-2s + \dfrac{3}{s}\right)\left(s - \dfrac{5}{s}\right)$

(11) $f(x) = \dfrac{x+2}{x^2+2x+3}$

(12) $y = \dfrac{x^4 - 2x^2 + 1}{x^4 + 1}$

(13) $y = \dfrac{2x-3}{x^2-1}$

4.4 고계 도함수

집합 I에서 함수 $f(x)$가 미분가능하다고 하자. 그 도함수 $f'(x)$가 I에서 미분가능하면, $f'(x)$의 도함수 $\{f'(x)\}'$을 집합 I에서 정의할 수 있다. 이 경우에 $f'(x)$의 도함수 $\{f'(x)\}'$을 $f(x)$의 **이계 도함수**(second order derivative)라 하고 $f''(x)$로 나타낸다. 특히 $f(x)$의 도함수 $f'(x)$를 $f(x)$의 **일계 도함수**(first order derivative)라 하기도 한다.

> **참고** [1] $f(x)$의 일계 도함수 $f'(x)$는 함수 $f(x)$로부터 첫 단계로 유도된 함수라는 의미이다. 그러므로 $f(x)$의 이계 도함수 $f''(x)$는 $f(x)$로부터 두 번 미분되어 얻어진(유도된) 함수라는 뜻이다.
> [2] $f''(x)$는 $f(x)$의 이계 도함수임과 동시에 $f'(x)$의 일계 도함수이다.

함수 $y=f(x)$의 이계 도함수 $f''(x)$를 다음과 같이 나타내기도 한다.

$$y'', \quad \frac{d^2y}{dx^2}, \quad \frac{d^2f(x)}{dx^2}, \quad \frac{d^2f}{dx^2}(x)$$

예제 4.8 함수 $f(x)=x^4-x^3+\frac{3}{2}x^2+10$의 일계 도함수와 이계 도함수를 구하라.

풀이 $f(x)=x^4-x^3+\frac{3}{2}x^2+10$의 일계 도함수 $f'(x)$는 다음과 같다.

$$f'(x)=4x^3-3x^2+3x$$

따라서 $f(x)$의 이계 도함수는 $f''(x)=12x^2-6x+3$이다. □

예제 4.8의 함수 $f(x)$의 이계 도함수 $f''(x)=12x^2-6x+3$은 이차함수이므로 미분가능하다. 따라서 함수 $f''(x)$의 도함수를 생각할 수 있다. 이와 같이 $f(x)$의 이계 도함수 $f''(x)$가 존재하고 또한 $f''(x)$의 도함수가 존재하면, 그 도함수 $\{f''(x)\}'$을 $f(x)$의 **삼계 도함수**(third order derivative)라 하고 $f'''(x)$ 또는

$f^{(3)}(x)$와 같은 기호로 나타낸다.

이를 일반화하여 자연수 n에 대해 함수 $y=f(x)$의 **n계 도함수**(n^{th} order derivative)를 생각할 수 있으며, 이를 다음과 같은 기호로 나타낸다.

$$f^{(n)}(x), \quad y^{(n)}, \quad \frac{d^n y}{dx^n}, \quad \frac{d^n f(x)}{dx^n}, \quad \frac{d^n f}{dx^n}(x)$$

이계 이상의 도함수를 통틀어 **고계 도함수**(higher order derivative)라고 한다.[3) 고계 도함수는 함수의 성질을 연구하는 데 매우 유용하게 쓰인다. 예를 들면, 도함수를 이용하여 x에 대한 y의 변화율을 계산할 수 있고, 이를 통해 함숫값의 증가와 감소하는 구간을 구할 수 있으며, 얼마나 빠르게 증가 혹은 감소하는지도 구할 수 있다.[4)] 이렇게 구해진 증감에 관한 정보를 활용하면 주어진 함수의 그래프에 관한 개형을 그릴 수 있다. 또 함수의 근삿값을 구하기 위해 함수를 무한급수 형태로 나타내는데, 이때에도 고계 도함수를 이용한다.[5)]

참고 [1] 함수 $f(x)=x^n$ (n은 자연수)에 대하여 다음이 성립한다.

$$f^{(k)}(x)=\begin{cases} n(n-1)(n-2)\cdots(n-k+1)\,x^{n-k} & (k \le n) \\ 0 & (k > n) \end{cases}$$

[2] 일반적으로 n차 다항함수 $f(x)$에 대하여 $f^{(n+1)}(x)=0$이다.
예를 들면, $f(x)=x^3$에 대하여 $f'(x)=3x^2$, $f^{(2)}(x)=3\cdot 2x^1$, $f^{(3)}(x)=3\cdot 2\cdot 1x^0$, $f^{(4)}(x)=0$이다.

3) 함수 $f(x)$의 n계 도함수가 존재하면 $f(x)$는 n번 미분가능하다고 한다.

4) 함수의 증가와 감소 및 그래프 개형에 대한 자세한 내용은 4.12절과 4.13절에서 다룬다.

5) 함수를 무한급수 형태로 나타내는 것을 테일러(Taylor) 급수 표현 혹은 매클로린(Maclaurin) 급수 표현이라 하고, 이는 본 과정 밖의 내용이므로 생략한다.

연습문제 4.4

1 n차 다항함수를 다음과 같이 나타낼 수 있다. 단, $a_0, a_1, \ldots, a_n$은 실수이다.

$$p_n(x) = a_0 x^n + a_1 x^{n-1} + \cdots + a_{n-2} x^2 + a_{n-1} x + a_n, \quad a_0 \neq 0$$

다음 물음에 답하라.

(1) 다항함수 $p_n(x)$는 모든 실수에서 미분가능하고, 그 도함수는 상수함수 또는 다항함수임을 보여라.

(2) $p_n^{(n)}(x) = a_0 n!$임을 보여라.

(3) $p_n^{(n+1)}(x) = 0$임을 보여라.

2 다음 함수의 이계 도함수를 구하라.

(1) $f(x) = |x^3|$

(2) $f(x) = x^2|x|$

(3) $f(x) = x^2 + 6x - 4$

(4) $f(t) = t^3 + t^2 + t$

(5) $f(x) = x^7$

(6) $f(x) = x^3 - 4x^2$

(7) $f(x) = (3x^2 + 2x + 1)^{10}$

(8) $f(x) = (x^2 + 1)^3 (x - 1)^5$

3 다음 함수의 이계 도함수를 구하라.

(1) $f(x) = \dfrac{-5}{x+1}$

(2) $f(x) = 3x^{-2}$

(3) $f(x) = \dfrac{x-5}{x-2}$

(4) $f(x) = \dfrac{3x-2}{2x-1}$

(5) $f(x) = \dfrac{1}{x^2+1}$

(6) $f(x) = x^2 - \dfrac{2}{x}$

(7) $f(x) = x + \dfrac{1}{x}$

4 두 함수 $f(x)$와 $g(x)$의 삼계 도함수가 존재하면 함수 $h(x)=f(x)g(x)$의 이계 도함수 $h''(x)$와 삼계 도함수 $h'''(x)$는 다음과 같음을 보여라.

$$h''(x)=f''(x)g(x)+2f'(x)g'(x)+f(x)g''(x),$$
$$h'''(x)=f'''(x)g(x)+3f''(x)g'(x)+3f'(x)g''(x)+f(x)g'''(x)$$

5 함수 $f(x)=(x^2+1)^3(x^2-1)^2$의 삼계 도함수를 구하라.

6 함수 $f(x)=3x^5-10x^4-x^3+x^2-7x+4$의 일계 도함수부터 오계 도함수까지 구하라.

7 n번 미분 가능한 함수 $f(x)$와 $g(x)$에 대하여 다음이 성립함을 보여라.

$$(f(x)g(x))^{(n)}=\sum_{k=0}^{n}\binom{n}{k}f^{(n-k)}(x)g^{(k)}(x)$$

단, $\binom{n}{k}=\frac{n!}{k!(n-k)!}$, $f^{(0)}(x)=f(x)$

4.5 합성함수의 미분

두 함수를 이용하여 새로운 함수를 만드는 방법은 앞서 설명한 바와 같이 두 함수를 더하거나 빼거나 곱하거나 나누는 방법이 있다. 이 밖에도 함수들의 합성을 이용하여 새로운 함수를 만들 수 있다. 여기서는 합성함수를 전개하거나 풀어쓰지 않고 바로 미분할 수 있는 방법에 관해 살펴보자.

정리 4.9

함수 g는 x에서 미분가능하고, 함수 f는 $g(x)$에서 미분가능할 때, 합성함수 $f \circ g$의 도함수는 다음과 같다.

$$\frac{d}{dx}(f \circ g)(x) = f'(g(x)) \cdot g'(x)$$

정리 4.9의 간략한 증명의 아이디어를 살펴보면 아래와 같다.

$y = f(t)$, $t = g(x)$라 하면 $y = f(g(x)) = (f \circ g)(x)$이므로 $\frac{d}{dx}(f \circ g)(x) = \frac{dy}{dx}$이다. x의 증분 Δx에 따른 t의 증분은 $\Delta t = g(x + \Delta x) - g(x)$, t의 증분 Δt에 따른 y의 증분은 $\Delta y = f(t + \Delta t) - f(t)$이고, 함수 g는 연속(미분가능한 함수는 연속)이므로 $\Delta x \to 0$이면 $\Delta t \to 0$라 할 수 있다.[6] 따라서

$$\begin{aligned} \frac{dy}{dx} &= \lim_{\Delta x \to 0} \frac{\Delta y}{\Delta x} = \lim_{\Delta x \to 0} \left(\frac{\Delta y}{\Delta t} \cdot \frac{\Delta t}{\Delta x} \right) \\ &= \lim_{\Delta x \to 0} \frac{\Delta y}{\Delta t} \lim_{\Delta x \to 0} \frac{\Delta t}{\Delta x} = \lim_{\Delta t \to 0} \frac{\Delta y}{\Delta t} \lim_{\Delta x \to 0} \frac{\Delta t}{\Delta x} \\ &= \frac{dy}{dt} \cdot \frac{dt}{dx} = f'(t) \cdot g'(x) \\ &= f'(g(x)) \cdot g'(x) \end{aligned}$$

6) $\Delta x \neq 0$이면서 $\Delta t = 0$인 경우에 아래 전개식에서 Δt로 나눌 수 없으므로 더 이상 전개식이 성립하지 않는다. 따라서 이 경우를 포함할 수 있는 엄밀한 증명이 필요하다.

도함수는 독립변수와 종속변수 간의 변화율을 나타내는 함수이다. 정리 4.9는 미분가능한 함수 f와 g의 합성함수 $(f \circ g)(x)$ 혹은 $f(g(x))$의 도함수는 함수 f의 도함수와 함수 g의 도함수를 이용하여 구할 수 있음을 의미한다. 함수 f의 도함수를 알고 있기 때문에 $t=g(x)$라고 치환하면 다음과 같다.

$$(f \circ g)(x) = f(g(x)) = f(t)$$

이제 $f(t)$를 x에 관해 미분하면 된다. 그런데 $f(t)$는 t에 관한 함수이므로 x로 바로 미분할 수 없다. 그래서 우선 $f(t)$는 t로 미분하여 t가 변할 때 f의 변화율의 함수 $f'(t)$를 구한다. 이제 x가 변할 때 t의 변화율 $\frac{dt}{dx}$를 구하자. 그런데 $t=g(x)$이므로 $\frac{dt}{dx}=g'(x)$가 된다. 우리의 궁극적인 목적은 x가 변할 때 $f(t)$가 얼마나 변하는지 그 값의 함수를 구하는 것이다.

그런데 $\frac{dt}{dx}$는 x가 1 변할 때 t는 $\frac{dt}{dx}$ 비율로 변함을 의미하고, $\frac{d}{dt}f(t)$는 t가 1 변할 때 $f(t)$는 $\frac{d}{dt}f(t)$의 비율로 변함을 의미한다. 그러므로 x가 변할 때 f가 얼마나 변하는지 알아보려면, x에 대한 t 변화율의 함수 $\frac{dt}{dx}$ $(=g'(x))$, 그리고 t에 대한 $f(t)$의 변화율의 함수 $\frac{df(t)}{dt}$ $(=f'(t)=f'(g(x)))$를 곱하면 x에 대한 $f(t)$의 변화율 $\frac{df(t)}{dx}$를 구할 수 있다. 즉 다음이 성립한다.

$$\frac{d}{dx}(f \circ g)(x) = \frac{df}{dt} \cdot \frac{dt}{dx} = f'(t) \cdot g'(x) = f'(g(x)) \cdot g'(x)$$

참고 [1] 정리 4.9는 합성함수의 미분법을 이야기하는데, 합성함수는 두 함수가 연속적으로 미분되어, 마치 연쇄 화학 반응과 같다고 하여 **연쇄법칙**(chain rule)이라고 한다.

[2] 연쇄법칙을 사용하여 도함수를 구하려면, 치환된 함수가 다항함수, 삼각함수, 지수함수, 로그함수 등과 같이 이미 미분공식을 알고 있는 기본함수의 형태가 되어야 한다.

예제 4.9 함수 $f(x)=(x^4+2x^2+1)^{100}$을 미분하라.

풀이 $y=h(t)=t^{100}$, $t=g(x)=x^4+2x^2+1$이라고 하면, 주어진 함수는 $y=f(x)=$

$h(g(x))$으로 생각할 수 있다. 우리는 $\frac{d}{dx}x^n = nx^{n-1}$을 알고 있기 때문에 이 미분공식을 사용할 수 있다. 그러므로 다음을 얻는다.

$$\frac{dy}{dt} = \frac{dh(t)}{dt} = 100t^{99},$$
$$\frac{dt}{dx} = \frac{dg(x)}{dx} = (x^4 + 2x^2 + 1)' = 4x^3 + 4x$$

따라서 주어진 함수의 도함수는 다음과 같다.

$$\begin{aligned}\frac{dy}{dx} = f'(x) = \frac{dy}{dt} \cdot \frac{dt}{dx} &= 100t^{99} \cdot (4x^3 + 4x) \\ &= 100(x^4 + 2x^2 + 1)^{99}(4x^3 + 4x)\end{aligned}$$

이를 한 번에 풀면 다음과 같다.

$$\begin{aligned}f'(x) &= \{(x^4 + 2x^2 + 1)^{100}\}' \\ &= 100(x^4 + 2x^2 + 1)^{99}(4x^3 + 4x) \\ &= 400x(x^2 + 1)(x^4 + 2x^2 + 1)^{99}\end{aligned}$$

□

예제 4.10 함수 $f(x) = \frac{1}{(x^3 + 1)^7}$을 미분하라(단, $x \neq -1$).

풀이 주어진 함수는 다항함수 꼴로 나타내면 $f(x) = (x^3 + 1)^{-7}$이다. 이제 $y = h(t) = t^{-7}$, $t = g(x) = x^3 + 1$이라고 하면 $y = f(x) = h(g(x))$이고, $\frac{d}{dx}x^n = nx^{n-1}$임을 이용하면 다음을 얻는다.

$$\frac{dy}{dt} = \frac{dh(t)}{dt} = -7t^{-8},$$
$$\frac{dt}{dx} = \frac{dg(x)}{dx} = (x^3 + 1)' = 3x^2$$

따라서 주어진 함수의 도함수는 다음과 같다.

$$\begin{aligned}\frac{dy}{dt} = f'(x) = \frac{dy}{dt} \cdot \frac{dt}{dx} &= -7t^{-8} \cdot (3x^2) \\ &= -7(x^3 + 1)^{-8} \cdot (3x^2)\end{aligned}$$

이를 한 번에 풀면 다음과 같다.

$$f'(x) = -7(3x^2)(x^3+1)^{-8} = -\frac{21x^2}{(x^3+1)^8} \qquad \square$$

연습문제 4.5

1 다음 함수의 도함수를 구하라.

(1) $f(x) = 5(2-5x)^6$

(2) $w = (3s^2+1)(2s-4)^3$

(3) $y = (2x+1)^3(x^2+1)^2$

(4) $w = (x^3+3x+1)^5$

(5) $f(x) = (4-x)^3$

(6) $f(x) = (x^2+5)^3$

(7) $f(x) = (4x+3)^{-1} + (x-4)^{-2}$

(8) $v = \left(\dfrac{2}{x-1} - x^{-3}\right)^4$

(9) $u = 4(2x^2-x+3)^{-3}$

(10) $f(x) = (x^2+1)^{-1}(3x-1)^{-2}$

(11) $y = \sqrt{x^2+2x+3}$

(12) $f(x) = \dfrac{3-2x}{\sqrt{x^2+1}}$

2 다음 함수의 이계 도함수를 구하라.

(1) $f(x) = \left(\dfrac{x+1}{x+2}\right)^2$

(2) $g(x) = (4-x)^3$

(3) $y = \sqrt{x^2+1}$

(4) $f(x) = (x^2+(1-3x)^5)^3$

3 $r(x) = f(g(h(x)))$이고, $h(1)=2$, $g(2)=3$, $h'(1)=4$, $g'(2)=5$, $f'(3)=6$일 때, $r'(1)$을 구하라.

4 $F(x) = f(3f(4f(x)))$이고, $f(0)=0$, $f'(0)=2$일 때, $F'(0)$을 구하라.

5 n번 미분 가능한 함수 f에 대하여 $F(x)=xf(x)$의 n계 도함수를 구하고 이를 증명하라.

6 $\dfrac{dy}{dx}=\left(\dfrac{dx}{dy}\right)^{-1}$인 경우 $\dfrac{d^2y}{dx^2}$를 $\dfrac{d^2x}{dy^2}$와 $\dfrac{dx}{dy}$에 대한 식으로 나타내라.

4.6 음함수의 미분

함수는 독립변수와 종속변수의 관계가 정확히 구별되는 양함수(explicit function)와 독립변수와 종속변수의 관계가 구별이 안 되는 음함수(implicit function)가 있다. 양함수는 우리가 일반적으로 함수라고 하는 것들을 칼한다. 예를 들어, 다음과 같은 함수는 양함수이다.

$$y = x + 1, \quad y = \sin x, \quad y = e^x - x + \ln x$$

그리고 다음과 같은 함수가 음함수의 예이다.

$$x^2 + y^2 = 1, \quad 4x^2 + 9y^2 = 36$$

양함수는 앞서 배운 미분법을 이용하여 미분할 수 있다. 하지만 음함수를 미분하는 것은 그렇게 쉬운 것이 아니다. 음함수를 양함수로 바꿀 수 있다면 양함수로 바꿔 미분할 수 있다. 그런데 음함수를 양함수로 바꾸는 일은 방정식을 푸는 것과 같은 문제이고, 모든 방정식을 풀 수 있는 것은 아니다. 결국 모든 음함수를 양함수로 바꿀 수 있다는 것은 아니다. 다음과 같은 간단한 예를 생각해보자.

예제 4.11 원의 방정식 $x^2 + y^2 = 1$에 대하여 $\dfrac{dy}{dx} = y'$을 구하라.

풀이 y를 종속변수로 생각한다면 $y = f(x)$와 같이 x의 함수로 표현할 수 있을 것이다. 따라서 주어진 원의 방정식은 다음과 같이 x의 방정식으로 나타낼 수 있다.

$$x^2 + \{f(x)\}^2 = 1$$

이제 양변을 x에 관해 미분하면 다음과 같다.

$$2x + 2f(x) \cdot f'(x) = 0$$

그런데 $y = f(x)$이므로 $y' = \dfrac{dy}{dx} = f'(x)$로 쓸 수 있다. 그래서 위의 식은 다음과 같이 바꿔쓸 수 있다.

$$2x + 2yy' = 0$$

이제 y'을 구하면 다음과 같다.

$$y' = -\frac{2x}{2y} = -\frac{x}{y}$$

따라서 $y' = -\frac{x}{y}$ (단, $y \neq 0$)이다. □

> **참고** [1] 예제 4.11에서 원의 방정식을 양함수로 바꾸고 y'을 다음과 같이 구할 수 있다. 우선 원의 방정식을 양함수로 바꾸면 $y = \pm\sqrt{1-x^2}$ 이다. 여기서 y'을 구하면 다음과 같다.
>
> $$y' = \pm\frac{-2x}{2\sqrt{1-x^2}} = \pm\frac{-x}{\sqrt{1-x^2}}$$
>
> 그런데 $y = \pm\sqrt{1-x^2}$ 이므로 다음과 같이 바꿔쓸 수 있다.
>
> $$y' = \pm\frac{-x}{\sqrt{1-x^2}} = -\frac{x}{\pm\sqrt{1-x^2}} = -\frac{x}{y} \quad (\text{단, } y \neq 0)$$
>
> 이는 예제 4.11에서 구한 y'과 일치한다.
>
> [2] 음함수의 도함수도 역시 음함수로 표현된다.

예제 4.12 쌍곡선 $xy = 1$에 대하여 $\frac{dy}{dx} = y'$을 구하라.

풀이 y는 x에 관한 함수이므로 xy는 x에 관한 두 함수 x와 y의 곱으로 된 함수이다. 따라서 두 함수의 곱에 대한 미분법을 사용해야 한다. 이제 $xy = 1$의 양변을 x에 관해 미분하면 다음과 같다.

$$\left(\frac{d}{dx}x\right)\cdot y + x\frac{dy}{dx} = \frac{d}{dx}1,$$
$$y + xy' = 0,$$
$$xy' = -y,$$

따라서 다음을 얻는다.

$$y' = -\frac{y}{x} \quad (\text{단, } y \neq 0)$$ □

참고 [1] 음함수를 미분할 때 y는 x의 함수이므로 y의 x에 관한 미분 y'은 식에 남게 되며, 미분하고 난 식을 y'에 관한 방정식으로 보고 그 해를 구한다.
[2] y'을 x에 관해 한 번 더 미분하면 y''이 됨을 유의하자.

예제 4.13 방정식 $x^3 + y^3 = 6xy$에 대하여 y'을 구하라.

풀이 양변을 x에 관해 미분하면 다음과 같다.

$$3x^2 + 3y^2y' = 6(y + xy'),$$
$$y'(6x - 3y^2) = 3x^2 - 6y$$

따라서 다음을 얻는다.

$$y' = \frac{3x^2 - 6y}{6x - 3y^2} = \frac{x^2 - 2y}{2x - y^2} \quad (\text{단, } 2x \neq y^2)$$ □

예제 4.14 쌍곡선 $xy = 1$에 대하여 y''을 구하라.

풀이 y'을 구하면 $y' = -\dfrac{y}{x}$이다(예제 4.12를 참고하라). y''을 구하기 위해 다시 양변을 x에 관해 미분하면, 다음을 얻는다.

$$y'' = -\frac{y'x - y}{x^2} = -\frac{-\dfrac{y}{x} \cdot x - y}{x^2} = -\frac{-2y}{x^2} = \frac{2y}{x^2}$$

따라서 $y'' = \dfrac{2y}{x^2}$ (단, $y \neq 0$)이다. □

음함수 미분을 이용하면 역함수의 도함수 또는 미분계수를 구할 수 있다. 일반적으로 일대일 함수의 경우, 정의역과 치역을 적당히 지정하면 역함수가 존재한다. 하지만 역함수가 존재한다고 해서 꼭 역함수를 미분하기에 적당한 함수의 형태로 나타낼 수 있는 것은 아니다. 따라서 다음 정리에서 설명하고 있는 역함수의 도함수를 원래 함수에서 바로 구하는 방법은 매우 유용하다고 할 수 있다.

정리 4.10

역함수가 존재하는 함수 $y=f(x)$와 $f(a)=b$인 f의 정의역의 원소 a에 대하여 다음이 성립한다.

$$(f^{-1})'(b)=\frac{1}{f'(a)} \tag{4.10}$$

예제 4.15 $x \geq 0$인 실수 x에 대하여 포물선 $f(x)=x^2$일 때, $(f^{-1})'(4)$를 구하라.

풀이 포물선 $y=x^2$은 $x \geq 0$인 구간에서 일대일 함수이므로 역함수를 갖고 역함수 $f^{-1}(x)$는 $f^{-1}(x)=\sqrt{x}$이다. 그러면 $f^{-1}(x)$의 도함수 $(f^{-1})'(x)$와 $(f^{-1})'(4)$는 다음과 같다.

$$\frac{d}{dx}f^{-1}(x)=\frac{1}{2\sqrt{x}},$$

$$(f^{-1})'(4)=\frac{1}{2\sqrt{4}}=\frac{1}{4}$$

이제 정리 4.10을 이용하여 구하면 $f'(x)=2x$이고 $f(2)=4$이므로, 이는 역함수를 직접 구해 계산한 다음 결과와 같다.

$$(f^{-1})'(4)=\frac{1}{f'(2)}=\frac{1}{4}$$ □

참고 역함수의 도함수가 존재한다는 사실을 미리 가정하고 정리 4.10을 이용하면 역함수의 도함수도 구할 수 있다. 역함수의 도함수를 구할 때는 다음과 같은 원래 함수와 역함수의 관계와 음함수 미분법을 이용하여 구한다.

$y=f^{-1}(x)$이면 $x=f(y)$이므로 양변을 x에 관해 미분하여 음함수 미분법을 적용하면, 다음을 얻는다.

$$1=\frac{df(y)}{dy}\cdot\frac{dy}{dx}=f'(y)\cdot y',$$

$$\frac{dy}{dx}=y'=\frac{1}{f'(y)}$$

$y=f^{-1}(x)$이므로 다음이 성립한다.

$$\frac{d}{dx}f^{-1}(x)=\frac{1}{f'(f^{-1}(x))}$$

연습문제 4.6

1 음함수 미분법을 이용하여 y' 혹은 $\frac{dy}{dx}$를 구하라.

(1) $x^3 + y^3 = 1$

(2) $x^3 - x^2y + 4y^2 = 6$

(3) $x^2y^2 + xy = 4$

(4) $4xy = 1$

(5) $\frac{y}{x} = x + y$

(6) $\sqrt{xy} = 1 + x^2y$

(7) $x^2 + xy + y^2 = 3$

(8) $x^2 + y^2 = (2x^2 + 2y^2 - x)^2$

2 음함수 미분법을 이용하여 y''을 구하라.

(1) $9x^2 + y^2 = 9$

(2) $x^3 + y^3 = 1$

(3) $2xy = 1$

(4) $x^4 + y^4 = 1$

3 음함수 $\sqrt{xy} - x = 2021$를 만족시키는 x와 y에 대하여 다음 식이 성립함을 보여라.

$$2\sqrt{xy} - y - xy' = 0$$

4 $x^2 - 6x + y^2 - 2y = 15$일 때, 점 $(-1, 4)$에서 $\frac{dy}{dx}$를 구하라.

5 $y = \sqrt[3]{-\frac{1}{2}x^3 + \sqrt{\frac{1}{4}x^6 - 8x^3}} + \sqrt[3]{-\frac{1}{2}x^3 - \sqrt{\frac{1}{4}x^6 - 8x^3}}$ 일 때 $\frac{dy}{dx}$를 구하라.

6 미분 가능하고 역함수가 존재하는 함수 $y = f(x)$는 점 (a, b)를 지나고 $f'(a) = c$라 한다. 이 때 $(f^{-1})'(b)$를 구하라.

4.7 삼각함수의 미분

삼각함수는 자연과학과 공학에서 많이 사용되며, 특히 물리나 전파공학과 같이 주기가 일정한 함수를 연속적으로 표현해야 하는 일이 많은 분야에서 주로 사용된다. 또 측량에서도 많이 사용되고 있다. 본 절에서는 삼각함수의 도함수에 대하여 살펴볼 것이다. 삼각함수의 도함수를 구하기 전에 삼각함수의 성질을 살펴보자. 다음 덧셈정리는 2.2절에서 알아본 삼각함수의 각의 합과 차에 관한 성질이다.

정리 4.11

두 실수 x와 y에 대하여 다음이 성립한다.

(1) $\sin(x+y) = \sin x \cos y + \cos x \sin y$

(2) $\sin(x-y) = \sin x \cos y - \cos x \sin y$

(3) $\cos(x+y) = \cos x \cos y - \sin x \sin y$

(4) $\cos(x-y) = \cos x \cos y + \sin x \sin y$

정리 4.11의 (1)과 (2) 및 (3)과 (4)를 연립하고 $t = x+y$와 $s = x-y$로 치환하면, 다음과 같은 정리를 얻을 수 있다. 그런데 이 정리는 $\sin x$와 $\cos x$의 도함수를 구할 때 유용하다.

정리 4.12

두 실수 x와 y에 대하여 다음이 성립한다.

(1) $\sin x - \sin y = 2\cos\dfrac{x+y}{2}\sin\dfrac{x-y}{2}$

(2) $\cos x - \cos y = -2\sin\dfrac{x+y}{2}\sin\dfrac{x-y}{2}$

x가 0에 충분히 가까우면 $y = \sin x$의 그래프는 $y = x$의 그래프와 거의 유사하다. 이것을 극한으로 나타내면 다음 정리와 같이 나타낼 수 있다.

정리 4.13

$$\lim_{x \to 0} \frac{\sin x}{x} = 1$$

예제 4.16 다음 극한을 구하라.

(1) $\lim_{x \to 0} \frac{\sin 2x}{x}$ (2) $\lim_{x \to 0} \frac{\sin^2 x}{x^2}$ (3) $\lim_{x \to 0} \frac{\tan x}{x}$

풀이 (1) $\lim_{x \to 0} \frac{\sin 2x}{x} = \lim_{x \to 0} 2 \frac{\sin 2x}{2x} = 2$

(2) $\lim_{x \to 0} \frac{\sin^2 x}{x^2} = \lim_{x \to 0} \left(\frac{\sin x}{x} \right)^2 = 1$

(3) $\lim_{x \to 0} \frac{\tan x}{x} = \lim_{x \to 0} \frac{\sin x}{x \cos x} = \lim_{x \to 0} \frac{\sin x}{x} \cdot \frac{1}{\cos x} = 1$ □

이제 정리 4.12와 정리 4.13 및 유리함수의 미분을 이용하여 삼각함수의 도함수를 구하자.

정리 4.14

다음 삼각함수들이 정의되는 모든 실수 x에 대하여 다음이 성립한다.

(1) $\frac{d}{dx} \sin x = \cos x$ (2) $\frac{d}{dx} \cos x = -\sin x$

(3) $\frac{d}{dx} \tan x = \sec^2 x$ (4) $\frac{d}{dx} \cot x = -\csc^2 x$

(5) $\frac{d}{dx} \sec x = \sec x \tan x$ (6) $\frac{d}{dx} \csc x = -\csc x \cot x$

증명 (1)과 (2)는 도함수의 정의 및 정리 4.12와 정리 4.13을 이용하여 증명할 수 있고, (3), (4), (5), (6)은 $\tan x$, $\sec x$, $\csc x$를 $\sin x$와 $\cos x$로 변환한 후 유리함수의 미분을 이용하여 증명할 수 있다.

(1) $\frac{d}{dx} \sin x = \lim_{h \to 0} \frac{\sin(x+h) - \sin x}{h}$

$$= \lim_{h \to 0} \frac{2\cos\left(\frac{2x+h}{2}\right)\sin\left(\frac{h}{2}\right)}{h}$$

$$= \cos x \lim_{h \to 0} \frac{\sin\left(\frac{h}{2}\right)}{\frac{h}{2}}$$

$$= \cos x$$

(2) (1)과 같은 방법을 이용하여 증명할 수 있다. 이는 연습문제로 남긴다.

(3) $\frac{d}{dx}\tan x = \left(\frac{\sin x}{\cos x}\right)'$

$$= \frac{\cos x \cos x - (-\sin x)\sin x}{\cos^2 x}$$

$$= \frac{1}{\cos^2 x}$$

$$= \sec^2 x$$

(4), (5), (6)은 (3)과 같은 방법으로 증명할 수 있다. 이 역시 연습문제로 남긴다. ■

예제 4.17 다음 함수의 도함수를 구하라.

(1) $y = \sin x + x^2 - 1$

(2) $y = \cos(x^2) + \cos^2 x$

풀이 (1) 삼각함수의 미분과 다항함수의 미분을 이용하면 다음을 얻는다.

$$y' = \cos x + 2x$$

(2) 합성함수의 미분과 삼각함수의 미분을 이용하면 다음이 성립한다.

$$\frac{d}{dx}\cos(x^2) = \left(\frac{d}{d(x^2)}\cos(x^2)\right)\left(\frac{d}{dx}x^2\right) = \{-\sin(x^2)\}(2x),$$

$$\frac{d}{dx}\cos^2 x = \left(\frac{d}{d(\cos x)}\cos^2 x\right)\left(\frac{d}{dx}\cos x\right) = (2\cos x)(-\sin x)$$

그러므로 다음을 얻는다.

$$y' = -2x\sin x^2 - 2\cos x \sin x$$ □

예제 4.18 다음 함수의 도함수를 구하라.

(1) $f(x) = \sec^2 x$ (2) $g(x) = \tan(\cos x^2)$

(3) $h(x) = \csc x + \cot(x^2+1)$

풀이 (1) 삼각함수의 미분과 연쇄법칙을 사용하면, 다음을 얻는다.

$$f'(x) = 2\sec x(\tan x \sec x) = 2\sec^2 x \tan x$$

(2) 삼각함수의 미분과 연쇄법칙을 사용하면, 다음을 얻는다.

$$\begin{aligned} g'(x) &= \{\sec^2(\cos x^2)\}(-\sin x^2)(2x) \\ &= -2x(\sin x^2)\{\sec^2(\cos x^2)\} \end{aligned}$$

(3) 삼각함수의 미분과 연쇄법칙을 사용하면, 다음을 얻는다.

$$\begin{aligned} h'(x) &= -\csc x \cot x - \{\csc^2(x^2+1)\}(2x) \\ &= -\csc x \cot x - 2x\csc^2(x^2+1) \end{aligned}$$ □

연습문제 4.7

1 도함수의 정의를 이용하여 $\dfrac{d}{dx}\cos x = -\sin x$ 임을 증명하라.

2 $\sin x$와 $\cos x$의 도함수를 이용하여 다음을 증명하라.

(1) $\dfrac{d}{dx}\cot x = -\csc^2 x$ (2) $\dfrac{d}{dx}\sec x = \sec x \tan x$

(3) $\dfrac{d}{dx}\csc x = -\csc x \cot x$

3 다음 극한을 구하라.

(1) $\lim_{x \to 0} \frac{\sin 3x}{x}$

(2) $\lim_{x \to 0} \frac{\tan 6x}{\sin 2x}$

(3) $\lim_{x \to 0} \frac{\sin x}{x + \tan x}$

(4) $\lim_{x \to 0} \frac{x - \tan x}{\sin x}$

4 다음 함수의 도함수를 구하라.

(1) $f(x) = x - 3\sin x$

(2) $f(x) = \sin x + 10\tan x$

(3) $f(x) = x^3 \cos x$

(4) $f(x) = \frac{\sec x}{1 + \sec x}$

(5) $f(x) = \frac{\sin x}{x^2}$

(6) $f(x) = \sec x \tan x$

(7) $f(x) = x + \csc x$

(8) $g(\theta) = 2\theta \cot \theta$

(9) $h(y) = \frac{\sec x}{\csc x}$

(10) $f(x) = \frac{x}{\csc x}$

5 함수 $f(x) = 2\sin x + \cos x$와 모든 실수에서 미분가능한 두 함수 $g(x)$와 $h(x)$의 합성함수 $p(x) = (h \circ g \circ f)(x)$에 대하여 $p'(0) = 12$라고 할 때, $h'(g(1))g'(1)$의 값을 구하라.

6 정리 4.11의 (1)과 (2)를 미분하여 (3)과 (4)를 각각 유도하라.

7 함수 $f(\theta) = \sin^3\theta + \cos^3\theta$의 n계 도함수를 구하고 이를 증명하라.

4.8 지수·로그함수의 미분

지수함수와 로그함수는 자연과학, 공학, 사회과학에서 많이 사용된다. 기하급수적으로 증가 혹은 감소하는 모형을 나타낼 때엔 지수함수가 많이 사용되고, 급격히 변해서 그 변화의 차이가 한눈에 보이지 않는 모형의 경우는 로그함수를 이용하여 그 변화를 살펴보기도 한다. 본 절에서는 자연지수함수와 자연로그함수의 도함수를 구하고, 더불어 일반지수함수와 일반로그학수의 도함수에 관해서도 함께 살펴보기로 하자. 우선 e는 다음과 같이 정의됨을 기억하자.

$$\lim_{x \to 0} (1+x)^{1/x} = e$$

이를 이용하면 다음 극한을 구할 수 있다.

정리 4.15

$$\lim_{x \to 0} \frac{e^x - 1}{x} = 1$$

증명 $e^x - 1 = t$라고 하면 $x = \ln(t+1)$이므로, 주어진 극한은 다음과 같다.

$$\begin{aligned} \lim_{x \to 0} \frac{e^x - 1}{x} &= \lim_{t \to 0} \frac{t}{\ln(t+1)} = \lim_{t \to 0} \frac{1}{\dfrac{1}{t}\ln(1+t)} \\ &= \lim_{t \to 0} \frac{1}{\ln(1+t)^{1/t}} = \frac{1}{\ln\left(\lim\limits_{t \to 0}(1+t)^{1/t}\right)} \\ &= 1 \end{aligned}$$

■

정리 4.15를 이용하여 자연지수함수 e^x의 도함수를 구하자.

정리 4.12

모든 실수 x에 대하여 다음이 성립한다.

$$\frac{d}{dx}e^x = e^x$$

증명

$$\frac{d}{dx}e^x = \lim_{h \to 0}\frac{e^{x+h} - e^x}{h}$$

$$= e^x \lim_{h \to 0}\frac{e^h - 1}{h}$$

$$= e^x$$

■

예제 4.19 다음 함수의 도함수를 구하라.

(1) $f(x) = x^2 + e^x$

(2) $g(x) = \dfrac{1}{e^x}$

(3) $h(x) = xe^x$

(4) $k(x) = \dfrac{e^x + 1}{x}$

풀이 (1) $f'(x) = 2x + e^x$

(2) 유리함수의 미분을 이용하면 다음을 얻는다.

$$g'(x) = \frac{0 - e^x}{(e^x)^2} = -\frac{1}{e^x}$$

(3) 함수 곱의 미분을 이용하면 다음을 얻는다.

$$h'(x) = e^x + xe^x$$

(4) 유리함수의 미분을 이용하면 다음을 얻는다.

$$k'(x) = \frac{xe^x - e^x - 1}{x^2}$$

□

자연로그함수의 도함수는 자연대수 e의 정의를 이용하여 구할 수 있다.

정리 4.17

$x > 0$인 모든 실수 x에 대하여 다음이 성립한다.

$$\frac{d}{dx}\ln x = \frac{1}{x}$$

증명

$$\begin{aligned}\frac{d}{dx}\ln x &= \lim_{h\to 0}\frac{\ln(x+h)-\ln x}{h} = \lim_{h\to 0}\frac{1}{h}\ln\left(\frac{x+h}{x}\right) \\ &= \lim_{h\to 0}\ln\left(1+\frac{h}{x}\right)^{\frac{1}{h}} = \lim_{h\to 0}\ln\left(1+\frac{h}{x}\right)^{\frac{x}{h}\cdot\frac{1}{x}} \\ &= \lim_{h\to 0}\frac{1}{x}\ln\left(1+\frac{h}{x}\right)^{\frac{x}{h}} = \frac{1}{x}\ln\left\{\lim_{h\to 0}\left(1+\frac{h}{x}\right)^{\frac{x}{h}}\right\} \\ &= \frac{1}{x}\end{aligned}$$

■

예제 4.20 다음 함수의 도함수를 구하라.

(1) $f(x) = x^2 + \ln x$

(2) $g(x) = \dfrac{1}{\ln x}$

(3) $h(x) = x\ln x$

(4) $k(x) = \{\ln(x^2+1)\}^3$

풀이 (1) 자연로그함수의 미분을 이용하면 다음을 얻는다.

$$f'(x) = 2x + \frac{1}{x}$$

(2) 유리함수의 미분과 합성함수의 미분을 이용하면 다음을 얻는다.

$$g'(x) = -\frac{1}{(\ln x)^2}\cdot\frac{1}{x} = -\frac{1}{x(\ln x)^2}$$

(3) 함수 곱의 미분을 이용하면 다음을 얻는다.

$$h'(x) = \ln x + x\cdot\frac{1}{x} = \ln x + 1$$

(4) 합성함수의 미분을 이용하면 다음을 얻는다.

$$k(x) = 3\{\ln(x^2+1)\}^2 \cdot \frac{1}{x^2+1} \cdot 2x = \frac{6x\{\ln(x^2+1)\}^2}{x^2+1}$$ □

> **참고** [1] 로그함수의 진수 부분이 함수의 곱 또는 몫 또는 거듭제곱으로 되어 있다면, 로그 성질을 이용하여 로그함수의 덧셈, 뺄셈, 곱셈으로 바꾸어 계산하면 더 쉽게 계산할 수 있다.
>
> [2] 함수의 양변에 로그를 취해 음함수 미분법과 로그함수의 미분법을 이용하여 미분하는 것을 로그미분법이라고 한다.

예제 4.21 다음 함수의 도함수를 구하라.

(1) $y = \ln\left(\dfrac{x^2-1}{x^2+8x+12}\right)$ (2) $y = \dfrac{(x^2+1)(x-3)^3}{(2x-1)^4}$

풀이 (1) 로그 성질을 이용하여 주어진 함수를 변형하면 다음과 같다.

$$\begin{aligned} y &= \ln\left(\frac{x^2-1}{x^2+8x+12}\right) \\ &= \ln\left(\frac{(x-1)(x+1)}{(x+2)(x+6)}\right) \\ &= \ln(x-1) + \ln(x+1) - \ln(x+2) - \ln(x+6) \end{aligned}$$

이제 변형된 함수를 미분하면 다음을 얻는다.

$$y' = \frac{1}{x-1} + \frac{1}{x+1} - \frac{1}{x+2} - \frac{1}{x+6}$$

(2) 양변에 ln를 취하면 다음과 같다.

$$\begin{aligned} \ln y &= \ln\left(\frac{(x^2+1)(x-3)^3}{(2x-1)^4}\right) \\ &= \ln(x^2+1) + 3\ln(x-3) - 4\ln(2x-1) \end{aligned}$$

이제 양변을 음함수 미분을 이용하여 미분하면 다음과 같다.

$$\frac{1}{y}y' = \frac{2x}{x^2+1} + \frac{3}{x-3} - 2\frac{4}{2x-1}$$

따라서 다음을 얻는다.

$$\begin{aligned} y' &= y \cdot \left\{ \frac{2x}{x^2+1} + \frac{3}{x-3} - \frac{8}{2x-1} \right\} \\ &= \frac{(x^2+1)(x-3)^3}{(2x-1)^4} \left\{ \frac{2x}{x^2+1} + \frac{3}{x-3} - \frac{8}{2x-1} \right\} \end{aligned}$$

□

참고 [1] 예제 4.21의 (1)을 로그함수의 성질을 이용하지 않고 유리함수의 미분과 합성함수의 미분, 로그함수의 미분 등을 이용하여 직접 계산할 수 있지만, 그럴 경우 계산 과정이 무척 복잡해진다. 따라서 로그함수의 미분은 로그 성질을 이용하여 함수를 간단한 모습으로 정리한 후 계산하는 것이 편리하다.

[2] 예제 4.21의 (2)도 ln을 취하지 않고 유리함수의 미분을 이용하여 직접 계산이 가능하지만, 그럴 경우 역시 계산이 무척 복잡해진다.

[3] 예제 4.21은 어떻게 구하든 정리하면 도함수는 같다. 그런데 도함수 식의 문제가 아니라 미분계수(도함수의 함숫값)를 구하는 문제라면 예제 4.21의 풀이와 같이 구한 후 미분계수를 구하고자 하는 x값을 대입하는 것이 훨씬 빠르고 쉽다.

자연로그함수와 자연지수함수를 이용하면 일반지수함수와 일반로그함수의 도함수도 구할 수 있다. 일반지수함수 $y = a^x$는 자연지수함수와 자연로그함수를 이용하면 다음과 같이 나타낼 수 있다.

$$y = a^x = e^{\ln a^x} = e^{x \ln a}$$

따라서 이와 함께 합성함수의 미분을 이용하면 일반지수함수의 도함수를 다음과 같이 구할 수 있다.

정리 4.18

$a > 0$이고 $a \neq 1$인 실수 a와 모든 실수 x에 대하여 다음이 성립한다.

$$\frac{d}{dx} a^x = a^x \ln a$$

증명 합성함수의 미분을 이용하면 다음을 얻는다.

$$\frac{d}{dx}a^x = \frac{d}{dx}e^{x\ln a} = e^{x\ln a}\ln a = a^x \ln a$$ ■

일반로그함수 $y = \log_a x$는 자연로그함수를 이용하면 다음과 같이 나타낼 수 있다.

$$y = \log_a x = \frac{\ln x}{\ln a}$$

따라서 일반로그함수의 도함수를 다음과 같이 구할 수 있다.

정리 4.19

$a > 0$이고 $a \neq 1$인 실수 a와 $x > 0$인 실수 x에 대하여 다음이 성립한다.

$$\frac{d}{dx}\log_a x = \frac{1}{x\ln a}$$

증명 로그의 밑변환 공식을 이용하여 변환한 후 미분하면 다음과 같다.

$$\frac{d}{dx}\log_a x = \frac{d}{dx}\left(\frac{\ln x}{\ln a}\right) = \frac{1}{x\ln a}$$ ■

예제 4.22 다음의 도함수를 구하라.

(1) $f(x) = x^2 - \log_2(x^2 + x + 1)$

(2) $f(x) = 5^{x^2-1} + 1$

풀이 (1) 로그함수의 미분과 연쇄법칙을 사용하면 다음을 얻는다.

$$f'(x) = 2x - \frac{2x+1}{(x^2+x+1)\ln 2}$$

(2) 지수함수의 미분과 연쇄법칙을 사용하면 다음을 얻는다.

$$f'(x) = 5^{x^2-1}(\ln 5)(2x) = 2x \cdot 5^{x^2-1}\ln 5$$ □

연습문제 4.8

1 임의의 실수 r에 대하여 다음이 성립함을 로그미분법을 이용하여 증명하라.

$$\frac{d}{dx}x^r = rx^{r-1}$$

2 다음 각 함수의 도함수를 구하라.

(1) $y = \dfrac{e^x - 1}{e^x + 1}$

(2) $y = \ln(\sec x + \tan x)$

(3) $y = x^2 \log_2 x$

(4) $y = \ln(\ln x)$

(5) $y = \ln(x^2 - x + 1)$

(6) $y = x^2 e^x$

3 로그미분법을 이용하여 다음 함수들의 도함수를 구하라.

(1) $y = (x+1)^5(2x-1)^3\sqrt{x^2+1}$

(2) $y = \dfrac{(x^2+1)\sqrt{x^3+x-1}}{(x^2+x+1)^2}$

(3) $y = x^x$

(4) $y = x^{\ln x}$

(5) $y = (\cos x)^{\ln x}$

(6) $e^{\frac{x}{y}} = x - y$

4 함수 $f(x) = \ln|x|$의 정의역을 구하고, 도함수 $f'(x)$도 구하라.

5 다음이 성립함을 확인하라.

(1) $y = e^x \sin x$의 n계 도함수는 $y^{(n)} = (\sqrt{2})^n e^x \sin\left(x + \frac{\pi}{4}\right)$이다.

(**도움말**: 삼각함수의 합성을 이용하라.)

(2) $y = x^n \ln x$의 $(n+1)$계 도함수는 $y^{(n+1)} = \dfrac{n!}{x}$이다.

6 함수 $f(x) = \ln x$의 n계 도함수를 구하고 이를 증명하라.

4.9 접선의 기울기와 미분계수

함수 $y=f(x)$의 그래프에 있는 두 점 $A(a, f(a))$와 $B(a+\Delta x, f(a+\Delta x))$을 잇는 선분 $\overline{AB}$의 기울기는 다음과 같다.

$$\text{선분 } \overline{AB} \text{ 의 기울기} = \frac{f(a+\Delta x)-f(a)}{(a+\Delta x)-a} = \frac{f(a+\Delta x)-f(a)}{\Delta x}$$

이제 두 점의 x좌표의 차이인 Δx를 점점 작게 만들어 0에 가깝게 만들어보자. 그러면 식 (4.11) 같은 극한을 구하는 것과 같다. 그런데 식 (4.11)은 바로 $x=a$에서의 $y=f(x)$의 미분계수이다.

$$f'(a) = \lim_{\Delta x \to 0} \frac{f(a+\Delta x)-f(a)}{\Delta x} \tag{4.11}$$

이런 과정을 그림으로 나타낸 것이 그림 4.6이다.

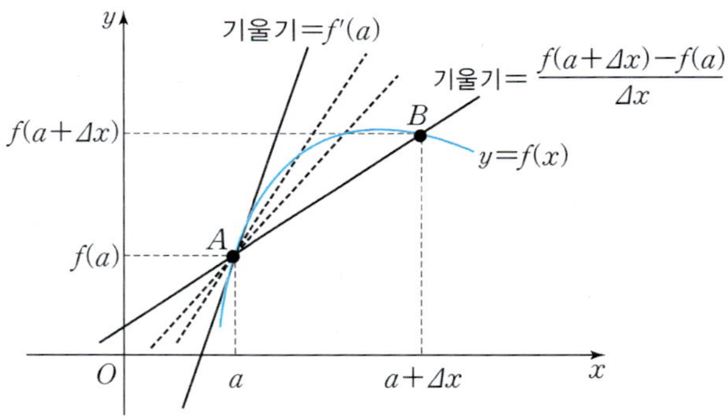

그림 4.6 미분계수와 곡선의 기울기

그림 4.6에서처럼 Δx가 0에 점점 가까워지면, 점 $B(a+\Delta x, f(a+\Delta x))$는 점차 점 $A(a, f(a))$로 접근하게 된다. 이때 두 점을 연결한 선분 $\overline{AB}$를 포함하는 직선은 결국 $y=f(x)$에 있는 한 점 $(a, f(a))$를 스치듯 지나가는 직선이 된다. 이렇게 그래프에 있는 한 점 $(a, f(a))$를 지나는 직선의 기울기가 $f'(a)$와 같게 되는

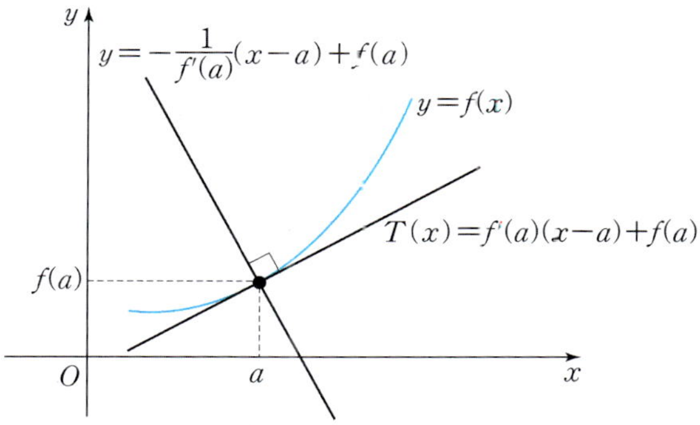

| 그림 4.7 | 접선과 법선

직선을 $y=f(x)$의 그래프에 있는 한 점 $(a, f(a))$를 지나는 접선(tangent line)이라고 한다.[7] 그리고 $x=a$에서의 함수 $y=f(x)$의 미분계수 $f'(a)$를 $x=a$에서의 곡선 $y=f(x)$의 기울기(slope of the curve)라고도 한다.[8] 따라서 점 $(a, f(a))$에서 $y=f(x)$의 접선의 방정식은 다음과 같다(그림 4.7 참조).

$$y=f'(a)(x-a)+f(a) \tag{4.12}$$

여기서 곡선에 있는 점 $(a, f(a))$를 접선의 접점이라고 한다.

한편 접선에 수직이고, 접점을 지나는 직선을 점 $(a, f(a))$에서의 $y=f(x)$의 법선(normal line)이라 하고, 법선의 방정식은 다음과 같다(그림 4.7 참조).

$$\begin{cases} y=-\dfrac{1}{f'(a)}(x-a)+f(a), & f'(a)\neq 0 \\ x=a, & f'(a)=0 \end{cases} \tag{4.13}$$

> **참고** 함수 $y=f(x)$의 도함수 $y'=f'(x)$는 함수의 정의역의 모든 x에서의 미분계수를 구할 수 있다. 따라서 각 점에서의 접선의 기울기는 $y'=f'(x)$를 이용하여 구할 수 있다.

예제 4.23 곡선 $y=x^3$에 있는 점 $(1, 1)$이 접점인 접선의 방정식을 구하라.

풀이 점 x에서 곡선 $f(x)=x^3$의 기울기는 $f'(x)=3x^2$이므로 $x=1$에서의 접선의 기

7) 점 $x=a$에서의 곡선 $y=f(x)$의 접선이라고도 한다.

8) 점 $x=a$에서의 함수 $f(x)$의 기울기라고도 한다.

울기는 3이다. 따라서 접점 $(1, 1)$에서의 접선의 방정식은 다음과 같다.

$$y = 3(x-1)+1 = 3x-2$$ □

예제 4.24 곡선 $y = x^2 + x - 4$에 있는 점 $(1, -2)$에서의 접선과 법선의 방정식을 각각 구하라.

풀이 $f(x) = x^2 + x - 4$의 도함수는 $f'(x) = 2x+1$이므로 $x = 1$에서의 곡선의 기울기는 $f'(1) = 3$이다. 따라서 접선과 법선의 방정식은 각각 다음과 같다.

$$\text{접선: } y = 3(x-1)-2 = 3x-5,$$
$$\text{법선: } y = -\frac{1}{3}(x-1)-2 = -\frac{1}{3}x - \frac{5}{3}$$ □

예제 4.25 원 $x^2 + y^2 = 25$에 있는 점 $(3, 4)$에서의 접선의 방정식을 구하라.

풀이 y'을 구하기 위해 음함수 미분을 하면 다음을 얻는다.

$$2x + 2yy' = 0$$

그러므로 $y' = -x/y$이다. 이제 점 $(3, 4)$에서의 접선의 기울기를 구하면 접선의 기울기는 $(3, 4)$에서의 미분계수 y'과 같으므로, 다음과 같다.

$$\text{접선의 기울기} = -\frac{3}{4}$$

따라서 접선의 방정식은 다음과 같다.

$$y = -\frac{3}{4}(x-3)+4 = -\frac{3}{4}x + \frac{25}{4}$$ □

예제 4.26 함수 $f(x) = \sin x + x$에 대하여 $x = \pi/3$에서의 법선의 방정식을 구하라.

풀이 함수 $f(x) = \sin x + x$의 도함수는 $f'(x) = \cos x + 1$이므로 접선의 기울기는 다음과 같다.

$$f\left(\frac{\pi}{3}\right) = \cos\frac{\pi}{3} + 1 = \frac{3}{2}$$

법선은 접선에 수직이므로 법선의 기울기는 $-2/3$이고, 접점 $\left(\frac{\pi}{3},\ \frac{\sqrt{3}}{2}+\frac{\pi}{3}\right)$를 지나므로, 법선의 방정식은 다음과 같다.

$$y = -\frac{2}{3}\left(x-\frac{\pi}{3}\right)+\frac{\sqrt{3}}{2}-\frac{\pi}{3} = -\frac{2}{3}x+\frac{\sqrt{3}}{2}+\frac{5\pi}{9}$$ □

예제 4.27 함수 $y = x\ln(x^2+1)$에 대하여 $x=2$에서의 접선의 기울기를 구하라.

풀이 $y = x\ln(x^2+1)$의 도함수는 $y' = \ln(x^2+1)+\frac{2x^2}{x^2+1}$이므로 $x=2$에서의 접선의 기울기는 $\ln 5+\frac{8}{5}$이다. □

연습문제 4.9

1 곡선 $y = x^3+x^2+x+1$에 있는 점 $(1,\ 4)$에서 접선의 방정식을 구하라.

2 곡선 $y = \frac{9}{x^2}$에 있는 점 $(3,\ 1)$에서 접선과 법선의 방정식을 각각 구하라.

3 다음에 주어진 점에서 주어진 곡선의 접선과 법선의 방정식을 각각 구하라.

(1) $y = x^2$, $(2,\ 4)$

(2) $y = 2x^2$, $(-1,\ 2)$

(3) $y = -x^2$, $(0,\ 0)$

(4) $y = 1+x\sqrt{x}$, $(1,\ 2)$

(5) $y = 3x-4$, $(1,\ -1)$

(6) $y = \sqrt{x-1}$, $(5,\ 2)$

(7) $y = x^4$, $(-2,\ 16)$

(8) $y = x^3-x$, $(0,\ 0)$

(9) $y = x+\frac{1}{x}$, $(1,\ 2)$

(10) $y = \frac{x-2}{x^2+1}$, $\left(1,\ -\frac{1}{2}\right)$

(11) $y = \ln(x^2+1)$, $(-1,\ \ln 2)$

(12) $y = xe^x$, $(2,\ 2e^2)$

(13) $y = x + \cos x$, $(0,\ 1)$

(14) $y = 2x \sin x$, $\left(\frac{\pi}{2},\ \pi\right)$

4 접선의 기울기가 -1인 곡선 $x^2y^2 + xy = 2$에 있는 점을 구하라.

5 음함수 미분법을 이용하여 주어진 점에서의 곡선의 접선의 방정식을 구하라.

(1) $x^2 + xy + y^2 = 3$, $(1,\ 1)$

(2) $x^2 + y^2 = (2x^2 + 2y^2 - x)^2$, $\left(0,\ \frac{1}{2}\right)$

6 포물선 $y = x^2 + ax + b$가 점 $P(2,\ 4)$를 지난다고 할 때 P에서 접선의 방정식이 $y = 2x$라고 한다. 이때 a와 b의 값을 구하라.

7 곡선 $y = x^2$에 있는 점 $(a,\ a^2)$에서의 접선의 방정식 가운데 점 $(0,\ -4)$를 지나는 a를 모두 구하라.

8 포물선 $y = ax^2$에 접하는 기울기 k인 직선 l_1과 포물선 $y = -(ax + b)^2$에 접하는 기울기 k인 직선 l_2 사이의 거리를 구하라.

9 $x^{\frac{2}{3}} + y^{\frac{2}{3}} = r^{\frac{2}{3}}\ (x > 0,\ y > 0)$ (아스트로이드, 1사분면)에 있는 점에서의 접선이 x축, y축이 만나는 점을 각각 A, B라 할 때, 선분 AB의 길이는 일정함을 보여라.

4.10 함수의 최댓값과 최솟값

정의역 내에 주어진 집합에서 함수 $f(x)$의 가장 큰 값을 이 집합에서의 $f(x)$의 최댓값이라 하고, $f(x)$가 최댓값을 취하는 x를 최대점이라 한다. 마찬가지로 $f(x)$의 최솟값 또한 $f(x)$의 주어진 집합 내의 가장 작은 값을 뜻하며, 이때의 x를 최소점이라고 한다. 이러한 최댓값과 최솟값을 수학적으로 엄밀히 정의하면 다음과 같다.

정의 4.3

함수 $f(x)$는 집합 I에서 정의되어 있고, 집합 I의 한 원소를 c라 하자.

(1) 모든 $x \in I$에 대하여 $f(x) \le f(c)$가 성립할 때 점 c를 I에서 $f(x)$의 **최대점**이라 하고, 이때 함숫값 $f(c)$를 I에서 $f(x)$의 **최댓값**(maximum)이라 한다.

(2) 모든 $x \in I$에 대하여 $f(x) \ge f(c)$가 성립할 때 점 c를 I에서 $f(x)$의 **최소점**이라 하고, 이때 함숫값 $f(c)$를 I에서 $f(x)$의 **최솟값**(minimum)이라 한다.

예제 4.28 함수 $y = 1/x$에 대하여 다음 주어진 구간에서의 최댓값 혹은 최솟값을 구하라.

(1) $(0, 1]$ (2) $(0, 1)$

(3) $[1, 2)$ (4) $[1, 2]$

풀이 (1) 구간 $(0, 1]$에서 함수 $y = 1/x$의 치역은 $y \ge 1$이다. 따라서 최댓값은 존재하지 않으며, 최솟값은 $x = 1$일 때 1이다.

(2) 구간 $(0, 1)$에서 함수 $y = 1/x$의 치역은 $y > 1$이다. 따라서 최댓값은 존재하지 않으며, 함숫값은 1보다 크다. 하지만 함숫값이 1이 되는 $x = 1$이 구간 $(0, 1)$에 포함되지 않으므로 주어진 구간에서는 최솟값도 존재하지 않는다.

(3) 구간 $[1, 2)$에서 함수 $y = 1/x$의 치역은 $1/2 < y \le 1$이다. y는 $1/2$보다는 크지만, 함숫값이 $1/2$이 되는 $x = 2$가 주어진 구간에 포함되지 않기 때문에 최솟값은 존재하지 않는다. 하지만 $x = 1$일 때 최댓값 1을 갖는다.

(4) 구간 $[1, 2]$에서 함수 $y = 1/x$의 치역은 $1/2 \le y \le 1$이다. 따라서 $x = 1$에서 최댓값 1을 갖고, $x = 2$에서 최솟값 $1/2$을 갖는다. □

참고 함수가 정의역 내의 어떤 구간에서 최댓값 혹은 최솟값을 취하지 않는다고 해서 이 함수가 계속해서 커지거나 계속해서 작아지는 것만을 의미하지는 않는다. 최댓값 또는 최솟값을 취하기 위해서는 함숫값이 최댓값 또는 최솟값이 되는 x가 그 구간에 반드시 있어야 함을 뜻한다.

연속함수의 성질에서 알아본 대로, 닫힌 구간 I에서 연속인 함수는 최대 · 최소 정리에 의하여 구간 I에서 최댓값과 최솟값을 모두 취한다. 그러나 구체적으로 최대점과 최댓값 또는 최소점과 최솟값을 구하는 것은 쉽지 않다. 여기서는 도함수를 이용하여 함수의 최댓값과 최솟값을 구하는 방법에 대하여 알아본다.

이를 위해 먼저 함수의 최대점 또는 최소점에서 함수에 어떤 성질이 있는지 알아보자. 다음 정리는 최대점 또는 최소점이 되기 위한 필요조건을 말해준다.

정리 4.20

함수 $f(x)$가 구간 I에서 연속이라고 하자. I의 점 c에서 $f(x)$가 최댓값 또는 최솟값을 취하면, 다음 중에서 오직 한 가지 경우가 반드시 성립한다.

(1) c는 구간 I의 끝점이다.

(2) $f(x)$는 c에서 미분불가능하다.

(3) $f'(c)=0$이다.

증명 (1)이 성립하지 않으면 점 c는 I의 끝점이 아니다. 따라서 $f(x)$는 점 c에서 미분가능하거나 미분불가능하다.[9)]

이제 함수 $f(x)$가 점 c에서 미분가능하고 점 c에서 최댓값을 취한다고 가정하자. (최솟값을 취하는 경우도 같은 방법으로 증명할 수 있다.) 그러면 충분히 작은 양수 $h>0$에 대하여 다음이 성립한다.

$$f(c-h) \le f(c), \quad f(c+h) \le f(c),$$

$$\frac{f(c+h)-f(c)}{h} \le 0 \le \frac{f(c-h)-f(c)}{-h}$$

9) 이 책에서는 함수의 미분계수를 구간의 끝점이 아닌 점에서만 정의하였다(4.1절 참조).

따라서 위 부등식에 대하여 $h \to 0$일 때 극한을 생각하면, 함수 $f(x)$가 점 c에서 미분가능하므로 다음 부등식을 얻는다.

$$f'(c) \le 0 \le f'(c)$$

그러므로 $f'(c) = 0$이다. ■

함수 $f(x)$에 대하여 정리 4.20의 (1) 또는 (2) 또는 (3)을 만족시키는 구간 I의 원소 c를 I에서 함수 $f(x)$의 **임계점**(critical point)이라고 한다.

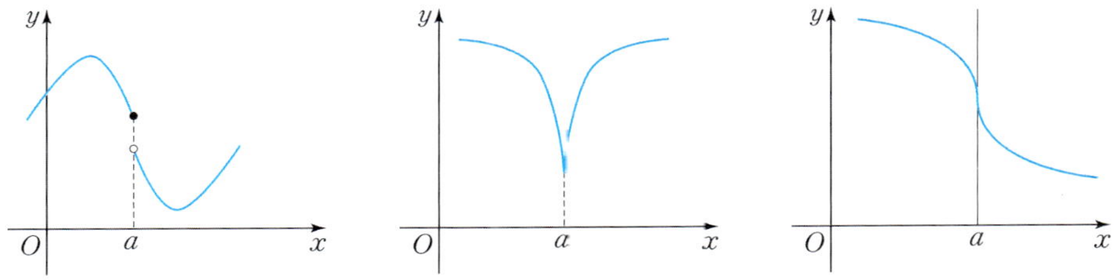

(1) (2) (3)

| 그림 4.8 | 임계점: 정리 4.20의 (1), (2), (3)

정리 4.20은 닫힌 구간 I에서 연속인 함수 $f(x)$의 최댓값과 최솟값을 구하기 위해서는 I에 있는 $f(x)$의 임계점만 생각하면 된다는 것을 의미한다.

> **참고** 정리 4.20을 이용하면 함수의 최댓값과 최솟값은 다음 절차에 따라 구할 수 있다.
> (1) 주어진 구간 양끝에서의 함숫값을 구한다.
> (2) 주어진 구간에 포함된 임계점을 찾고, 임계점에서의 함숫값을 구한다.
> (3) (1)과 (2)에서 구한 함숫값 중 가장 큰 것이 최댓값이고, 가장 작은 것이 최솟값이다.

예제 4.29 닫힌 구간 $[-2, 2]$에서 함수 $f(x) = x^3 - x^2 - 5x + 8$의 최댓값과 최솟값을 구하라 (그림 4.9 참조).

풀이 주어진 $f(x)$는 닫힌 구간 $[-2, 2]$에서 연속이므로 구간 $[-2, 2]$에서 최댓값과 최솟값을 취한다. 그런데 정리 4.20으로부터 최대점과 최소점은 임계점이어야 한다.

$f(x)$는 닫힌 구간 $[-2, 2]$의 두 끝점 -2와 2를 제외한 모든 점에서 미분가능하므로 임계점은 -2, 2, 그리고 열린 구간 $(-2, 2)$에 있는 방정식 $f'(x)=0$의 근이다.

한편 $f'(x)=3x^2-2x-5=(3x-5)(x+1)$이다. 따라서 $[-2, 2]$에서 $f(x)$의 임계점은 $c=-2$, -1, $5/3$, 2뿐이고, 각 임계점에서 함숫값은 다음과 같다.

$$f(-2)=6, \quad f(-1)=11, \quad f\left(\frac{5}{3}\right)=\frac{41}{27}, \quad f(2)=2$$

따라서 집합 $[-2, 2]$에서 $f(x)=x^3-x^2-5x+8$의 최댓값은 $f(-1)=11$이고, 최솟값은 $f\left(\frac{5}{3}\right)=\frac{41}{27}$이다. □

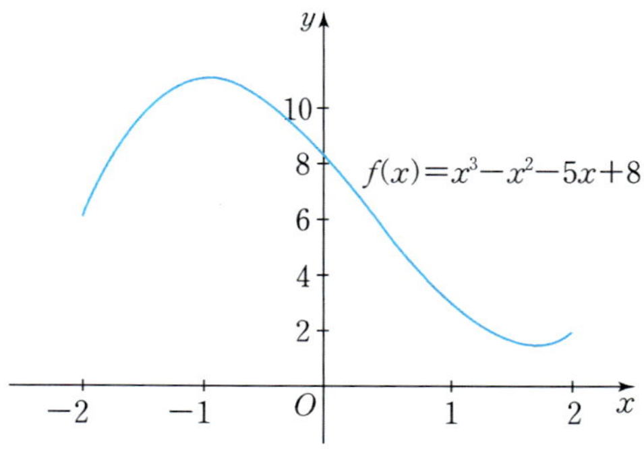

| 그림 4.9 | 함수 $f(x)=x^3-x^2-5x+8$의 그래프

> **참고** 일반적으로 정리 4.20의 역은 성립하지 않는다. 예를 들면, 실수 전체에서 함수 $f(x)=x^3$의 임계점은 $x=0$뿐이다. 그러나 $x=0$은 함수 x^3의 최대점도 최소점도 아니다. 또 예제 4.33도 참고하라.

구간 I의 원소 c가 I의 끝점이 아니면 점 c를 I의 내점(interior point)이라 한다.[10] 예를 들면, 열린 구간 I의 모든 점은 I의 내점이다. 한편 닫힌 구간 $[a, b]$의 내점의 집합은 열린 구간 (a, b)이다.

점 c가 구간 I에서 함수 $f(x)$의 임계점이면서 동시에 I의 내점이면, 점 c를 I

10) 달리 말하면 부등식 $a<c<b$를 만족시키는 두 점 a와 b가 구간 I에 존재하는 경우 또는 구간 I의 부분집합이 되는 점 c의 근방이 존재할 경우이다.

에서 $f(x)$의 내점인 임계점(interior critical point)이라고 한다.

다음은 점 c가 구간 I에서 연속인 함수 $f(x)$의 유일한 내점인 임계점이라고 할 때, 점 c가 최대점인지 최소점인지를 판정하는 데 유용한 방법이다(그림 4.10 참조).

정리 4.21

점 c가 I에서 연속인 함수 $f(x)$의 유일한 내점인 임계점이면 다음이 성립한다.

(1) I의 두 점 u와 v에 대해 $u < c < v$이고 $f(u) < f(c)$와 $f(v) < f(c)$가 성립하면, 점 c는 $f(x)$의 유일한 최대점이다.

(2) I의 두 점 u와 v에 대해 $u < c < v$이고 $f(u) > f(c)$와 $f(v) > f(c)$가 성립하면, 점 c는 $f(x)$의 유일한 최소점이다.

(3) I의 두 점 u와 v에 대해 $u < c < v$이고 $f(u) < f(c) < f(v)$가 성립하면, 점 c는 $f(x)$의 최대점이나 최소점이 아니다.

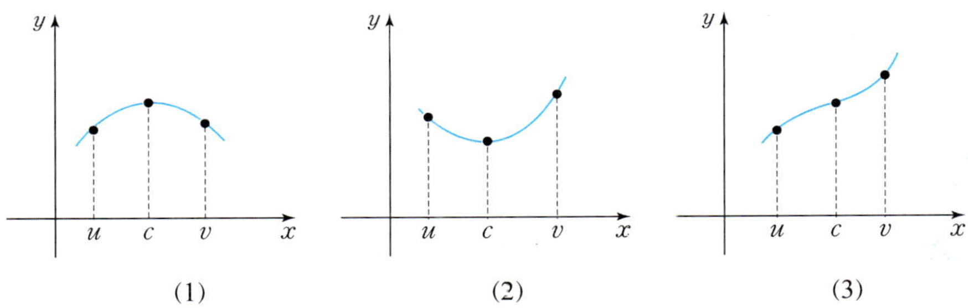

| 그림 4.10 | 정리 4.21의 (1), (2), (3)

증명 (1)의 경우만 증명한다. (나머지 경우도 비슷한 방법으로 증명할 수 있다.) 임의의 점 $t \in I$에 대하여 부등식 $f(t) \leq f(c)$가 성립함을 보이면 된다.

이제 $t < c$라고 하자. ($t > c$인 경우도 본질적으로 같은 방법으로 증명할 수 있다.) 그러면 $t < u < c$이거나 $u < t < c$이다. ($t = u$인 경우는 (1)의 가정에 의하여 성립하므로 제외한다.)

먼저 $t < u < c$의 경우에는 가정에 의하여 구간 $[t, c]$에서 $f(x)$의 임계점은 t와 c뿐이다. 따라서 $f(x)$를 구간 $[t, c]$에 제한할 때 두 점 t와 c 중 어느 한 점이 최대점이면 다른 한 점에서는 최소점이다. 만일 점 c가 최대점이면 $f(c) > f(t)$가 성립한다. 한편 t가 최대점이라면 점 c가 최소점이므로 $f(u) \geq f(c)$가 성립한다. 이는 $f(u) < f(c)$라는 가정에 모순이다. 따라서 t는 최대점이 되지 못한다. 그러므로 $t \in I$이고 $t < u$인 임의의 점 t에 대하여 $f(t) < f(c)$이다.

$u < t < c$인 경우에도 $f(x)$를 구간 $[u, c]$에 제한하여 생각하면 $f(x)$의 임계점은 구간 $[u, c]$의 끝점인 u와 c뿐이다. 만일 점 u가 최대점이면 부등식 $f(c) < f(u)$가 성립한다. 이는 $f(u) < f(c)$라는 가정에 모순이므로 점 c가 최대점, 즉 $f(t) \leq f(c)$가 성립해야 한다. 그런데 t는 구간 $[u, c]$의 임계점이 아니므로 $f(t) < f(c)$이다.

결론적으로 $t < c$인 임의의 점 $t \in I$에 대하여 부등식 $f(t) < f(c)$가 성립하고, 마찬가지로 $t > c$인 임의의 점 $t \in I$에 대하여 부등식 $f(t) < f(c)$가 성립함을 보일 수 있다. 즉 c가 함수 $f(x)$의 유일한 최대점이다. ■

예제 4.30 함수 $f(x) = x^6 + 10x^4 + 2$의 최솟값을 (있으면) 구하라.

풀이 주어진 함수 $f(x)$의 도함수는 $f'(x) = 6x^5 + 40x^3 = 2x^3(3x^2 + 20)$이므로 임계점은 $x = 0$뿐이다. 여기서 $f(-1) = 13$, $f(0) = 2$, $f(1) = 13$이므로 정리 4.21의 (2)로부터 $f(x) = x^6 + 10x^4 + 2$의 최솟값은 $f(0) = 2$이다. □

예제 4.31 함수 $f(x) = x^3 - 1$의 최솟값 또는 최댓값을 (있으면) 구하라.

풀이 주어진 함수 $f(x)$의 도함수는 $f'(x) = 3x^2$이므로 임계점은 $x = 0$뿐이다. 여기서 $f(-1) = -2$, $f(0) = -1$, $f(1) = 0$이므로 정리 4.21의 (3)으로부터 주어진 함수 $f(x) = x^3 - 1$은 최솟값과 최댓값을 취하지 않는다. □

정리 4.21은 구간 I에서 함수 $f(x)$의 임계점이 오직 하나 있을 경우에 성립한다. 이제 I가 닫힌 구간이 아니고 임계점이 두 개 이상인 경우의 예제들을 살펴보자.

예제 4.32 구간 $(-\infty, \infty)$에서 함수 $f(x) = \dfrac{x}{x^2 + 1}$의 최댓값과 최솟값을 (있으면) 구하라(그림 4.11 참조).

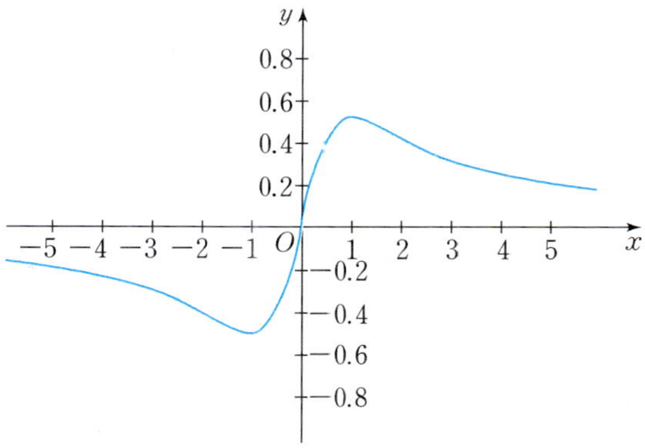

| 그림 4.11 | 함수 $y=\dfrac{x}{x^2+1}$의 그래프

풀이 주어진 구간에는 끝점이 없다. 또 $f(x)$는 모든 실수에서 미분가능하고 도함수는 $f'(x)=-\dfrac{x^2-1}{(x^2+1)^2}$이므로 임계점은 $x=-1$과 1 두 점 뿐이다. 이제 구간 $(-\infty, \infty)$를 두 개의 구간 $(-\infty, 0]$과 $[0, \infty)$로 나누어 정리 4.21을 이용하자. 구간 $[0, \infty)$에서 $f(x)$의 임계점은 $x=0, 1$이고, 특히 $x=1$은 구간 $[0, \infty)$에서 $f(x)$의 유일한 내점인 임계점이다. 한편 $f(0)=0$, $f(1)=1/2$, $f(2)=2/5$이므로 정리 4.21의 (1)에 의해 $x=1$은 구간 $[0, \infty)$에서 최대점이다. 또 구간 $(-\infty, 0]$에서 $f(x)\le 0$이므로 주어진 $f(x)$는 $x=1$에서 최댓값 $f(1)=1/2$을 취한다. 비슷한 방법으로 생각하면 주어진 함수는 최솟값 $f(-1)=-1/2$을 취한다. □

예제 4.33 구간 $(-\infty, \infty)$에서 함수 $f(x)=x^3-x^2-5x+8$의 최댓값과 최솟값을 (있으면) 구하라.

풀이 예제 4.29로부터 주어진 함수의 임계점은 $x=-1, 5/3$이다. 예제 4.32와 같이 구간 $(-\infty, \infty)$를 구간 $(-\infty, 0]$과 구간 $[0, \infty)$로 나누어 생각하자.

점 $x=-1$은 구간 $(-\infty, 0]$에서 주어진 $f(x)$의 유일한 내점인 임계점이다. 이때 $f(-2)=6$, $f(-1)=11$, $f(0)=8$이다. 그러므로 정리 4.21의 (1)에 의하여 $x=-1$은 구간 $(-\infty, 0]$에서 최대점이다. 그런데 $f(4)=36$이므로 구간 $(-\infty, \infty)$에서 $x=-1$은 최대점이 아니다.

한편 점 $x=5/3$는 구간 $[0, \infty)$에서 $f(x)$의 유일한 내점인 임계점이다. 그런데 $f(0)=8$, $f(5/3)=41/27$, $f(2)=2$이므로 정리 4.21의 (2)에 의하여 $x=5/3$는

구간 $[0, \infty)$에서 최소점이다. 그런데 $f(-3)=-13$이므로 구간 $(-\infty, \infty)$에서 $x=5/3$는 최소점이 아니다. 따라서 구간 $(-\infty, \infty)$에서 $f(x)=x^3-x^2-5x+8$의 최댓값과 최솟값은 없다. □

예제 4.34 좌표평면의 점 $(3, 4)$에서 가장 가까이 있는 포물선 $y=4-x^2$에 있는 점의 좌표와 그때의 두 점 사이의 거리를 구하라.

풀이 포물선 $y=4-x^2$에 있는 점 $P(x, 4-x^2)$에서 점 $(3, 4)$까지의 거리 d는 다음과 같다.

$$d(x)=\sqrt{(3-x)^2+\{4-(4-x^2)\}^2}=\sqrt{x^4+x^2-6x+9}$$

함수 $\{d(x)\}^2$의 최솟값은 함수 $d(x)$의 최솟값이므로 다음 함수 $s(x)$의 최솟값을 구하기로 하자.

$$s(x)=\{d(x)\}^2=x^4+x^2-6x+9$$

함수 $s(x)$의 도함수 $s'(x)$는 다음과 같다.

$$s'(x)=4x^3+2x-6=2(x-1)\left\{2\left(x+\frac{1}{2}\right)^2+\frac{5}{2}\right\}$$

따라서 점 $x=1$은 구간 $(-\infty, \infty)$에서 함수 $s(x)$의 유일한 내점인 임계점이다. 한편 $s(0)=9$, $s(1)=5$, $s(2)=17$이므로 정리 4.21의 (2)에 의하여 점 $x=1$은 함수 $s(x)$의 유일한 최소점이다. 따라서 $d(x)$의 유일한 최소점이다. 그러므로 포물선 $y=4-x^2$ 위의 점 중에서 점 $(3, 4)$에 가장 가까운 점의 좌표는 $(1, 3)$이고, 두 점 사이의 거리는 $d(1)=\sqrt{5}$이다. □

예제 4.35 구간 $0 \le x \le 2\pi$에서 함수 $f(x)=x-2\sin x$의 최댓값 또는 최솟값을 구하라.

풀이 우선 구간 양 끝점에서의 함숫값을 구하면 다음과 같다.

$$\begin{aligned} f(0)&=0, \\ f(2\pi)&=2\pi-2\sin 2\pi=2\pi \end{aligned} \tag{4.14}$$

$f(x)$의 도함수는 $f'(x)=1-2\cos x$이므로, 주어진 구간에 포함되는 임계값을 구

하면 다음과 같다.

$$\begin{aligned} 1-2\cos x = 0 \quad &\Leftrightarrow \quad \mathrm{ccs}\, x = \frac{1}{2} \\ &\Leftrightarrow \quad x = \frac{\pi}{3},\ \frac{5\pi}{3} \end{aligned}$$

이제 임계값에서의 함숫값을 구하면 다음과 같다.

$$\begin{aligned} f\left(\frac{\pi}{3}\right) &= \frac{\pi}{3} - 2\sin\frac{\pi}{3} = \frac{\pi}{3} - \sqrt{3}, \\ f\left(\frac{5\pi}{3}\right) &= \frac{5\pi}{3} - 2\sin\frac{5\pi}{3} = \frac{\pi}{3} + \sqrt{3} \end{aligned} \tag{4.15}$$

이제 식 (4.14)와 (4.15)의 함숫값 중 가장 큰 값과 가장 작은 값을 찾으면 최댓값과 최솟값이다. 따라서 최댓값은 $x = 5\pi/3$일 때 $5\pi/3 + \sqrt{3}$이고, 최솟값은 $x = \pi/3$일 때 $\pi/3 - \sqrt{3}$이다. □

연습문제 4.10

1 다음 함수의 임계점을 구하고, 그 점이 최대점인지 또는 최소점인지 또는 최대점도 최소점도 아닌지를 조사하라.

(1) $f(x) = x^2$

(2) $f(x) = x^3 - 3x^2 + 3x$

(3) $f(x) = x^4 + 3x^2 + 5$

(4) $f(x) = x^3 + 2$

(5) $f(x) = x^2 - \dfrac{1}{x},\ x > 0$

(6) $f(x) = 3x^2 + 2x - 5$

(7) $f(x) = \dfrac{1}{x^2+1}$

(8) $f(x) = \dfrac{1}{x^2-1},\ -1 < x < 1$

(9) $f(x) = x + \dfrac{1}{x},\ x > 0$

(10) $f(x) = 2|x| - x$

(11) $f(x) = \sqrt{x} + \dfrac{1}{\sqrt{x}},\ x > 0$

(12) $f(x) = x^4 + 2$

(13) $f(x) = 2 - |x|$

(14) $f(x) = \sqrt{x} + \sqrt{1-x},\ 0 \le x \le 1$

2 좌표평면의 원점에서 가장 가까운 직선 $y = 1 - 4x$에 있는 점과 그때의 거리를 구하라.

3 곡선 $y = 2/x$에 있는 점 중에서 좌표평면의 원점과 가장 가까운 거리에 있는 점과 그때의 거리를 구하라.

4 다음 함수 $f(x)$의 최솟값을 구하라(단, n은 $n \geq 2$인 자연수).

$$f(x) = x^n - nx, \ x > 0$$

5 다음 함수 $f(x)$의 최댓값을 구하라(단, n은 $n \geq 2$인 홀수인 자연수).

$$f(x) = x^n - nx, \ x < 0$$

6 다음 함수의 최댓값과 최솟값을 구하라.

(1) $f(x) = 4x^3 - 3x^2 + 2, \ -1 \leq x \leq 1$

(2) $f(x) = \dfrac{3x+4}{x^2+1}$

(3) $f(x) = |2x - 5| + 3, \ 0 \leq x \leq 10$

(4) $f(x) = \dfrac{x^3}{x^4+1}$

(5) $f(x) = x + \dfrac{4}{x^2}, \ 1 \leq x \leq 4$

(6) $f(x) = \dfrac{x}{x^2+4}$

(7) $f(x) = |x^2 - 5|, \ -3 \leq x \leq 3$

(8) $f(x) = \dfrac{x}{x^4+1}$

7 반지름의 길이가 r인 구에 내접하는 원뿔이 있다. 이 원뿔 부피의 최댓값을 구하라.

4.11 평균값 정리

구간 I에서 정의된 함수 $f(x)$에 대하여 점 $c \in I$가 속하는 적당한 열린 구간 $J \subset I$가 존재하여 J의 모든 점 x에 대해 부등식 $f(c) \le f(x)$가 성립할 때, 점 c를 집합 I에서 함수 $f(x)$의 **극소점**(local minimum point), $f(c)$를 **극솟값**(local minimum)이라 한다.

한편 점 $c \in I$를 포함하는 적당한 열린 구간 $J \subset I$가 존재하여 J의 모든 점 x에 대하여 $f(c) \ge f(x)$일 때, 점 c를 I에서 $f(x)$의 **극대점**(local maximum point), $f(c)$를 **극댓값**(local maximum)이라 한다.

함수 $f(x)$의 극댓값과 극솟값을 통틀어 **극값**(extreme value), 극대점과 극소점을 통틀어 **극점**(extreme point)이라 한다(그림 4.12 참조).

> **참고** 정의에 따르면 구간 I에서 함수의 극점은 I의 내점이다.

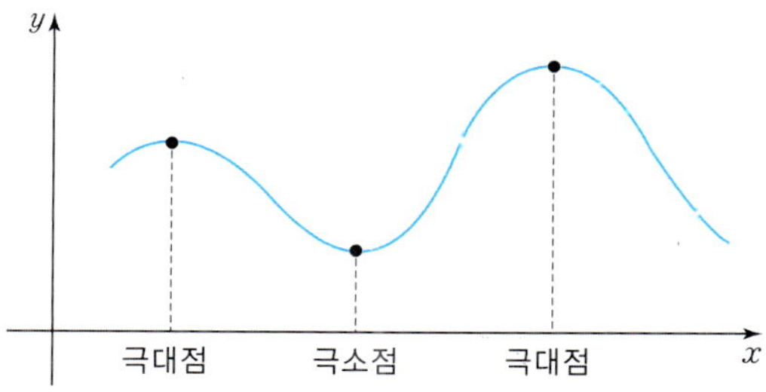

그림 4.12 함수의 극값

다음 정리의 증명은 정리 4.20의 증명과 유사하며 이는 연습문제로 남긴다.

정리 4.22

점 c가 구간 I에서 연속인 함수 $f(x)$의 극점이면 $f(x)$는 점 c에서 미분불가능하거나 $f'(c) = 0$이다.

정리 4.22에 의하면 구간 I에서 정의된 함수 $f(x)$의 극점은 I에서 $f(x)$의 내점인 임계점이다. 그리고 $f(x)$의 최대점 또는 최소점이 I의 내점이라면 그 점은 각각 극대점 또는 극소점이다. 따라서 정리 4.21을 극대점과 극소점을 판정하는 데 이용할 수 있다.

예제 4.36 (1) 예제 4.31의 함수 $f(x)=x^3-1$에 대하여 $f'(0)=0$이지만 $x=0$은 극점이 아니다.

(2) 예제 4.32의 함수 $f(x)=\dfrac{x}{x^2+1}$의 최대점 $x=1$은 극대점이고 최소점 $x=-1$은 극소점이다.

(3) 예제 4.33의 함수 $f(x)=x^3-x^2-5x+8$은 구간 $(-\infty, \infty)$에서 최댓값과 최솟값을 취하지 않는다. 그러나 $x=-1$은 극대점, $x=5/3$는 극소점이다.

> **참고** 구간 I에서 연속인 함수 $f(x)$의 최댓값이 존재한다면 그 값은 구간 I의 끝점 또는 극대점에서 생긴다. 이와 비슷하게 $f(x)$의 최솟값도 존재한다면 I의 끝점 또는 극소점에서 생긴다.

정리 4.22의 특별한 경우로 롤의 정리(Rolle's Theorem)가 성립한다[그림 4.13 (a) 참조].

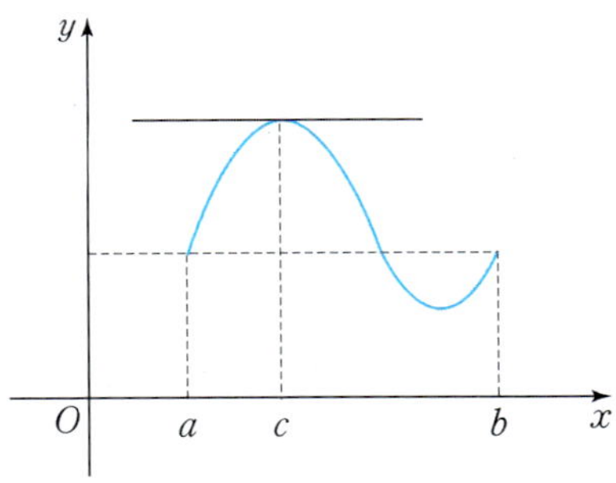

(a) 롤의 정리

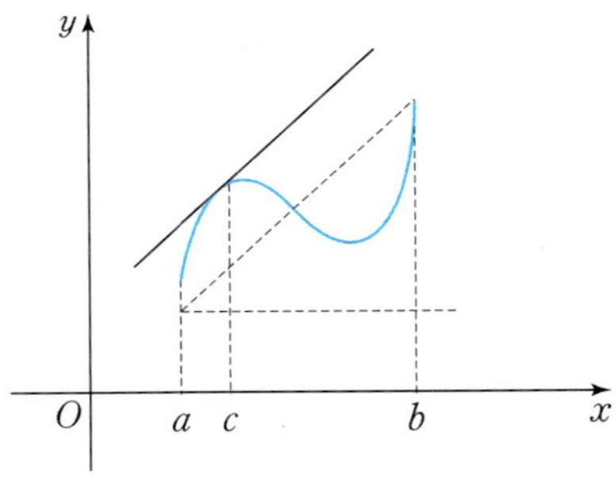

(b) 평균값 정리

| 그림 4.13 |

정리 4.23 **롤의 정리**

닫힌 구간 $[a, b]$에서 연속이고 열린 구간 (a, b)에서 미분가능한 함수 $f(x)$에 대하여 $f(a)=f(b)$이면 다음을 만족시키는 점 c가 구간 (a, b)에 적어도 하나 존재한다.

$$f'(c)=0$$

증명 $f(x)$가 상수함수, 즉 닫힌 구간 $[a, b]$의 모든 점 x에 대하여 $f(x)=f(a)$이면 열린 구간 (a, b)에서 $f'(x)=0$이므로 a와 b 사이의 한 점을 c로 택하면 된다.

$f(x)$가 상수함수가 아니면 $f(p) \neq f(a)$를 만족시키는 점 p가 구간 (a, b)에 존재하고 $f(p)>f(a)$이거나 $f(p)<f(a)$이다. 한편 $f(x)$는 $[a, b]$에서 연속이므로 최대 · 최소 정리에 의하여 최댓값과 최솟값을 취한다.

여기서 $f(p)>f(a)$라고 하면 열린 구간 (a, b)에 함수 $f(x)$의 최대점 c가 존재하고, $f(p)<f(a)$인 경우에는 함수 $f(x)$의 최소점 c가 구간 (a, b)에 존재한다. 따라서 정리 4.20에 의하여 $f'(c)=0$이다. ■

예제 4.37 구간 $[1, 2]$와 함수 $f(x)=(x-1)^3(x-2)^2$에 대하여 롤의 정리를 만족시키는 점 c를 구하라.

풀이 주어진 $f(x)$는 모든 실수에서 미분가능하고 $f(1)=f(2)=0$이므로 롤의 정리에 의하여 $f'(c)=0$을 만족시키는 점 c가 구간 $(1, 2)$에 적어도 하나 존재한다. 한편 $f(x)$의 도함수 $f'(x)$는 다음과 같다.

$$\begin{aligned} f'(x) &= 3(x-1)^2(x-2)^2+2(x-1)^3(x-2) \\ &= (x-1)^2(x-2)(5x-8) \end{aligned}$$

따라서 $f'(1)=0$이고 $f'(2)=0$이지만 롤의 정리로부터 찾고자 하는 점 c는 구간 $(1, 2)$에 존재하는 점이다. 그러므로 $c=8/5$이다. □

롤의 정리 4.23을 일반화하면 다음의 평균값 정리(Mean Value Theorem)를 얻는다[그림 4.13(b) 참조].

정리 4.24 **평균값 정리**

닫힌 구간 $[a, b]$에서 연속이고 열린 구간 (a, b)에서 미분가능한 함수 $f(x)$에 대하여 다음을 만족시키는 점 c가 구간 (a, b)에 적어도 하나 존재한다.

$$f'(c) = \frac{f(b) - f(a)}{b - a} \tag{4.16}$$

증명 $f(x)$의 구간 $[a, b]$에서의 평균변화율을 m이라 하면 다음이 성립한다.

$$m = \frac{f(b) - f(a)}{b - a}$$

그리고 곡선 $y = f(x)$에 있는 두 점 $(a,\ f(a))$와 $(b,\ f(b))$를 지나는 직선의 방정식 $l(x)$는 다음과 같다.

$$l(x) = f(a) + m(x - a)$$

이제 함수 $h(x)$를 다음 식으로 정의하자[그림 4.13(b) 참조].

$$h(x) = f(x) - l(x)$$

이때 함수 $h(x)$는 닫힌 구간 $[a, b]$에서 연속이며 열린 구간 (a, b)에서 미분가능하고 $h(a) = h(b)$이므로, 롤의 정리 4.23의 가정을 만족시킨다. 따라서 롤의 정리에 따라 $h'(c) = 0$을 만족시키는 점 c가 구간 (a, b)에 존재한다. 그런데 $h'(c) = f'(c) - l'(c)$이고 $l'(c) = m$이므로 다음이 성립한다.

$$f'(c) = \frac{f(b) - f(a)}{b - a}$$

■

예제 4.38 구간 $[0, 1]$과 함수 $f(x) = x^2 + 2x - 1$에 대하여 평균값 정리의 식 (4.16)을 만족시키는 점 $c \in (0, 1)$를 찾아라.

풀이 $f(x)$는 닫힌 구간 $[0, 1]$에서 평균값 정리 4.24의 가정을 모두 만족시킨다. 이때 $f(0) = -1$, $f(1) = 2$, $f'(x) = 2x + 2$이므로 평균값 정리 4.24로부터 방정식 $2c + 2 = 2 - (-1) = 3$의 해 $c = 1/2$이 $(0, 1)$에 존재한다. □

참고 평균값 정리는 미분가능한 함수에서 충분히 작은 구간 내의 적당한 점에 관한 순간변화율을 그 구간의 평균변화율처럼 또는 충분히 작은 구간의 평균변화율을 그 구간 내의 점에 대한 순간변화율처럼 이해하고 사용할 수 있음을 말해주고 있다.

예를 들어 서울에서 부산까지의 거리를 450km라고 할 때, 차를 타고 서울에서 출발하여 부산까지 가는 경우를 생각해보자. 서울을 출발해서 부산에 도착할 때까지 5시간 걸렸다면 평균속도는 90km/h, 다시 말해 평균 1시간에 90km씩 이동했다. 가는 도중에 길이 밀렸으면 90km/h보다 느린 속도로 이동했을 것이고, 길이 밀리지 않았으면 90km/h보다 빠르게 이동했을 것이다. 하지만 평균적으로 90km/h의 속도로 이동해야 하므로 처음부터 끝까지 계속 90km/h보다 빠르게 이동할 수 없고, 반대로 계속 90km/h보다 느리게 이동할 수도 없다. 즉 적어도 한 번은 90km/h가 되는 순간이 있다는 것이다.

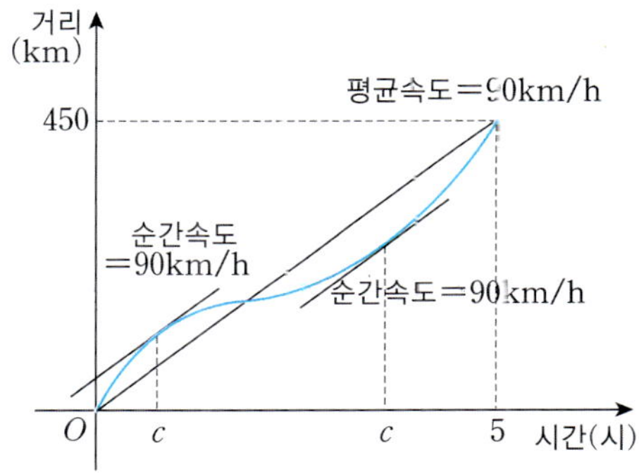

| 그림 4.14 | 평균속도와 순간속도가 같아지는 순간

이와 같이 평균값 정리는 평균변화율과 순간변화율이 같아지는 순간이 적어도 한 번 이상은 존재함을 보여주고 있으며, 또 평균을 낸 구간이 충분히 작다면 평균변화율을 순간변화율로 혹은 순간변화율을 평균변화율로 이해할 수 있는 순간이 반드시 존재함을 말해준다.

예제 4.39 미분가능한 함수 $y=f(x)$에 대하여 정의역의 모든 미분가능한 점 x에서 $f'(x)\le 5$이고 $f(0)=0$일 때, $f(5)$의 값이 될 수 있는 최댓값을 구하라.

풀이 함수 $f(x)$는 미분가능하므로, 평균값 정리에 의해 다음을 만족시키는 c가 0과 5 사이에 적어도 하나 존재한다.

$$\frac{f(5)-f(0)}{5-0}=f'(c)$$

그런데 정의역의 모든 미분가능한 점 x에 대하여 $f'(x) \le 5$이므로 $f'(c) \le 5$이다. 즉 다음이 성립한다.

$$5 \ge f'(c)=\frac{f(5)-f(0)}{5-0}=\frac{f(5)-0}{5}$$

그런데 $f(5) \le 25$이므로, $f(5)$의 값이 될 수 있는 최댓값은 25이다. □

연습문제 4.11

1 정리 4.22를 증명하라.

2 구간 $[a, b]$에서의 함수 $f(x)$에 대하여 구간 (a, b)에 방정식 $f'(x)=0$의 근이 존재하는지 조사하라.

(1) $f(x)=5x^2-8x,\ \left[0, \frac{8}{5}\right]$

(2) $f(x)=1-\frac{1}{x},\ [-1, 1]$

(3) $f(x)=\frac{1}{x}-x,\ [-1, 1]$

(4) $f(x)=x^4(x-4)^3,\ [0, 4]$

(5) $f(x)=(x-1)^2(x-2),\ [1, 2]$

(6) $f(x)=\frac{(x-2)(x-4)}{x^3+x+2},\ [2, 4]$

(7) $f(x)=\frac{x(x-2)}{x-1},\ [0, 2]$

(8) $f(x)=|x|-x,\ [-1, 1]$

3 구간 $[-1/\sqrt{2}, 1/\sqrt{2}]$과 함수 $f(x)=x^4/2-x^2$에 대하여 롤의 정리를 만족시키는 점 c를 구하라.

4 임의의 실수 b에 대하여 방정식 $x^3-3x+b=0$의 실근이 구간 $[-1, 1]$에 오직 한 개 존재하거나 존재하지 않음을 보여라.

5 주어진 함수 $f(x)$와 구간에서 $f(b)-f(a)=f'(c)(b-a)$를 만족시키는 점 c를 구하라.

(1) $f(x)=x^2+2x-1$, $[0, 1]$

(2) $f(x)=x^3$, $[0, 4]$

(3) $f(x)=x+\sqrt{x}$, $[0, 4]$

(4) $f(x)=\dfrac{x-1}{x+1}$, $[0, 2]$

(5) $f(x)=2+\dfrac{1}{x}$, $[1, 2]$

(6) $f(x)=\sqrt{x+1}$, $[0, 2]$

(7) $f(x)=1-3x+x^3$, $[0, 1]$

(8) $f(x)=x+1-\dfrac{3}{x+1}$, $[0, 1]$

6 두 구간 $(-\infty, 0)$과 $(0, \infty)$에서 각각 다음 함수의 임계점이 존재함을 보이고, 각 임계점이 극대점인지 극소점인지를 말하라.

(1) $f(x)=\dfrac{1}{3}x^3-x^2-3x+8$

(2) $f(x)=x^3-3x+1$

7 모든 실수 x에서 미분가능한 함수 $f(x)$가 $f'(x)=b$이고 $f(0)=a$라면 $f(x)$는 일차함수임을 보여라(단, a와 b는 상수).

8 닫힌 구간 $[a, b]$에서 연속이고 열린 구간 (a, b)에서 미분가능하고 $f'(x)=0$인 함수 $f(x)$는 상수임을 보여라(단, a와 b는 상수).

9 임의의 x와 y에 대하여 $|\cos x-\cos y|\le|x-y|$가 성립함을 보여라.

4.12 | 함수의 증가와 감소

함수의 정의역의 한 구간 내에 점 x가 연속적으로 증가할 때 함숫값은 커지기도 하고 작아지기도 한다. 이러한 함숫값의 변화에 관한 추세에 관하여 다음과 같이 함수의 '증가'와 '감소'에 관한 개념을 수학적으로 정의한다.

정의 4.4

함수 $f(x)$가 구간 I에서 정의되어 있다고 하자.

(1) $x_1 < x_2$인 모든 $x_1, x_2 \in I$에 대하여 항상 $f(x_1) < f(x_2)$이 성립하면, 함수 $f(x)$는 구간 I에서 **증가한다**(increase) 또는 **증가함수**(increasing function)라고 한다[그림 4.15(a) 참조].

(2) $x_1 < x_2$인 모든 $x_1, x_2 \in I$에 대하여 항상 $f(x_1) > f(x_2)$이 성립하면, 함수 $f(x)$는 구간 I에서 **감소한다**(decrease) 또는 **감소함수**(decreasing function)라고 한다[그림 4.15(b) 참조].

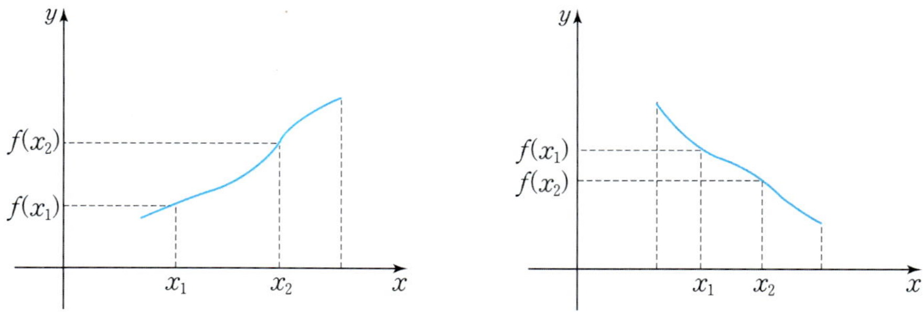

(a) 증가함수 (b) 감소함수

| 그림 4.15 |

참고 [1] 참고로 I에서 상수함수 $f(x)$는 다음을 만족시킨다.

$$\text{모든 } x_1,\ x_2 \in I\text{에 대하여 } f(x_1) = f(x_2)\text{이다.}$$

[2] 함수의 증가와 감소는 항상 x가 증가할 때 함숫값이 어떻게 되는지로 정의함을 유념하자.

예제 4.40 임의의 두 실수 x_1과 x_2 및 함수 $f(x)=x^2$에 대하여 다음이 성립한다.

$$f(x_1)-f(x_2)=(x_1^2-x_2^2)=(x_1-x_2)(x_1+x_2)$$

따라서 $x_1<x_2$이라고 할 때 $x_1,\ x_2\in(-\infty,\ 0]$인 경우 $f(x_1)>f(x_2)$이고, $x_1,\ x_2\in[0,\ \infty)$이면 $f(x_1)<f(x_2)$이다. 그러므로 $f(x)=x^2$은 구간 $(-\infty,\ 0]$에서 감소하고, 구간 $[0,\ \infty)$에서는 증가한다. □

예제 4.41 실수 전체 $(-\infty,\ \infty)$에서 $f(x)=x^3$은 증가함수임을 보여라.

풀이 두 실수 x_1과 x_2에 대하여 다음이 성립한다.

$$\begin{aligned} f(x_2)-f(x_1)&=x_2^3-x_1^3=(x_2-x_1)(x_2^2+x_1x_2+x_1^2)\\ &=(x_2-x_1)\left\{\left(x_2+\frac{x_1}{2}\right)^2+\frac{3x_1^2}{4}\right\} \end{aligned}$$

서로 다른 두 실수 x_1과 x_2에 대하여 $\left(x_2+\dfrac{x_1}{2}\right)^2+\dfrac{3x_1^2}{4}>0$이고 $x_2>x_1$이면 $x_2-x_1>0$이므로, $f(x_2)-f(x_1)>0$이다. 따라서 $f(x)=x^3$은 구간 $(-\infty,\ \infty)$에서 증가함수이다. □

어떤 구간에서의 함수의 증가 또는 감소 상태를 알기 위해서는 구간 내의 임의의 두 점에서의 함숫값의 차이를 계산해야 한다. 이때 두 점의 사이가 아주 가까워서 거의 한 점과 같다면, 함숫값의 차이는 평균값 정리에 의해 미분계수의 배수가 될 것이다. 즉 어떤 구간에서 $f(x)$의 증가와 감소는 다음 정리에서 보여주는 것 같이 도함수 $f'(x)$의 부호와 밀접한 관련이 있다.

정리 4.25

함수 $f(x)$가 구간 I에서 연속이고, I의 모든 내점에서 미분가능하다고 하자. I의 모든 내점 x에 대하여

(1) $f'(x)=0$이면, $f(x)$는 I에서 상수함수이다.

(2) $f'(x)>0$이면, $f(x)$는 I에서 증가함수이다.

(3) $f'(x)<0$이면, $f(x)$는 I에서 감소함수이다.

증명 두 점 x_1과 x_2가 I의 원소이고 $x_1 < x_2$이라고 하자. 이때 함수 $f(x)$를 닫힌 구간 $[x_1, x_2]$에 제한하여 생각하면, 평균값 정리 4.24에 의하여 다음을 만족시키는 점 c가 존재한다.

$$f'(c) = \frac{f(x_2) - f(x_1)}{x_2 - x_1}, \quad x_1 < c < x_2$$

(1) 조건에서 $f'(c) = 0$이므로 $f(x_1) = f(x_2)$이다. 따라서 $f(x)$는 I에서 상수함수이다.

(2) 조건에서 $f'(c) > 0$이고 $x_2 > x_1$이므로 $f(x_2) > f(x_1)$이다. 따라서 $f(x)$는 I에서 증가함수이다.

(3) 조건에서 $f'(c) < 0$이고 $x_2 < x_1$이므로 $f(x_2) < f(x_1)$이다. 따라서 $f(x)$는 I에서 감소함수이다. ■

예제 4.42 함수 $f(x) = 2x^3 - 6x + 1$이 증가하는 구간과 감소하는 구간을 말하라.

풀이 주어진 함수 $f(x)$의 도함수는 $f'(x) = 6(x^2 - 1)$이다. 따라서 구간 $(-\infty, -1)$과 $(1, \infty)$에서 $f'(x) > 0$이고, 구간 $(-1, 1)$에서는 $f'(x) < 0$이다. 그러므로 함수 $f(x)$가 증가하는 구간은 $(-\infty, -1]$과 $[1, \infty)$이고, 감소하는 구간은 $[-1, 1]$이다. □

참고 [1] 구간 I에서 연속이고 I의 모든 내점에서 미분가능한 두 함수 $f(x)$와 $g(x)$의 도함수가 같으면, 정리 4.25의 (1)은 적당한 상수 C에 대하여 다음 식이 성립함을 의미한다.

$$f(x) = g(x) + C, \quad x \in I$$

[2] 정리 4.25의 (2)와 (3)의 역은 성립하지 않는다. 예제 4.41의 함수 $f(x) = x^3$은 실수 전체에서 증가하지만 $f'(0) = 0$이므로 도함수 $f'(x)$의 부호가 모든 실수에 대하여 양수는 아니다. 따라서 정리 4.25에서 (2)의 역이 성립하지 않는다. 정리 4.25에서 (3)의 경우는 함수 $f(x) = -x^3$을 생각해보라.

위의 참고 [2]와 관련하여 다음이 성립한다.

정리 4.26

(1) 증가함수 $f(x)$가 구간 I의 모든 내점에서 미분가능하면, I의 모든 내점 x에서 $f'(x) \geq 0$이다.

(2) 감소함수 $f(x)$가 구간 I의 모든 내점에서 미분가능하면, I의 모든 내점 x에서 $f'(x) \leq 0$이다.

증명 (1) x를 집합 I의 내점이라고 하면, 점 $a, b \in I$가 존재하여 $a < x < b$이고 $(a, b) \subset I$가 성립한다. $f(x)$가 I에서 증가하므로 $a < s < x$를 만족시키는 임의의 s에 대하여 $f(s) < f(x)$가 성립한다. 따라서 다음의 부등식이 성립한다.

$$\frac{f(s) - f(x)}{s - x} > 0 \tag{4.17}$$

한편 가정에서 $f(x)$가 x에서 미분가능하므로 $s \to x^{-}$일 때 부등식 (4.17)의 좌변은 $f'(x)$로 수렴한다. 그러므로 $f'(x) \geq 0$이다.

(2)의 증명은 (1)과 비슷하므로 생략한다. ■

미분가능한 함수 $f(x)$가 한 구간의 내점인 임계점에서 극값을 취하는지, 만약 취한다면 그것이 극댓값인지 극솟값인지에 관한 여부는 f의 도함수 $f'(x)$의 부호를 검사하여 판정할 수 있다(그림 4.16 참조).

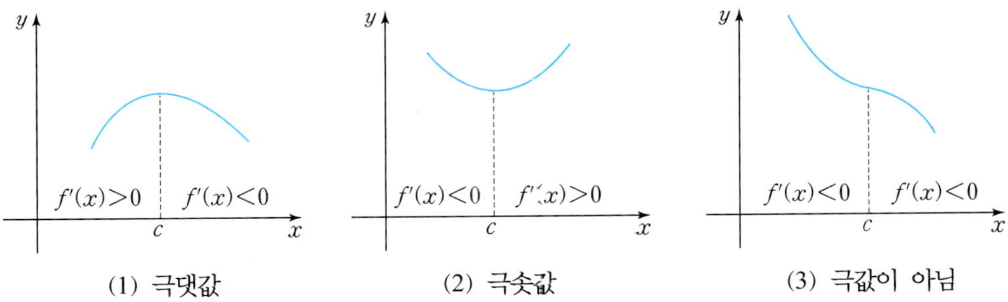

| 그림 4.16 | 도함수의 부호와 극값: 정리 4.27의 (1), (2), (3)

정리 4.27 **극값의 일계 도함수 판정법**

점 c가 구간 I에서 연속함수 $f(x)$의 내점인 임계점이라 하자.

(1) I의 두 점 $a, b\ (a < c < b)$에 대해 구간 (a, c)에서 $f'(x) > 0$이고 구간 (c, b)에서 $f'(x) < 0$이면, $f(c)$는 극댓값이다.

(2) I의 두 점 $a, b\ (a < c < b)$에 대해 구간 (a, c)에서 $f'(x) < 0$이고 구간 (c, b)에서 $f'(x) > 0$이면, $f(c)$는 극솟값이다.

(3) I의 두 점 $a, b\ (a < c < b)$에 대해 두 구간 (a, c)와 (c, b)에서 도함수 $f'(x)$의 부호가 서로 같으면 $f(x)$는 극값이 아니다.

증명 (1) 구간 (a, c)의 점 t에 대하여 $f(x)$는 닫힌 구간 $[t, c]$에서 연속이고 열린 구간 (t, c)에서 미분가능하다. 따라서 평균값 정리 4.24에 의하여 다음을 만족시키는 점 p가 존재한다.

$$f'(p) = \frac{f(c) - f(t)}{c - t}, \quad t < p < c$$

그런데 구간 (a, c)에서 $f'(x) > 0$이고 $c - t > 0$이므로 위의 식으로부터 $f(c) > f(t)$이다. 따라서 $t \in (a, c)$이면 $f(c) > f(t)$이다.

한편 구간 (c, b)의 점 s에 대하여 함수 $f(x)$는 닫힌 구간 $[c, s]$에서 연속이고 열린 구간 (c, s)에서 미분가능하다. 따라서 평균값 정리에 의하여 다음을 만족시키는 점 q가 존재한다.

$$f'(q) = \frac{f(s) - f(c)}{s - c}, \quad c < q < s$$

그런데 구간 (c, b)에서 $f'(x) < 0$이고 $s - c > 0$이므로 위의 부등식으로부터 $f(c) > f(s)$이다. 그러므로 $s \in (c, b)$이면 $f(c) > f(s)$이다. 따라서 구간 $(a, b) \subset I$의 모든 원소 x에 대하여 $f(x) \le f(c)$가 성립하므로 $f(c)$는 구간 I에서 $f(x)$의 극댓값이다.

(2)와 (3)은 (1)과 비슷한 방법으로 증명할 수 있으므로 생략한다. ■

예제 4.43 함수 $f(x) = \frac{1}{2}x^4 - x^2$의 극값을 구하라.

풀이 정리 4.27을 이용한다. 먼저 $f(x)$의 도함수 $f'(x)$는 다음과 같다.

$$f'(x) = 2x^3 - 2x = 2x(x^2 - 1)$$

함수 $f(x)$는 모든 실수에서 미분가능하고 $f'(x) = 0$의 근은 $x = 0$, $x = \pm 1$이다. 따라서 함수 $f(x)$의 임계점은 $x = 0$, $x = \pm 1$뿐이다.
이제 임계점에서의 함숫값과 구간 $(-\infty, -1)$, $(-1, 0)$, $(0, 1)$, $(1, \infty)$에서 도함수의 부호를 조사하여 표를 만들면 다음과 같다.

x	$\cdots$	-1	$\cdots$	0	$\cdots$	1	$\cdots$
$f(x)$		$-\frac{1}{2}$		0		$-\frac{1}{2}$	
$f'(x)$	$-$	0	$+$	0	$-$	0	$+$

따라서 $f(x)$는 극솟값 $f(\pm 1) = -1/2$과 극댓값 $f(0) = 0$을 갖는다. □

연습문제 4.12

1 다음 함수의 임계점을 구하고 임계점의 좌우에서 도함수의 부호를 조사하여 임계점이 극대점인지 극소점인지 아니면 어느 것도 아닌지를 판정하라. 그리고 함수가 증가하는 구간 및 감소하는 구간을 구하라.

(1) $y = x^2 + 2$ (2) $y = 1 - x^2$

(3) $y = -x^2 - 2x + 6$ (4) $y = 2x^2 - 4x + 3$

(5) $y = x^5$ (6) $y = x^3 + x^2 + x$

(7) $y = x^3 + x^2 - x$ (8) $y = -x^3 + 12x - 12$

(9) $y = x^4 + 4x^3 + 2$ (10) $y = \frac{1}{4}x^4 - x$

(11) $y = x^2(x-2)^2$ (12) $y = x + \frac{1}{x^2}$

(13) $y = \frac{x-1}{x+1}$ (14) $y = \frac{x}{x^2+1}$

(15) $y = \dfrac{x^2}{x^2+1}$

(16) $y = \dfrac{1}{x^2-1}$

(17) $y = x\sqrt{x} + \dfrac{1}{\sqrt{x}},\ x > 0$

(18) $y = x + |x^2 - 1|$

2 정리 4.26의 (2)를 증명하라.

3 정리 4.27의 (2)와 (3)을 증명하라.

4 함수 $f(x)$가 모든 실수 x에 대하여 미분가능하고 $f'(x) > 1$라고 하자. 이때 $f(0) = 0$이라면 모든 양의 실수 x에 대하여 부등식 $f(x) > x$가 성립함을 보여라.

4.13 | 함수의 특성에 대한 미분의 응용

연속성만으로는 쉽게 알아낼 수 없는 함수에 관한 여러 가지 성질과 정보를 미분의 개념과 도함수를 이용하여 알아낼 수 있다. 접선의 방정식을 이용하여 함숫값의 근삿값을 구할 수 있고, 함수가 증가하는 구간과 감소하는 구간을 알 수 있으며, 함수의 극값 및 최댓값과 최솟값을 구할 수 있다.

여기서는 미분의 성질을 이용하여 방정식의 실근의 개수를 판정하고, 함수의 그래프의 개형을 얻는 방법에 대하여 살펴본다. 덧붙여 미분을 응용하여 부등식을 증명하는 방법에 대하여 알아본다.

방정식의 실근의 개수

방정식 $f(x)=0$의 실근을 함수 $f(x)$의 영점(zero)이라고 한다. 함수 $f(x)$가 연속이면 중간값 정리 4.23을 이용하여 방정식 $f(x)=0$의 실근이 존재하는지를 판정할 수 있다. 그런데 도함수 $f'(x)$의 부호와 롤의 정리를 이용하면 구간 I에서 $f(x)$의 영점의 개수에 대하여 알 수 있다.

정리 4.28

연속인 함수 $f(x)$의 영점이 구간 I에 적어도 한 개 존재한다고 하자. I의 모든 내점 x에 대하여 $f'(x) \neq 0$이면, I에 있는 $f(x)$의 영점은 유일하다.

증명 구간 I에서 $f(x)$의 영점이 두 개 이상이라고 가정하고 이웃한 두 영점을 c와 $d\,(c<d)$라고 하자. 그러면 $f(c)=f(d)=0$이므로 함수 $f(x)$는 구간 $[c, d]$에서 롤의 정리의 모든 가정을 만족시킨다. 따라서 식 $f'(p)=0$을 만족시키는 점 p가 구간 $(c, d) \subset I$에 존재한다. 이는 집합 I의 모든 내점 x에 대하여 $f'(x) \neq 0$이라는 것에 모순이므로 구간 I에 있는 방정식 $f(x)=0$의 실근은 유일하다. ■

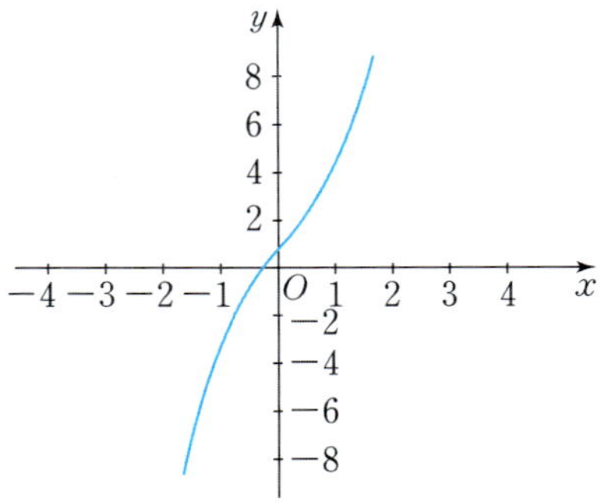

| 그림 4.17 | 함수 $f(x)=x^3+3x+1$의 그래프

예제 4.44 실수 전체에서 삼차 다항함수 $f(x)=x^3+3x+1$의 영점이 유일함을 보여라.

풀이 $f(-1)=-3$이고 $f(0)=1$이므로 중간값 정리에 의해 구간 $(-1, 0)$에 $f(x)$의 영점이 적어도 하나 존재한다. 한편 $f'(x)=3(x^2+1)$이므로 모든 실수 x에 대하여 $f'(x)>0$이다. 따라서 정리 4.28에 의하여 $x=-1$과 $x=0$ 사이에 $f(x)$의 유일한 영점이 존재한다(그림 4.17 참조). □

그래프의 개형

함수의 성질을 전체적으로 알기 위해서 그래프를 그려보는 것은 많은 도움이 된다. 일반적으로 함수의 특성을 나타내는 함수에 관한 여러 성질, 예를 들어 함수가 증가하거나 감소하는 구간, 극값, 최댓값, 최솟값, 각 좌표축과 만나는 점 등을 조사하여 함수의 그래프의 개형을 그린다.[11] 특히 x축과 만나는 점, 즉 x절편에 관한 것은 정리 4.28이 유용하다. 여기서는 다항함수의 그래프의 개형에 대하여 예제를 중심으로 살펴보자.

예제 4.45 다항함수 $f(x)=x^3-3x+1$의 극값을 구하고 그래프의 개형을 그려라.

풀이 함수 $f(x)$의 그래프가 y축과 만나는 점은 $(0, f(0))=(0, 1)$이다. 또 도함수 $f'(x)$는 다음과 같다.

11) 함수의 '볼록성(convexity)'을 조사하면 더 상세한 그래프의 개형을 알 수 있다. 함수의 볼록성은 이계도함수의 부호와 연관되나 이 과정은 생략한다.

$$f'(x) = 3x^2 - 3 = 3(x^2 - 1) = 3(x+1)(x-1)$$

따라서 함수의 임계점 $x = -1, 1$이다. 각 임계점의 좌우 구간에서 도함수 $f'(x)$의 부호를 조사하여 표를 만들면 다음과 같다.

x	$\cdots$	-1	$\cdots$	1	$\cdots$
$f(x)$		3		-1	
$f'(x)$	$+$	0	$-$	0	$+$

위 표로부터 함수의 극댓값은 $x = -1$에서 $f(-1) = 3$이고 극솟값은 $x = 1$에서 $f(1) = -1$임을 알 수 있다. 한편 $f(-2) = -1$, $f(-1) = 3$, $f(0) = 1$, $f(1) = -1$, $f(2) = 3$이므로 연속함수의 중간값 정리를 이용하고 세 구간 $(-2, -1)$, $(0, 1)$, $(1, 2)$에서 도함수의 부호를 조사하면 각 구간에 $f(x) = 0$의 근, 즉 그래프가 x축과 만나는 점이 한 개씩 있음을 알 스 있다. 즉 방정식 $x^3 - 3x + 1 = 0$에는 세 개의 실근이 있다.

이상을 참조하여 주어진 함수의 그래프의 개형을 그리면 그림 4.18과 같다. □

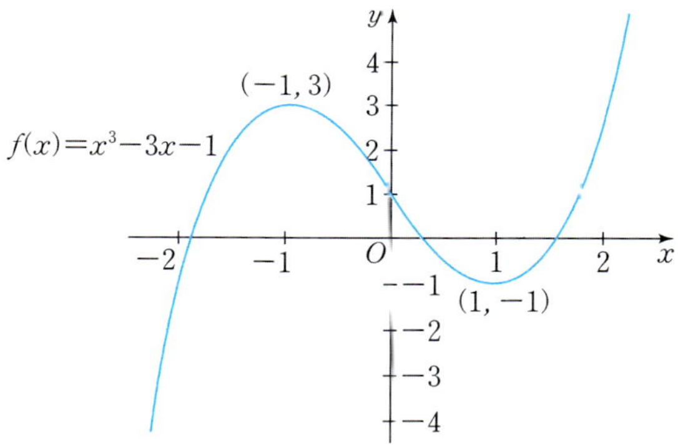

| 그림 4.18 | 함수 $f(x) = x^3 - 3x + 1$의 그래프의 개형

예제 4.46 함수 $f(x) = (x+1)^2(x-1)^3$의 극값을 구하고 그래프의 개형을 그려라.

풀이 함수 $f(x)$는 모든 실수에서 미분가능하고 $f'(x)$는 다음과 같다.

$$f'(x) = 2(x+1)(x-1)^3 + 3(x+1)^2(x-1)^2$$
$$= (x+1)(x-1)^2(5x+1)$$

따라서 $f(x)$의 임계점은 $x = -1, -1/5, 1$이다. 각 임계점과 임계점의 좌우 구간에서 함숫값 $f(x)$와 도함수 $f'(x)$의 부호를 조사하여 표를 만들면 다음과 같다.

x	$\cdots$	-1	$\cdots$	$-\frac{1}{5}$	$\cdots$	1	$\cdots$
$f(x)$		0		$-\frac{3456}{3125}$		0	
$f'(x)$	$+$	0	$-$	0	$+$	0	$+$

위 표로부터 함수의 극댓값은 $x = -1$에서 $f(-1) = 0$이고, 극솟값은 $x = -1/5$에서 $f(-1/5) = -3456/3125$임을 알 수 있다. 임계점 $x = 1$의 좌우 구간 $(-1/5, 1)$과 $(1, \infty)$에서 도함수 $f'(x)$의 부호가 같으므로 정리 4.27의 (3)에 의하여 함수는 극값을 취하지 않는다. 따라서 함수 $f(x)$의 극값, 증가와 감소 구간, x축과 만나는 점 $(-1, 0)$, $(1, 0)$과 y축과 만나는 점 $(0, -1)$을 참조하고 구간 $(-\infty, -1)$, $(-1, -1/5)$, $(-1/5, 1)$, $(1, \infty)$에서 정리 4.25를 이용하여 그래프를 그리면 그림 4.19와 같다. □

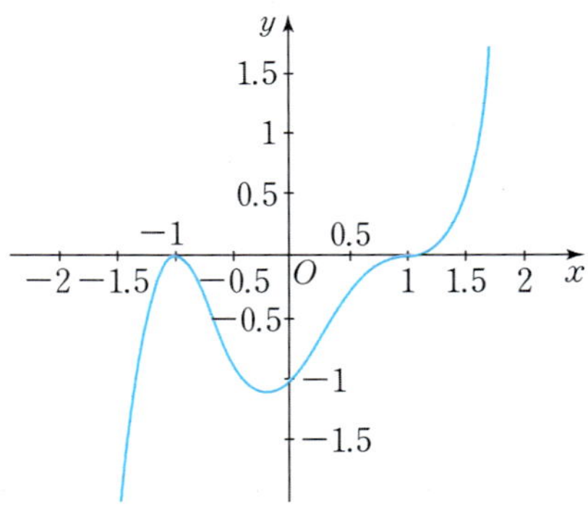

| 그림 4.19 | 함수 $f(x) = (x+1)^2(x-1)^3$의 그래프의 개형

예제 4.47 구간 $0 \le x \le 2\pi$에서 함수 $f(x) = x - 2\sin x$의 그래프를 그려라.

풀이 $f(x) = x - 2\sin x$의 도함수는 $f'(x) = 1 - 2\cos x$이므로 임계점은 $x = \pi/3$와 $x = 5\pi/3$이다. 그러므로 다음과 같은 증감표를 얻을 수 있다.

x	0	$\cdots$	$\frac{\pi}{3}$	$\cdots$	$\frac{5\pi}{3}$	$\cdots$	2π
$f(x)$	0		$\frac{\pi}{3}-\sqrt{3}$		$\frac{5\pi}{3}+\sqrt{3}$		2π
$f'(x)$		$-$	0	$+$	0	$-$	

x절편은 0이고, y절편도 0이다. 따라서 함수 $f(x)=x-2\sin x$의 그래프는 그림 4.20과 같다. □

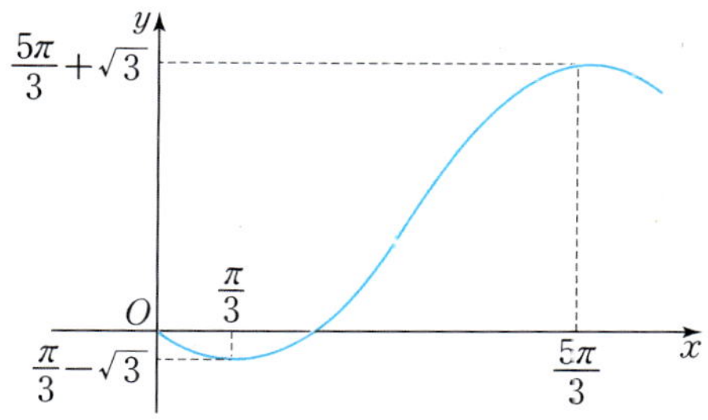

| 그림 4.20 | 함수 $f(x)=x-2\sin x$의 그래프의 개형

도함수와 부등식

부등식이 성립함을 증명하는 데 도함수를 생각하면 편리한 경우가 많다.

정리 4.29

함수 $f(x)$가 닫힌 구간 $[a, b]$에서 연속이고 구간 (a, b)에서 미분가능하면 다음이 성립한다.

(1) 열린 구간 (a, b)에서 $f'(x)>0$이면 집합 $[a, b]$의 모든 x에 대하여 다음이 성립한다.

$$f(a)<f(x)<f(b)$$

(2) 열린 구간 (a, b)에서 $f'(x)<0$이면 집합 $[a, b]$의 모든 x에 대하여 다음이 성립한다.

$$f(a)>f(x)>f(b)$$

정리 4.29는 정리 4.25와 함수의 증가와 감소의 정의에 의해 명백하다.[12)]

예제 4.48 다음 부등식이 성립함을 보여라.

$$x^5 - 1 \geq 5(x-1), \quad x \geq 0$$

풀이 먼저 $f(x) = x^5 - 1 - 5(x-1) = x^5 - 5x + 4$라고 놓자. 그러면 $x \geq 0$일 때 $f(x) \geq 0$가 성립함을 보이면 된다.

$f(x)$의 도함수는 $f'(x) = 5x^4 - 5 = 5(x^2+1)(x-1)(x+1)$이므로 $x \geq 0$에서 $f(x)$의 임계점은 $x = 1$이다. 또 $f(1) = 0$이다. 한편 구간 $(0, 1)$에서 $f'(x) < 0$이므로 구간 $[0, 1]$에서 $f(x) > 0$이고, 구간 $(1, \infty)$에서는 $f'(x) > 0$이므로 구간 $[1, \infty)$에서 $f(x) > 0$이다. 따라서 $x > 0$이면 $f(x) \geq f(1) = 0$이다. □

연습문제 4.13

1 다음 함수의 영점의 개수를 구하라.

(1) $f(x) = x^4 + 3x + 1$　　(2) $f(x) = x^4 + 2x^3 - 2$

(3) $f(x) = -x^4 - 8x - 4$　　(4) $f(x) = 2x + \sqrt{x} - 4$

(5) $f(x) = x^3 - 2x^2 + 2x - 4$　　(6) $f(x) = x^3 - 8x^2 + 4x + 2$

2 홀수인 자연수 n에 대하여 함수 $f(x) = x^n - 1$의 영점은 $x = 1$뿐임을 보여라.

3 임계점, 증가 및 감소 구간, 극점, 극값을 나타내는 표를 만들고, x절편과 y절편 등을 명시하여 다음 곡선의 그래프의 개형을 그려라.

(1) $y = x^4 - x^3$　　(2) $y = 3x^4 + 4x^3 - 12x^2$

12) 정리 4.29는 평균값 정리를 이용하면 엄밀하게 증명하는 것도 가능하다.

(3) $y = -x^2 - 2x + 6$

(4) $y = 2x^2 - 4x + 3$

(5) $y = x^5$

(6) $y = \frac{1}{3}x^3 + x^2 + x$

(7) $y = x^3 + x^2 - x$

(8) $y = -x^3 + 12x - 12$

(9) $y = x^4 + 4x^3 + 2$

(10) $y = x^2 - \frac{1}{2}x^4$

(11) $y = x^2(x-2)^2$

(12) $y = (x+1)^3(x-2)^2$

(13) $y = x^2 + |x-1|$

(14) $y = \sqrt{x} + \frac{1}{\sqrt{x}},\ 0 < x \le 4$

4 다음 유리함수 그래프의 개형을 그려라 특히 분모가 영이 되는 점에서 함수의 좌우극한과 $x \to \pm\infty$ 일 때의 함수의 극한을 고려하라.

(1) $f(x) = x + \frac{1}{x}$

(2) $f(x) = x + \frac{1}{x^2}$

(3) $f(x) = \frac{x-1}{x+1}$

(4) $f(x) = \frac{1}{x^2-1}$

5 다음 유리함수의 그래프의 개형을 그려라. 특히 $x \to \pm\infty$ 일 때의 함수의 극한을 고려하라.

(1) $f(x) = \frac{1}{x^2+1}$

(2) $f(x) = \frac{x}{x^2+1}$

(3) $f(x) = \frac{x^2}{x^2+1}$

6 [베르누이 부등식] 자연수 n에 대하여 다음 부등식이 성립함을 보여라.

$$(x+1)^n \ge nx + 1, \quad x \ge -1$$

7 다음 부등식이 성립함을 보여라.

$$\frac{1}{1+x} \ge 1 - x + \frac{1}{2}x^2, \quad -1 < x < 1$$

8 다음 부등식이 성립함을 보여라.

$$\tan x > x, \quad 0 < x < \frac{\pi}{2}$$

9 다음 각 항의 조건에 따라 구간 $(0, 1)$에서 미분가능한 네 함수 f, g, h, s의 그래프 개형을 그려라(이계 도함수로부터 얻은 일계 도함수의 개형, 즉 증가, 감소 상태를 이용하여 주어진 함수의 개형을 추론하라).

(1) $f(0) = 0$, $f(1) = 1$이고,

모든 $x \in (0, 1)$에 관하여 $f'(x) > 0$, $f''(x) > 0$이다.

(2) $g(0) = 0$, $g(1) = 1$이고,

모든 $x \in (0, 1)$에 관하여 $g'(x) > 0$, $g''(x) < 0$이다.

(3) $h(0) = 0$, $h(1) = -1$이고

모든 $x \in (0, 1)$에 관하여 $h'(x) < 0$, $h''(x) > 0$이다.

(4) $s(0) = 0$, $s(1) = -1$이고,

모든 $x \in (0, 1)$에 관하여 $s'(x) < 0$, $s''(x) < 0$이다.

4.14 미분의 응용

도함수는 시간에 따라 움직이는 양의 변화를 나타내그 연구하는 데 유용하게 쓰인다. 특히 물리적인 속도와 가속도 등의 운동 상태에 관한 분석과 예측에 방법론을 제공하고 있어, 공학과 자연과학 분야에서 필수적인 도구로 응용되고 있다. 또 경영이나 경제학에 있어서 생산비용과 이익 등 여러 상황을 고려한 최대 이익과 같은 최적의 해를 얻어내거나, 손실과 이익의 분기점, 가격 상승이나 하락의 변곡점 등을 찾아내어 미래의 투자 가치를 예측하고 투자 시기 등을 결정하는 데 유익하게 이용되기도 한다.

속도와 가속도

수직선 위를 움직이는 점 P의 좌표 x를 시각 t의 함수 $x=f(t)$로 나타낼 수 있다면, 시각 t에서의 점 P의 속도(velocity) $v(t)$와 가속도(acceleration) $a(t)$를 각각 다음 식으로 정의한다.

$$v(t)=f'(t), \quad a(t)=v'(t)=f''(t)$$

특히, 점 P의 시각 t에서의 속도의 크기 $|v(t)|$를 시각 t에서의 점 P의 속력(speed)이라고 한다.

예제 4.49 한 투수가 지상에서 속도 39.2m/sec로 위로 똑바로 던진 공의 t초 후의 높이를 ym라고 하면, y와 t 사이의 관계는 다음과 같다고 한다.

$$y(t)=39.2t-4.9t^2, \quad t \geq 0$$

다음 물음에 답하라.

(1) 공을 던지고 $t=3$초 뒤의 속도와 가속도를 구하라.

(2) 공이 가장 높이 다다를 때의 시각과 그때의 높이를 구하라.

(3) 공이 땅에 떨어지는 순간의 속도를 구하라.

풀이 공의 속도 $v(t)$와 가속도 $a(t)$는 각각 다음과 같다.

$$v(t) = y'(t) = 39.2 - 9.8t, \quad a(t) = y''(t) = -9.8 \tag{4.18}$$

(1) 던지고 $t = 3$초 뒤의 공의 속도 $v(t)$와 가속도 $a(t)$는 $t = 3$을 식 (4.18)에 대입하여 구하면 각각 다음과 같다.

$$v(3) = 9.8\text{m/sec}, \quad a(3) = -9.8\text{m/sec}^2$$

(2) $y'(t) = 39.2 - 9.8t = 0$에서 $t = 4$가 구간 $[0, \infty)$에서의 함수 $y(t)$의 유일한 내점인 임계점이다. 여기서 $y(0) = 0$, $y(4) = 78.4$, $y(5) = 73.5$이므로 정리 4.21의 (1)에 의하여 $t = 4$일 때 최댓값, 즉 공이 가장 높은 위치에 있고, 그때의 높이는 78.4m이다.

(3) 공이 땅에 떨어지는 순간의 높이는 $y(t) = 0$이므로 다음 방정식으로부터 $t = 0, 8$을 얻는다.

$$39.2t - 4.9t^2 = 0$$

따라서 $t = 8$을 식 (4.18)에 대입하면 공이 땅에 떨어지는 순간 공의 속도는 다음과 같다.

$$v(8) = -39.2\text{m/sec}$$

□

변화율

어떤 상품을 x개 생산하는 데 드는 총 비용을 나타내는 비용함수(cost function)를 $C(x)$, x개를 판매하여 얻는 총 수입을 나타내는 수입함수(revenue function)를 $R(x)$라고 할 때, 상품을 x개 판매하여 얻는 이익을 나타내는 이익함수(profit function) $P(x)$를 다음 식으로 정의한다.

$$P(x) = R(x) - C(x), \quad 0 < x < \infty$$

이때 비용함수 $C(x)$의 도함수 $C'(x)$를 한계비용(marginal cost), 수입함수 $R(x)$의 도함수 $R'(x)$를 한계수입(marginal revenue)이라고 하며, 이익함수 $P(x)$의 도함수를 한계이익(marginal profit)이라고 한다.

예제 4.50 한 회사가 여러 차례의 조사를 통하여 어떤 상품을 x개 생산하는 데 드는 총 비용(단위: 천 원)이 다음과 같은 비용함수 $C(x)$로 표현할 수 있다는 것을 알았다.

$$C(x) = 0.2x^2 + 2x + 500$$

이때 $x = 100$일 때의 한계비용을 구하고, 이를 100번째 물건을 생산하는 데 드는 비용과 비교하라.

풀이 먼저 비용함수 $C(x)$의 한계비용함수는 $C'(x) = 0.4x + 2$이므로 $x = 100$일 때의 한계비용은 $C'(100) = 42$(천 원)이다. 한편 100번째 물건을 생산할 때 드는 비용 Z는 다음과 같다.

$$Z = C(100) - C(99) = 41.8(\text{천 원})$$

여기서 Z가 $C'(100)$과 거의 일치함을 주목하고 그 이유를 생각해보라. □

예제 4.51 남해에서 대형 유조선이 좌초하여 싣고 있던 원유가 30L/min의 속도로 흘러나와 바다를 오염시키고 있다. 원유가 유조선을 중심으로 두께가 1cm인 원판 모양으로 바다 표면 위를 퍼져 나간다고 한다. 오염된 지역의 반지름이 300m일 때 오염된 지역의 반지름의 증가율을 구하라.

풀이 원유가 흘러나오기 시작하여 t분 후에 오염된 지역의 반지름을 $r(t)$라고 하면 흘러나온 원유의 부피 $V(t)$는 다음과 같다.

$$V(t) = \frac{\pi}{100}\{r(t)\}^2 \ (\text{m}^3)$$

이 식의 양변을 변수 t로 미분하면 정리 4.9로부터 다음을 얻는다.

$$V'(t) = \frac{\pi}{50} r(t)\, r'(t)$$

여기서 $V'(t) = 30\text{L/min}$이므로 $r(t) = 300\text{m}$일 때 반지름 $r(t)$의 증가율 $r'(t)$는 다음과 같다.

$$r'(t) = \frac{50}{\pi}\frac{V'(t)}{r(t)} = \frac{5}{\pi} \approx 1.5915 \ (\text{m/min})$$ □

▶ 최댓값과 최솟값

앞에서 함수의 최댓값과 최솟값 및 극값에 관한 판정법에 대해 알아보고 몇 가지 예를 들어 살펴보았다. 여기서는 도함수를 이용하여 해결할 수 있는 최소화나 최대화, 일반적으로 최적화 문제에 대하여 살펴본다.

예제 4.52 한 주류 회사에서 새로운 맛의 생맥주를 개발하여 원기둥 모양의 알루미늄 통에 담아 판매하려고 한다. 한 통에 생맥주를 16,000cc씩 담는다고 할 때, 통의 제작비용을 최소화하려면 원기둥 통의 반지름과 높이는 각각 얼마로 해야 하는가?

풀이 원가를 최소화하기 위해서는 알루미늄 통의 겉넓이 S를 최소화하는 원기둥의 반지름 r과 높이 h를 구하면 된다. 이때 원기둥의 부피 V는 다음과 같다.

$$V = \pi r^2 h = 16000, \quad r > 0,\ h > 0 \tag{4.19}$$

한편 원기둥의 겉넓이 S는 다음과 같다.

$$S = 2\pi r^2 + 2\pi r h, \quad r > 0,\ h > 0$$

식 (4.19)를 이용하면 $h = 16000/\pi r^2$이므로 S는 다음과 같은 반지름 r의 함수로 나타낼 수 있다.

$$S(r) = 2\pi\left(r^2 + \frac{16000}{\pi r}\right)$$

여기서 $S'(r) = 2\pi\left(2r - \dfrac{16000}{\pi r^2}\right)$이므로 $r_0 = 20/\sqrt[3]{\pi} \approx 13.6557\text{cm}$가 구간 $(0, \infty)$에서의 $S(r)$의 유일한 임계점이다. 그런데 $0 < r < r_0$이면 $S'(r) < 0$이고 $r > r_0$이면 $S'(r) > 0$이므로 $r = r_0$는 최소점이며 $S(r_0)$는 최솟값이다. 이때 원기둥의 높이 h는 $h = 40/\sqrt[3]{\pi} \approx 27.3114\,\text{cm}$이다. □

예제 4.53 어떤 나라의 인구 $p(t)$가 1990년도를 기준으로, 즉 $t = 0$일 때 5000만 명이고 매년 100만 명씩 증가한다고 한다. t년 뒤에 이 나라의 국가 소득이 함수 $R(t) = 20000 + t^2$(십억 원)에 따라 변한다고 할 때, 몇 년 뒤에 일인당 국민소득 $I(t)$가 최소가 되는가?

풀이 매년 인구가 100(만 명)씩 증가하므로 t년 후의 인구 $p(t)$는 다음과 같다.

$$p(t) = 5000 + 100t \text{ (만 명)}$$

따라서 주어진 문제는 다음 함수 $I(t)$의 최소점을 구하는 문제이다.

$$I(t) = \frac{R(t)}{p(t)} = \frac{20000 + t^2}{5000 + 100t} \text{ (십억 원/만 명)}, \quad t \geq 0$$

여기서 유리함수 $I(t)$의 도함수 $I'(t)$는 다음과 같다.

$$I'(t) = \frac{t^2 + 100t - 20000}{100(t+50)^2} = \frac{(t-100)(t+200)}{100(t+50)^2}$$

따라서 $I(t)$의 임계점은 $t_0 = 100$이다. 그런데 $0 < t < t_0$일 때 $I'(t) < 0$이고 $t > t_0$일 때 $I'(t) > 0$이므로 $t_0 = 100$은 최소점이다. 그러므로 이 나라의 일인당 국민소득이 최소가 되는 연도는 1990년의 100년 후인 2090년이다. □

연습문제 4.14

1 직선의 도로 위를 달리는 자동차가 제동을 건 뒤 t초 동안 움직인 거리 x m는 다음 식과 같다고 한다.

$$x(t) = 15t - \frac{1}{2}t^2 \text{ (m)}$$

다음 물음에 답하라.

(1) 제동을 건 뒤 5초 지났을 때의 속도와 가속도를 구하라.

(2) 제동을 건 뒤 정지할 때까지 걸린 시간과 움직인 거리를 구하라.

2 비행기에서 뛰어내린 지 t초 뒤에 스카이다이버의 지표면으로부터의 높이가 $h(t) = 200 - 6t - 5t^2$ (m)로 주어진다고 한다. 이때 스카이다이버의 가속도를 구하라.

3 어느 아파트의 물탱크에 20,000 L 의 물이 담겨져 있다. 물탱크 청소를 위해 탱크의 바닥에 있는 배수구로 물을 뺀다고 할 때, t분 동안 빠져나간 물의 총 부피 $V(t)$가 다음 식과 같다고 한다.

$$V(t) = 20000\left(\frac{1}{15}t + \frac{1}{900}t^2\right) \text{ (L)}$$

15분 뒤에 빠져나가는 물의 부피의 변화율을 구하라.

4 한 회사가 상품 A를 x개 생산할 때 드는 총 비용을 $C(x)$, 이 상품 x개를 판매하여 얻는 총 수입을 $R(x)$라고 하면, 총 이익은 $P(x) = R(x) - C(x)$이다. 상품 A를 x_0개 생산하여 모두 판매할 때 이익이 최대가 된다면 등식 $R'(x_0) = C'(x_0)$가 성립함을 보여라.

5 한 프로축구 구단이 50000개의 좌석을 가진 축구 전용구장을 보유하고 있다. 관람표를 x장 판다고 할 때 표 한 장의 가격 p를 다음과 같이 정할 수 있다.

$$p(x) = 30 - \frac{x}{3000} \text{ (천 원)}$$

이와 같은 방식으로 표를 판매하여 판매수입이 최대가 되도록 할 때 판매해야 할 표의 수량 x와 표의 가격 p를 구하라.

6 어느 할인상점에서 한 시간 동안 한 상자에 4만 원인 복숭아를 할인 판매한다. 복숭아를 x상자 판다고 할 때 한 상자의 가격 p를 다음과 같이 정한다.

$$p(x) = 4 - \frac{x^2}{30000} \text{ (만 원)}$$

이와 같은 방식으로 복숭아를 판매하여 총 판매 금액이 최대가 되도록 할 때 판매해야 할 복숭아 상자의 수량 x와 한 상자의 가격 p를 구하라.

7 한 주류 회사에서 새로운 맛의 생맥주를 개발하여 원기둥 모양의 알루미늄 통에 담아 판매하려고 한다. 밑면과 옆면을 만드는 데 쓰이는 알루미늄의 가격은 A원/cm^2이고, 윗면에 쓰이는 알루미늄의 가격은 $2A$원/cm^2이라고 한다. 한 통에 생

맥주를 V cc씩 담는다고 할 때, 통의 제작 비용을 최소화하려면 원기둥 통의 반지름 r과 높이 h는 각각 얼마로 해야 하는가?

8 둘레의 길이가 a인 사각형 중에서 넓이가 최대인 사각형은 무엇인가?

9 넓이가 a인 사각형 중에서 둘레의 길이가 최소인 사각형은 무엇인가?

10 직선 $y = 4x + 7$ 위의 점 중에서 원점으로부터 가장 가까운 점은 무엇인가?

11 타원 $4x^2 + y^2 = 4$ 위의 점 중에서 점 $(1, 0)$으로부터 가장 먼 점은 무엇인가?

12 어떤 공예업자가 x개의 공예품 A를 단드는 데 드는 총 비용 $C(x)$가 다음과 같고, 또 x개를 만들어 모두 판매한다면 한 개의 가격 $p(x)$를 다음과 같이 정한다고 한다.

$$C(x) = 100 + 5x\text{(천 원)}, \qquad p(x) = 10 - \frac{x}{100}\text{(천 원)}$$

이와 같은 방식으로 가격을 결정하여 모두 판다고 할 때, 최대 이익을 얻게 되는 수량 x와 그때의 가격 p를 구하라.

PRE CALCULUS

05

적분과 그 응용

이 장에서는 미분법의 역연산으로서의 부정적분을 알아보고 함수의 부정적분을 구한다. 또 급수의 극한 개념을 이용하여 구분구적법을 정의하고, 이를 통하여 정적분을 정의한다. 정적분과 부정적분 사이의 관계를 이용해서 정적분의 값을 구하고, 정적분을 이용하여 곡선으로 둘러싸인 부분의 넓이, 부피, 회전체의 부피, 직선 운동을 하는 물체의 위치와 운동 거리 등의 응용 문제를 해결한다.

5.1 | 부정적분

미분법에서 다항함수 $f(x)=x^3$의 도함수를 구하면 $3x^2$이고, 기호로 다음과 같이 나타내었다.

$$f'(x)=3x^2 \text{ 또는 } \frac{d}{dx}(x^3)=3x^2$$

이 사실로부터 "어떤 함수의 도함수가 $3x^2$이면 그 함수는 x^3이다."라고 말할 수 있다. 그런데 임의의 상수 C를 미분하면 0이므로 x^3-1, x^3+2, x^3+10, ...의 도함수도 모두 $3x^2$이다. 따라서 도함수가 $3x^2$인 함수는 상수 C에 대해 x^3+C 꼴이다.

일반적으로 함수 $f(x)$와 $F(x)$에 대해 $F'(x)=f(x)$가 성립할 때 $F(x)$를 $f(x)$의 **부정적분**(indefinite integral) 또는 **원시함수**(primitive)라 하고, 이것을 기호로 다음과 같이 나타낸다.

$$\int f(x)dx$$

이때 $f(x)$를 **피적분함수**(integrand)라 한다. 함수 $f(x)$의 부정적분을 구하는 과정을 $f(x)$를 **적분한다**고 말한다.

두 함수 $F(x)$와 $G(x)$가 $f(x)$의 부정적분이면 다음이 성립한다.

$$\{F(x)-G(x)\}'=F'(x)-G'(x)=f(x)-f(x)=0$$

그런데 도함수가 0이 되는 함수는 상수함수이므로, 이 상수함수를 C라고 하면

$F(x) = G(x) + C$이다. 따라서 $f(x)$의 부정적분의 하나를 $F(x)$라 하면, $f(x)$의 임의의 부정적분은 $F(x) + C$ 형태로 나타낼 수 있다. 이것을 기호로 다음과 같이 나타낸다.

$$\int f(x)dx = F(x) + C \tag{5.1}$$

이때 상수 C를 **적분상수**(integration constant), x를 **적분변수**(integral variable)라고 한다.

예를 들면 $(x^3 - x^2 + x)' = 3x^2 - 2x + 1$이므로 다음이 성립한다.

$$\int (3x^2 - 2x + 1)dx = x^3 - x^2 + x + C$$

예제 5.1 다음 등식을 만족시키는 $f(x)$를 구하라.

(1) $\int f(x)dx = x^3 + 2x^2 + C$

(2) $\int (x-1)f(x)dx = x^4 - 4x + C$

풀이 다음과 같은 관계가 성립한다.

$$\int f(x)dx = F(x) + C \quad \Leftrightarrow \quad F'(x) = f(x) \tag{5.2}$$

따라서 다음이 성립한다.

(1) $f(x) = (x^3 + 2x^2 + C)'$이므로 $f(x) = 3x^2 + 4x$이다.

(2) $(x-1)f(x) = (x^4 - 4x + C)'$이므로 $f(x) = 4(x^2 + x + 1)$이다. □

예제 5.2 다음이 성립함을 보여라.

(1) $\frac{d}{dx}\left\{\int f(x)dx\right\} = f(x)$ (2) $\int \left\{\frac{d}{dx}f(x)\right\}dx = f(x) + C$

풀이 (1) $F(x)$가 $f(x)$의 부정적분이라 하자. 그러면 다음이 성립한다.

$$\frac{d}{dx}\left\{\int f(x)dx\right\} = \frac{d}{dx}\{F(x) + C\} = F'(x) = f(x)$$

마찬가지 방법으로 (2)도 증명할 수 있다. 이는 연습문제로 남긴다. □

이제 부정적분의 기본 성질을 알아보자.

정리 5.1 **부정적분의 기본 성질**

두 함수 $f(x)$와 $g(x)$의 부정적분이 존재하고 k가 임의의 상수이면 다음이 성립한다.

(1) $\int k\,dx = kx + C$ (단, C는 상수)

(2) $\int kf(x)\,dx = k\int f(x)\,dx$

(3) $\int \{f(x)+g(x)\}\,dx = \int f(x)\,dx + \int g(x)\,dx$

증명 (1) $(kx)' = k$이므로 $\int k\,dx = kx + C$이다.

(2) 함수 $f(x)$의 부정적분을 $F(x)$라 하면 $\{kF(x)\}' = kf(x) = k\{F(x)\}'$이므로 다음이 성립한다.

$$\int kf(x)\,dx = kF(x) = k\int f(x)\,dx$$

(3) 두 함수 $f(x)$와 $g(x)$의 부정적분을 각각 $F(x)$와 $G(x)$라 하면, 부정적분의 정의에 의해 $F'(x) = f(x)$이고 $G'(x) = g(x)$이다. 한편 미분법에 관한 정리 4.4에 의하여 $\{F(x) + G(x)\}' = f(x) + g(x)$이다. 그러므로 다음이 성립한다.

$$\begin{aligned}\int \{f(x)+g(x)\}dx &= F(x) + G(x)\\ &= \int f(x)\,dx + \int g(x)\,dx\end{aligned}$$

■

참고 정리 5.1의 (2)와 (3)으로부터 다음이 성립한다.

$$\int \{f(x)-g(x)\}\,dx = \int f(x)\,dx - \int g(x)\,dx$$

예제 5.3 다음이 성립함을 보여라.

$$\int x^n dx = \frac{1}{n+1}x^{n+1} + C, \quad n \in \mathbb{Z},\ n \neq -1 \tag{5.3}$$

풀이 $(x^{n+1})' = (n+1)x^n$, $n \in \mathbb{Z}$이므로 $n \neq -1$이면 다음이 성립한다.

$$\int x^n\, dx = \frac{1}{n+1}x^{n+1} + C, \quad n \neq -1$$

□

정리 5.1과 예제 5.3을 이용하면 다항함수 $f(x) = a_n x^n + \cdots + a_1 x + a_0$의 부정적분을 다음과 같이 구할 수 있다.

$$\begin{aligned}\int f(x)dx &= a_n \int x^n dx + \cdots + a_1 \int x\, dx + a_0 \int 1\, dx \\ &= \left(\frac{a_n}{n+1}x^{n+1} + C_{n+1}\right) + \cdots + \left(\frac{a_1}{2}x^2 + C_2\right) + (a_0 x + C_1) + C_0 \\ &= \frac{a_n}{n+1}x^{n+1} + \cdots + \frac{a_1}{2}x^2 + a_0 x + C\end{aligned}$$

여기서 $C_{n+1} + \cdots + C_1 + C_0$는 임의의 상수이므로 C로 나타내었다.

예제 5.4 다음 부정적분을 구하라.

$$\int (x^4 + x^3 + x - 1)\, dx$$

풀이 $x^4 + x^3 + x - 1$은 다항함수이므로 정리 5.1과 예제 5.3으로부터 다음이 성립한다.

$$\begin{aligned}\int (x^4 + x^3 + x - 1)\, dx &= \int x^4\, dx + \int x^3\, dx + \int x\, dx - \int 1\, dx \\ &= \frac{1}{5}x^5 + \frac{1}{4}x^4 + \frac{1}{2}x^2 - x + C\end{aligned}$$

□

예제 5.5 다음 부정적분을 구하라.

(1) $\displaystyle\int (x-2)^3\, dx$

(2) $\displaystyle\int \frac{x^4 + x^2 + 1}{x^2 + x + 1}\, dx$

풀이 (1) $(x-2)^3 = x^3 - 6x^2 + 12x - 8$이므로 다음이 성립한다.

$$\begin{aligned}\int (x-2)^3\, dx &= \int x^3\, dx - 6\int x^2\, dx + 12\int x\, dx - 8\int 1\, dx \\ &= \frac{1}{4}x^4 - 2x^3 + 6x^2 - 8x + C\end{aligned}$$

(2) $x^4+x^2+1=(x^2+x+1)(x^2-x+1)$이므로 다음이 성립한다.

$$\begin{aligned}\int \frac{x^4+x^2+1}{x^2+x+1}\,dx &= \int x^2\,dx-\int x\,dx+\int 1\,dx \\ &= \frac{1}{3}x^3-\frac{1}{2}x^2+x+C\end{aligned}$$ □

부정적분에 나타나는 상수 C는 적절한 조건이 주어지면 구할 수 있다.

예제 5.6 다음을 만족시키는 $f(x)$를 구하라.

$$f'(x)=3x^2-4x,\quad f(1)=5$$

풀이 $f'(x)=3x^2-4x$이므로 다음이 성립한다.

$$f(x)=\int(3x^2-4x)\,dx=x^3-2x^2+C$$

그런데 $f(1)=5$이므로 $C=6$이다. 따라서 $f(x)=x^3-2x^2+6$이다. □

예제 5.7 다음 세 조건 (가), (나), (다)를 모두 만족시키는 두 함수 $f(x)$와 $g(x)$를 구하라.

(가) $\dfrac{d}{dx}\{f(x)+g(x)\}=2x+1$

(나) $\dfrac{d}{dx}\{f(x)g(x)\}=3x^2-2x+2$

(다) $f(0)=2,\ g(0)=-1$

풀이 $\{f(x)+g(x)\}'=2x+1$이므로 다음이 성립한다.

$$f(x)+g(x)=\int(2x+1)\,dx=x^2+x+C_1$$

여기에 $x=0$을 대입하면 $f(0)+g(0)=1=C_1$이므로 $f(x)+g(x)=x^2+x+1$이다. 또 조건 (나)로부터 다음이 성립한다.

$$f(x)g(x)=\int(3x^2-2x+2)\,dx=x^3-x^2+2x+C_2$$

그러므로 $f(0)g(0)=-2=C_2$이고 $f(x)g(x)=x^3-x^2+2x-2=(x-1)(x^2+2)$이다. $f(x)$와 $g(x)$는 다음 t에 관한 이차방정식의 두 근이다.

$$\begin{aligned} & t^2-\{f(x)+g(x)\}t+f(x)g(x) \\ & \quad = t^2-(x^2+x+1)t+(x-1)(x^2+2)=0 \end{aligned}$$

따라서 $t=x-1$ 또는 $t=x^2+2$이다. 그런데 $f(0)=2$이고 $g(0)=-1$이므로 $f(x)=x^2+2$이고 $g(x)=x-1$이다. □

예제 5.8 점 $(1, 2)$를 지나는 곡선 $y=f(x)$가 있다. 이 곡선에 있는 임의의 점 (x, y)에서의 접선의 기울기가 $3x^2-4x+4$일 때, 이 곡선의 방정식을 구하라.

풀이 곡선 $y=f(x)$에 있는 점 (x, y)에서의 접선의 기울기는 $f'(x)=3x^2-4x+4$이다. 따라서 $f(x)=x^3-2x^2+4x+C$이다. 그런데 이 곡선이 점 $(1, 2)$를 지나므로 $f(1)=1-2+4+C=2$이고, 구하는 곡선의 방정식은 $y=x^3-2x^2+4x-1$이다. □

예제 5.9 함수 $y=f(x)$의 증분이 다음과 같을 때 $f(x)$를 구하라.

$$\Delta y=(x-2)^2\Delta x+k(\Delta x)^2$$

풀이 $\Delta y=(x-2)^2\Delta x+k(\Delta x)^2$이므로 다음이 성립한다.

$$\frac{\Delta y}{\Delta x}=(x-2)^2+k\Delta x$$

양변에 극한을 취해서 다음을 얻는다.

$$\lim_{\Delta x\to 0}\frac{\Delta y}{\Delta x}=\lim_{\Delta x\to 0}\{(x-2)^2+k\Delta x\}=(x-2)^2=f'(x)$$

그러므로 $f(x)=\frac{1}{3}(x-2)^3+C$이다. □

예제 5.10 정수 n과 실수 a에 대해 다음이 성립함을 보여라(단 $n\neq -1$, $a\neq 0$).

$$\int(ax+b)^n\,dx=\frac{1}{a(n+1)}(ax+b)^{n+1}+C \tag{5.4}$$

풀이 $\{(ax+b)^{n+1}\}'=a(n+1)(ax+b)^n$이다. 따라서 식 (5.4)가 성립한다. □

연습문제 5.1

1 예제 5.2의 (2)를 증명하라.

2 다음 부정적분을 구하라.

(1) $\int (x^3 - 2x^2 + 4)\,dx$ (2) $\int (2x+1)^2\,dx$

(3) $\int (x-1)^3\,dx - \int (x+1)^3\,dx$ (4) $\int \frac{y^3}{y+1}\,dy + \int \frac{1}{y+1}\,dy$

(5) $\int \frac{u^4 + 3\sqrt{u}}{u^2}\,du$

3 점 (1, 2)를 지나는 곡선 $y = f(x)$가 있다. 이 곡선에 있는 임의의 점 (x, y)에서의 접선의 기울기가 $3x^2 - 2x + 1$일 때, 이 곡선의 방정식을 구하라.

4 다음 함수 $f_n(x)$에 대하여 $f_n(0) = 1$일 때, $f_n(3)$의 값을 구하라.

$$f_n(x) = \int (1 + 2x + 3x^2 + \cdots + nx^{n-1})dx$$

5 다음을 만족시키는 함수 $f(x)$와 $g(x)$를 구하라.

$$\frac{d}{dx}\{f(x) + g(x)\} = 2,\ \frac{d}{dx}\{f(x)g(x)\} = 2x + 3,\ f(0) = 1,\ g(0) = 2$$

6 $f'(x) = 3x^2 - 6x - 9$이고 $f(x)$의 극댓값이 8인 함수 $f(x)$ 및 극솟값을 구하라.

7 미분가능한 함수 $f(x)$가 모든 실수 x와 y에 대하여 다음을 만족시킨다고 할 때, $f(x)$를 구하라.

$$f(x+y)=f(x)+f(y), \quad f'(0)=1$$

8 정수 n과 실수 a에 대해 다음 적분을 구하라(단 $n \neq -1$, $a \neq 0$).

$$\int (a^2x+b)^n \, dx$$

5.2 구분구적법과 정적분

그림 5.1은 구간 [0, 1]을 10등분한 모눈종이 위에 함수 $y=x^2$의 그래프와 곡선 $y=x^2$의 아래쪽에 직사각형을 만든 것이며, 그림 5.2는 곡선 $y=x^2$의 위쪽에 직사각형을 만든 것이다.

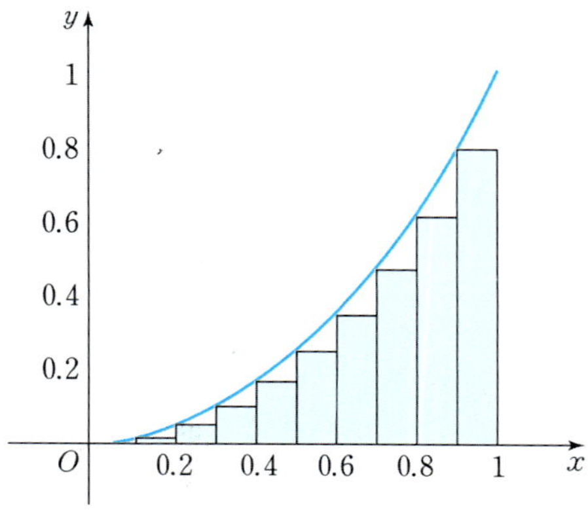

| 그림 5.1 | S_{10}

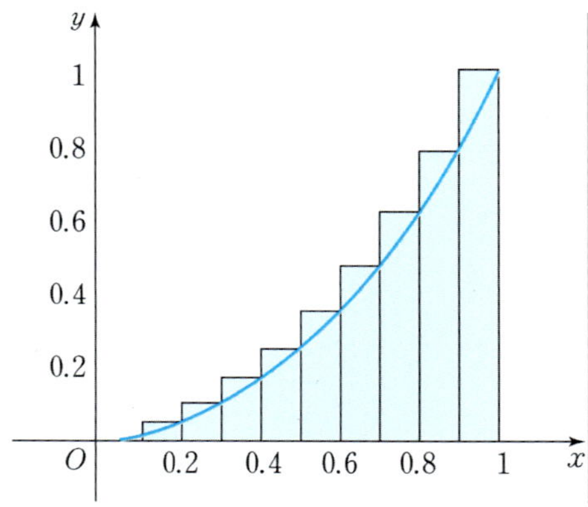

| 그림 5.2 | S_{10}'

곡선 $y=x^2$과 x축 및 직선 $x=1$로 둘러싸인 도형의 넓이를 S라 하고, 왼쪽의 직사각형의 넓이의 합을 S_{10}, 오른쪽의 직사각형의 넓이의 합을 S_{10}'이라 하면 다음이 성립한다.

$$S_{10} < S < S_{10}'$$

여기서 n을 한없이 크게 하면서 구간 [0, 1]을 n등분하면 S_n과 S_n'은 S에 한없이 가까워진다. 즉 다음이 성립한다.

$$\lim_{n \to \infty} S_n = S = \lim_{n \to \infty} S_n'$$

이제 극한을 이용하여 곡선 $y=x^2$, x축과 직선 $x=1$로 둘러싸인 도형의 넓이 S를 구해보자. 먼저 S_n의 극한값을 구해보자.

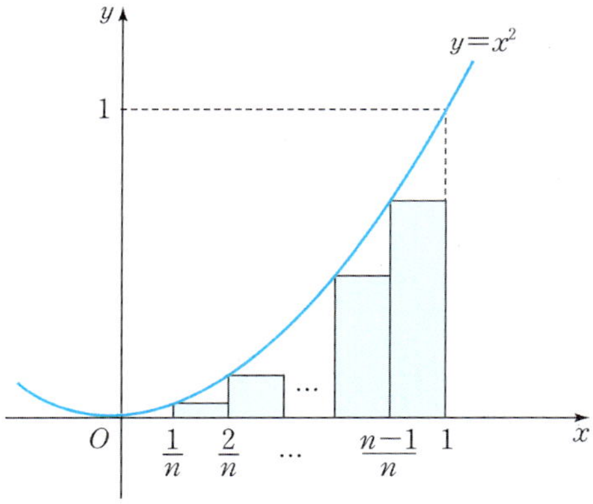

| 그림 5.3 | S_n

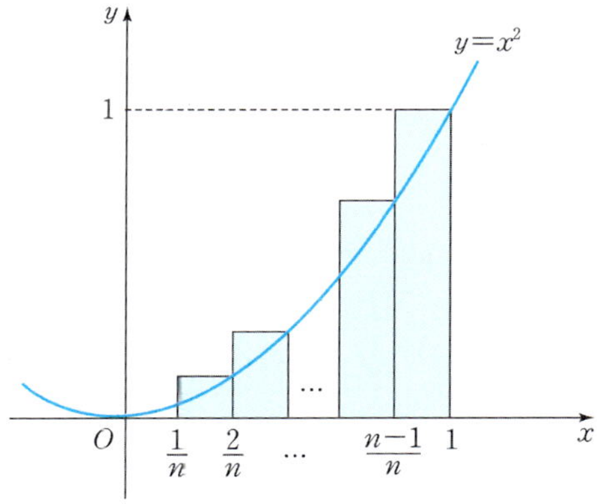

| 그림 5.4 | $S_n{}'$

그림 5.3과 같이 구간 $[0, 1]$을 n등분한 소구간의 왼쪽 끝점의 x좌표는 차례로 $0, \frac{1}{n}, \ldots, \frac{(n-1)}{n}$이고, 이에 대응하는 y의 값은 차례로 다음과 같다.

$$\left(\frac{0}{n}\right)^2, \left(\frac{1}{n}\right)^2, \ldots, \left(\frac{n-1}{n}\right)^2$$

왼쪽 끝점의 함숫값을 높이로 하는 직사각형 넓이의 합을 S_n이라 하면 다음이 성립한다.

$$S_n = \frac{0^2 + 1^2 + 2^2 + \cdots + (n-1)^2}{n^3} = \frac{n(n-1)(2n-1)}{6n^3}$$

그러므로 구하는 넓이 S는 다음과 같다.

$$S = \lim_{n\to\infty} S_n = \lim_{n\to\infty} \frac{1}{6}\left(1 - \frac{1}{n}\right)\left(2 - \frac{1}{n}\right) = \frac{1}{3} \tag{5.5}$$

다음은 $S_n{}'$의 극한값을 구해보자. 그림 5.4와 같이 구간 $[0, 1]$을 n등분한 소구간의 오른쪽 끝점의 x좌표는 차례로 $\frac{1}{n}, \frac{2}{n}, \ldots, \frac{n}{n}$이다 오른쪽 끝점의 함숫값을 높이로 하는 직사각형 넓이의 합 $S_n{}'$은 다음과 같다.

$$S_n{}' = \frac{1^2 + 2^2 + \cdots + n^2}{n^3} = \frac{n(n+1)(2n+1)}{6n^3}$$

그러므로 구하는 넓이 S는 다음과 같다.

$$S = \lim_{n\to\infty} S_n{}' = \lim_{n\to\infty} \frac{1}{6}\left(1+\frac{1}{n}\right)\left(2+\frac{1}{n}\right) = \frac{1}{3} \tag{5.6}$$

따라서 식 (5.5)와 (5.6)에 의하여 $S=\frac{1}{3}$이다.

앞에서의 함수 $y=x^2$과 같이 연속함수인 경우에는 S_n의 극한값과 $S_n{}'$의 극한값 중 어느 하나가 존재하면 다른 하나도 반드시 존재하며, 두 극한값은 서로 같다. 따라서 S_n과 $S_n{}'$ 중 어느 하나의 극한값을 구함으로써 도형의 넓이를 구할 수 있다.

주어진 평면도형의 넓이나 입체의 부피를 구하기 위하여 주어진 도형을 충분히 작은 n개의 작은 도형으로 분할하여 그 작은 도형의 넓이 또는 부피의 합의 극한값으로 처음 도형의 넓이 또는 부피를 구하는 방법을 구분구적법(measuration by parts)이라 한다.

예제 5.11 밑면의 반지름의 길이가 r이고, 높이가 h인 원뿔의 부피 V를 구분구적법으로 구하라.

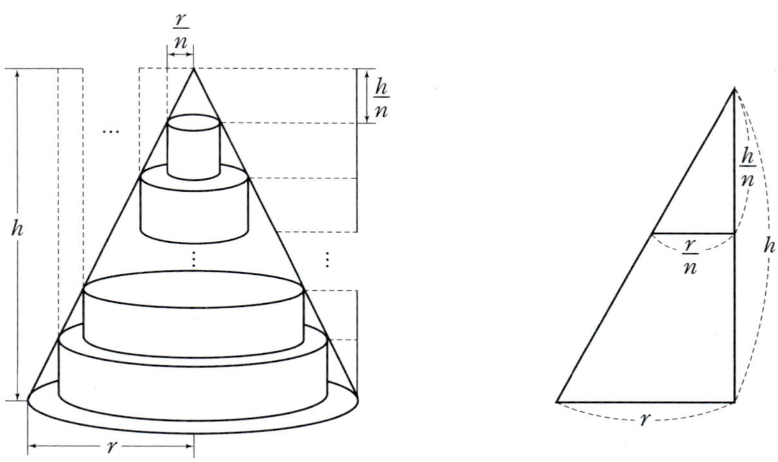

| 그림 5.5 | 구분구적법을 이용한 원뿔의 부피

풀이 그림 5.5와 같이 원뿔의 높이 h를 같은 간격으로 n등분하여 밑면에 평행한 $(n-1)$개의 원기둥의 부피의 합을 생각해보자. 각 단면을 밑면으로 하고, $\frac{1}{n}h$를 높이로 하는 $(n-1)$개의 원기둥의 반지름을 위부터 차례로 구하면 다음과 같다.

$$\frac{r}{n},\ \frac{2r}{n},\ \dots,\ \frac{(n-1)r}{n}$$

따라서 원기둥의 부피의 합을 V_n이라 하면 다음이 성립한다.

$$\begin{aligned} V_n &= \frac{h}{n}\left[\pi\left\{\frac{r}{n}\right\}^2 + \pi\left\{\frac{2r}{n}\right\}^2 + \cdots + \pi\left\{\frac{(n-1)r}{n}\right\}^2\right] \\ &= \frac{\pi r^2 h}{n^3}\{1^2 + 2^2 + \cdots + (n-1)^2\} \\ &= \frac{\pi r^2 h}{6}\left(1-\frac{1}{n}\right)\left(2-\frac{1}{n}\right) \end{aligned}$$

그러므로 구하는 부피 $V = \lim_{n\to\infty} V_n = \frac{\pi r^2 h}{3}$이다. □

이제 구분구적법을 좀 더 일반화해보자. 함수 $y=f(x)$가 닫힌 구간 $[a, b]$에서 연속이고 $f(x) \ge 0$일 때, 곡선 $y=f(x)$와 x축 및 두 직선 $x=a$와 $x=b$로 둘러싸인 도형의 넓이 S를 다음과 같이 구해보자.

- 구간 $[a, b]$를 n등분하여 양 끝점을 포함한 각 분점의 x좌표를 차례로 $a=x_0,\ x_1,\ \dots,\ x_{n-1},\ x_n=b$라 하고, 각 소구간의 길이를 Δx라 하면 $\Delta x = \frac{(b-a)}{n}$이다.
- 그림 5.6과 같이 밑변의 길이가 Δx이고, 각 소구간의 오른쪽 끝점에서의 함숫값을 높이로 하는 n개의 직사각형을 만든다.
- 각각 직사각형의 넓이의 합 S_n을 구한다.

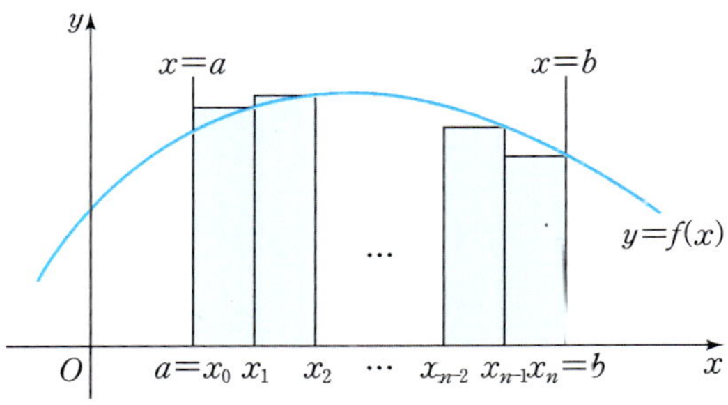

| 그림 5.6 | 정적분

$$S_n = f(x_1)\Delta x + f(x_2)\Delta x + \cdots + f(x_n)\Delta x = \sum_{k=1}^{n} f(x_k)\Delta x$$

- n이 한없이 커지면 S_n은 S에 한없이 가까워지므로 다음이 성립한다.

$$S = \lim_{n\to\infty} S_n = \lim_{n\to\infty} \sum_{k=1}^{n} f(x_k)\Delta x \tag{5.7}$$

함수 $f(x)$가 닫힌 구간 $[a, b]$에서 연속이면 식 (5.7)의 극한값이 존재한다고 알려져 있다. 이때 극한값 S를 함수 $f(x)$의 a에서 b까지의 **정적분**(definite integral)이라 하며, 기호로 다음과 같이 나타낸다.

$$\int_a^b f(x)\,dx \tag{5.8}$$

여기서 a를 정적분의 **아래끝**(lower limit), b를 **위끝**(upper limit)이라 하고, 정적분의 값을 구하는 것을 $f(x)$를 a에서 b까지 **적분한다**고 한다.

정적분 $\int_a^b f(x)\,dx$는 상수이므로 다른 변수 y, t 등을 사용하여 나타내어도 그 값은 변하지 않는다. 즉 다음이 성립한다.

$$\int_a^b f(x)\,dx = \int_a^b f(y)\,dy = \int_a^b f(t)\,dt$$

닫힌 구간 $[a, b]$에서 연속함수 $f(x)$의 정적분을 다음과 같이 정의한다.

$$\int_a^b f(x)\,dx = \lim_{n\to\infty} \sum_{k=1}^{n} f(x_k)\Delta x, \quad \Delta x = \frac{b-a}{n}, \ x_k = a + k\Delta x \tag{5.9}$$

한편 위끝과 아래끝이 같을 때의 정적분을 다음과 같이 정의한다.

$$\int_a^a f(x)\,dx = 0 \tag{5.10}$$

그리고 b에서 a까지의 정적분을 다음 식으로 정의한다.

$$\int_b^a f(x)\,dx = -\int_a^b f(x)\,dx \tag{5.11}$$

예제 5.12 식 (5.9)를 사용하여 $\int_0^2 x^2\,dx$를 구하라.

풀이 함수 $f(x)=x^2$은 닫힌 구간 $[0, 2]$에서 연속이다. 아래끝 $a=0$, 위끝 $b=2$이므로 식 (5.9)에 의하여 다음이 성립한다(그림 5.7 참조).

$$\Delta x = \frac{2}{n}, \quad x_k = \frac{2k}{n}, \quad f(x_k) = \left(\frac{2k}{n}\right)^2$$

따라서 다음이 성립한다.

$$\int_0^2 x^2\,dx = \lim_{n\to\infty}\sum_{k=1}^{n} f(x_k)\Delta x = \lim_{n\to\infty}\sum_{k=1}^{n}\left(\frac{2k}{n}\right)^2 \cdot \frac{2}{n}$$

그러므로 다음을 얻는다.

$$\int_0^2 x^2\,dx = \frac{8}{6}\lim_{n\to\infty}\left(1+\frac{1}{n}\right)\left(2+\frac{1}{n}\right) = \frac{8}{3}$$

□

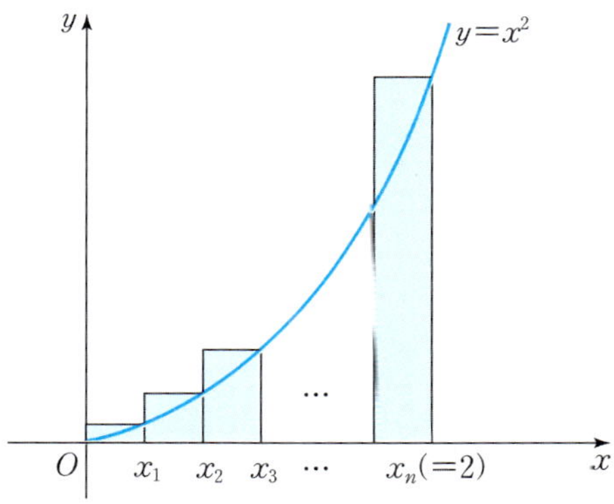

| 그림 5.7 | 함수 $f(x)=x^2$의 정적분

연속함수 $f(x)$가 그림 5.8과 같이 구간 $[a, b]$에서 $f(x)\le 0$이면 다음이 성립한다.

$$\int_a^b f(x)\,dx = \lim_{n\to\infty}\sum_{k=1}^{n} f(x_k)\Delta x \le 0$$

이때 곡선 $y=f(x)$와 x축 및 두 직선 $x=a$와 $x=b$르 둘러싸인 부분의 넓이 S는 다음과 같다(그림 5.8 참조).

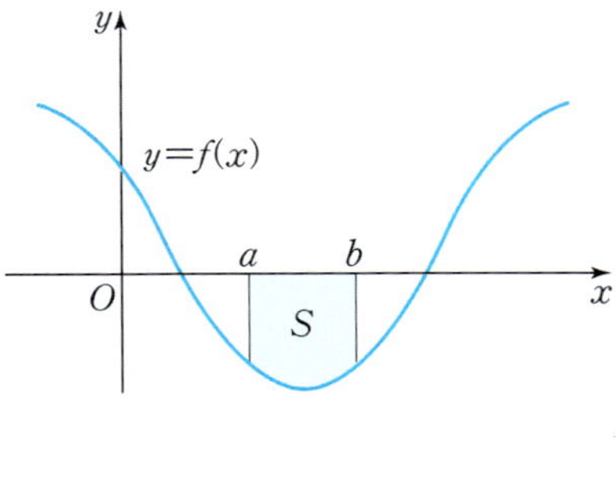

| 그림 5.8 |

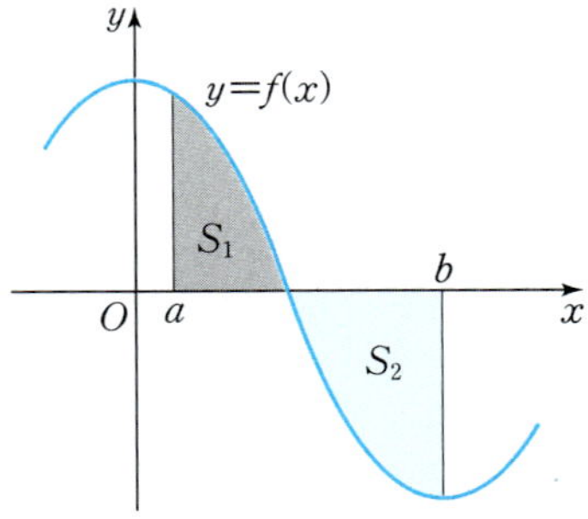

| 그림 5.9 |

$$S = -\int_a^b f(x)\,dx$$

또 그림 5.9와 같이 연속함수 $f(x)$가 구간 $[a, b]$에서 양인 부분(넓이가 S_1)과 음인 부분(넓이가 S_2)이 있으면 $\int_a^b f(x)\,dx = S_1 - S_2$이다.

예제 5.13 정적분의 정의를 사용하여 $\int_0^3 (-x^2)\,dx$를 구하라.

풀이 함수 $f(x) = -x^2$은 구간 $[0, 3]$에서 연속이다. 아래끝 $a = 0$, 위끝 $b = 3$이므로 정적분의 정의에 의하여 다음이 성립한다(그림 5.10 참조).

$$\Delta x = \frac{3}{n}, \quad x_k = \frac{3k}{n}, \quad f(x_k) = -9\left(\frac{k}{n}\right)^2$$

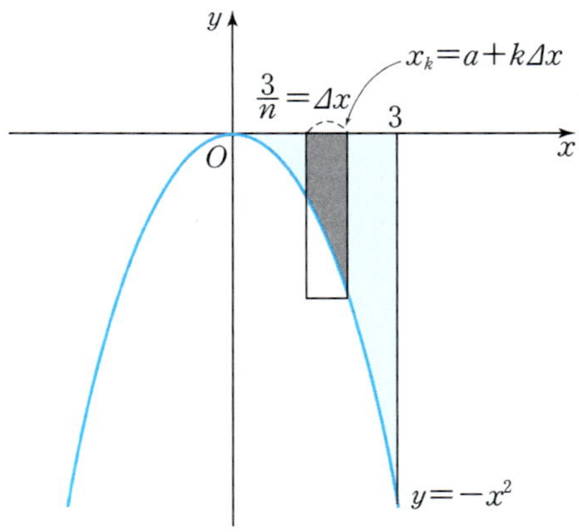

| 그림 5.10 | 예제 5.13의 그림

따라서 다음이 성립한다.

$$\begin{aligned}\int_0^3 (-x^2)\,dx &= \lim_{n\to\infty}\sum_{k=1}^{n} f(x_k)\Delta x = -9\lim_{n\to\infty}\sum_{k=1}^{n}\left(\frac{k}{n}\right)^2 \cdot \frac{3}{n}\\ &= -27\lim_{n\to\infty}\left(\frac{1}{n}\right)^3\sum_{k=1}^{n}k^2\\ &= -27\lim_{n\to\infty}\left(\frac{1}{n}\right)^3 \cdot \frac{n(n+1)(2n+1)}{6}\\ &= -\frac{9}{2}\lim_{n\to\infty}\left(1+\frac{1}{n}\right)\left(2+\frac{1}{n}\right) = -9\end{aligned}$$

□

예제 5.14 정적분의 정의를 사용하여 $\int_0^2 (x^2-3x+2)\,dx$를 구하라.

풀이 함수 $f(x)=x^2-3x+2$는 구간 $[0, 2]$에서 연속이다. 아래끝 $a=0$, 위끝 $b=2$이므로 정적분의 정의에 의하여 다음이 성립한다(그림 5.11 참조).

$$\Delta x = \frac{2}{n}, \quad x_k = \frac{2k}{n}, \quad f(x_k) = 4\left(\frac{k}{n}\right)^2 - 6\left(\frac{k}{n}\right) + 2$$

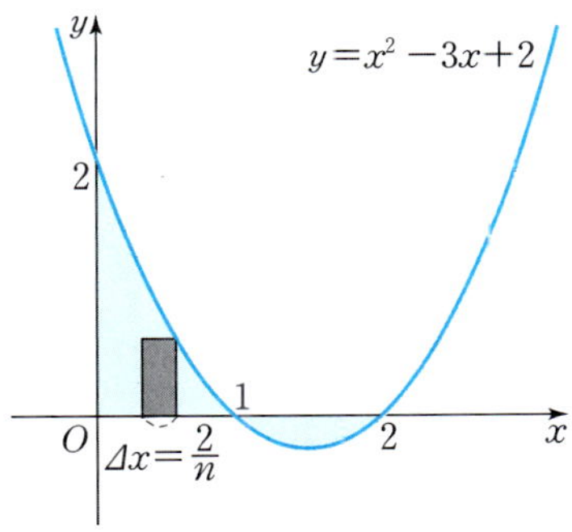

| 그림 5.11 | 예제 5.14의 그림

따라서 다음이 성립한다.

$$\begin{aligned}\int_0^2 (x^2-3x+2)\,dx &= \lim_{n\to\infty}\sum_{k=1}^{n} f(x_k)\Delta x\\ &= \lim_{n\to\infty}\sum_{k=1}^{n}\left\{4\left(\frac{k}{n}\right)^2 - 6\left(\frac{k}{n}\right) + 2\right\} \cdot \frac{2}{n}\end{aligned}$$

$$= \lim_{n \to \infty} \left\{ \frac{8}{n^3} \cdot \frac{n(n+1)(2n+1)}{6} - \frac{12}{n^2} \cdot \frac{n(n+1)}{2} + \frac{4}{n} \cdot n \right\}$$

$$= \frac{8}{3} - 6 + 4 = \frac{2}{3}$$ □

연습문제 5.2

1 곡선 $y = x^2 + 1$과 x축 및 두 직선 $x = 0$과 $x = 3$으로 둘러싸인 도형의 넓이를 구분구적분으로 구하라.

2 밑변의 길이가 a이고 높이가 h인 삼각형의 넓이를 구분구적법으로 구하라.

3 밑변의 한 변의 길이가 a인 정사각형이고 높이가 h인 각뿔의 부피 V를 구분구적법으로 구하라.

4 예제 5.11에서 그림 5.5의 왼쪽과는 달리 원뿔 밖으로 원기둥을 만들 때 부피 S를 구하라.

5 정적분의 정의를 사용하여 $\int_0^2 (x^2 - 2x + 3)\,dx$를 구하라.

6 정적분의 정의를 사용하여 $\int_1^3 (6x^2 - 4x + 3)\,dx$를 구하라.

7 정적분의 정의를 사용하여 $\int_0^1 \sqrt{1 - x^2}\,dx$를 구하라.

8 정적분의 정의를 사용하여 $\int_{-3}^0 \left(1 + \sqrt{9 - x^2}\right)dx$를 구하라.

5.3 정적분에 관한 기본 정리

정적분의 정의에 의하여 정적분 값을 구하는 것은 상당히 복잡하다. 이제 미분과 정적분의 관계, 정적분과 부정적분의 관계를 알아보고, 이를 이용하여 좀 더 간편하게 정적분의 값을 구하는 방법을 알아본다. 다음은 정적분을 계산하는 데 많이 이용되는 정적분의 기본 성질이다. 증명은 생략한다.

정리 5.2

두 함수 $f(x)$와 $g(x)$의 정적분이 닫힌 구간 $[a, b]$에서 존재하고 k가 실수이면 다음이 성립한다.

(1) $\int_a^b kf(x)\,dx = k\int_a^b f(x)\,dx$ (k는 상수)

(2) $\int_a^b \{f(x) \pm g(x)\}\,dx = \int_a^b f(x)\,dx \pm \int_a^b g(x)\,dx$

(3) $a < c < b$일 때, $\int_a^b f(x)\,dx = \int_a^c f(x)\,dx + \int_c^b f(x)\,dx$

또 다음의 평균값 정리가 성립한다.

정리 5.2 **적분의 평균값 정리**

함수 $f(x)$가 닫힌 구간 $[a, b]\,(a < b)$에서 연속이면 다음을 만족시키는 점 c가 구간 (a, b)에 존재한다.

$$f(c) = \frac{1}{b-a}\int_a^b f(t)\,dt, \quad c \in (a, b)$$

증명 함수 $f(x)$는 닫힌 구간 $[a, b]$에서 연속이므로 최대 · 최소 정리 3.5에 의하여 구간 $[a, b]$에서 최댓값 M과 최솟값 m을 취하며 다음이 성립한다.

$$m \le f(x) \le M, \quad x \in [a, b]$$

위 식의 양변을 구간 $[a, b]$에서 적분하면 다음을 얻는다.

$$m(b-a) \le \int_a^b f(x)\,dx \le M(b-a) \;\Rightarrow\; m \le \frac{1}{b-a}\int_a^b f(x)\,dx \le M$$

$\frac{1}{b-a}f(x)\,dx$는 연속함수 $f(x)$의 최댓값과 최솟값 사이의 수이므로 연속함수의 중간값 정리 3.6에 의하면 다음을 만족시키는 점 c가 구간 (a, b) 사이에 존재한다.

$$f(c) = \frac{1}{b-a}\int_a^b f(x)\,dx$$

따라서 증명이 완성된다. ■

함수 $f(t)$가 구간 $[a, b]$에서 연속이고 $f(t) \ge 0$이라 하자. 이때 그림 5.12와 같이 구간 $[a, b]$의 임의의 x에 대하여 a에서 x까지의 x축과 곡선이 만드는 도형의 넓이를 $S(x)$라 하면 다음이 성립한다.

$$S(x) = \int_a^x f(t)\,dt \tag{5.12}$$

이때 x의 증분 Δx에 대한 $S(x)$의 증분을 ΔS라 하면 ΔS는 그림 5.13의 도형 $ABCD$의 넓이와 같다.

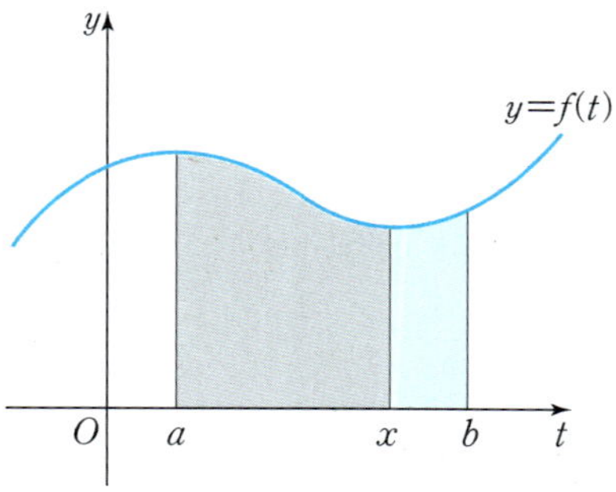

| 그림 5.12 | $S(x) = \int_a^x f(t)\,dt$

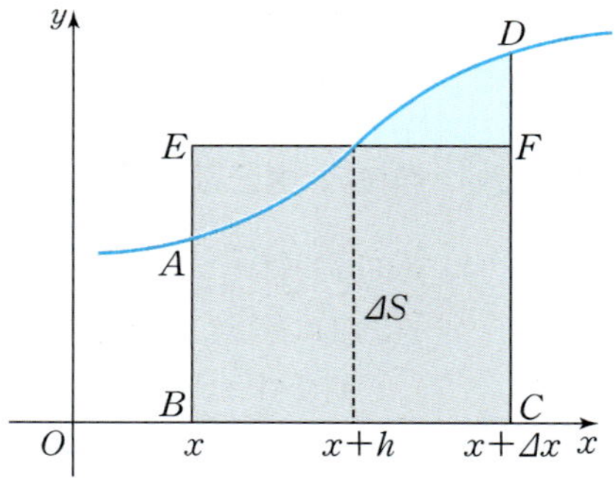

| 그림 5.13 | $\Delta S(x) = \int_x^{x+\Delta x} f(t)\,dt$

한편 적분의 평균값 정리 5.3에 의하면 도형 $ABCD$의 넓이와 같게 되는 직사각형 $EBCF$가 존재한다. 이때 선분 EF와 곡선의 교점의 x좌표를 $x+h$라 하면

$\Delta S = f(x+h)\Delta x$이므로 $\Delta S/\Delta x = f(x+h)$이다. 여기서 $\Delta x \to 0$이면 $h \to 0$이다. 함수 $f(x)$가 연속이므로 다음이 성립한다.

$$S'(x) = \lim_{\Delta x \to 0} \frac{\Delta S}{\Delta x} = \lim_{\Delta x \to 0} f(x+h) = f(x)$$

이를 정리하면 다음과 같다.

정리 5.4 **적분과 미분의 관계**

함수 $f(t)$가 구간 $[a, b]$에서 연속이면 다음이 성립한다.

$$\frac{d}{dx}\int_a^x f(t)\,dt = f(x), \quad a \le x \le b$$

예제 5.15 다음을 구하라.

(1) $\displaystyle \frac{d}{dx}\int_0^x (t^2+2t+3)\,dt$　　(2) $\displaystyle \frac{d}{dx}\int_1^x (t+1)(t^2+t+1)\,dt$

풀이 (1) $\displaystyle \frac{d}{dx}\int_0^x (t^2+2t+3)\,dt = x^2+2x+3$

(2) $\displaystyle \frac{d}{dx}\int_1^x (t+1)(t^2+t+1)\,dt = (x+1)(x^2+x+1)$ □

이제 정적분과 부정적분의 관계를 알아보자. $f(x)$의 임의의 부정적분 중 하나를 $F(x)$라 하면 식 (5.12)에서 정의한 $S(x) = \int_a^x f(t)\,dt$도 $f(x)$의 부정적분이므로 다음이 성립한다.

$$S(x) = F(x) + C \quad (C\text{는 상수}) \tag{5.13}$$

$x = a$이면 $S(a) = 0$이므로 다음을 얻는다.

$$S(a) = F(a) + C = 0, \qquad C = -F(a)$$

이것을 식 (5.13)에 대입하면 다음과 같다.

$$S(x) = \int_a^x f(t)\,dt = F(x) - F(a)$$

여기서 $x = b$를 대입하고 적분변수 t를 x로 바꾸면 다음이 성립한다.

$$\int_a^b f(x)\,dx = F(b) - F(a) \tag{5.14}$$

이때 식 (5.14)의 우변 $F(b) - F(a)$를 기호로 $[F(x)]_a^b$와 같이 나타낸다.

정리 5.5 **정적분의 기본 정리**

함수 $f(x)$가 $[a, b]$에서 연속이고, $f(x)$의 부정적분 중 하나를 $F(x)$라 하면 다음이 성립한다.

$$\int_a^b f(x)\,dx = [F(x)]_a^b = F(b) - F(a)$$

예제 5.16 다음 정적분의 값을 구하라.

(1) $\int_0^1 (x^2 - 4x + 3)\,dx$　　　　(2) $\int_1^2 (x+1)(x^2 - x + 1)\,dx$

풀이 (1) $\int_0^1 (x^2 - 4x + 3)\,dx = \left[\frac{1}{3}x^3 - 2x^2 + 3x\right]_0^1 = \frac{1}{3} - 2 + 3 - 0 = \frac{4}{3}$

(2) $\int_1^2 (x+1)(x^2 - x + 1)\,dx = \int_1^2 (x^3 + 1)\,dx = \left[\frac{x^4}{4} + x\right]_1^2$

$$= \frac{2^4 - 1}{4} + (2 - 1) = \frac{19}{4}$$

□

예제 5.17 정적분 $\int_0^2 |x^2 - x|\,dx$를 구하라.

풀이 그림 5.14에서 $0 \le x \le 1$일 때 $|x^2 - x| = -x^2 + x$이고, $1 \le x \le 2$일 때 $|x^2 - x| = x^2 - x$이므로 다음을 얻는다.

$$\int_0^2 |x^2 - x|\,dx = \int_0^1 (-x^2 + x)\,dx + \int_1^2 (x^2 - x)\,dx$$

$$= \left[-\frac{x^3}{3} + \frac{x^2}{2}\right]_0^1 + \left[\frac{x^3}{3} - \frac{x^2}{2}\right]_1^2 = 1 \qquad \square$$

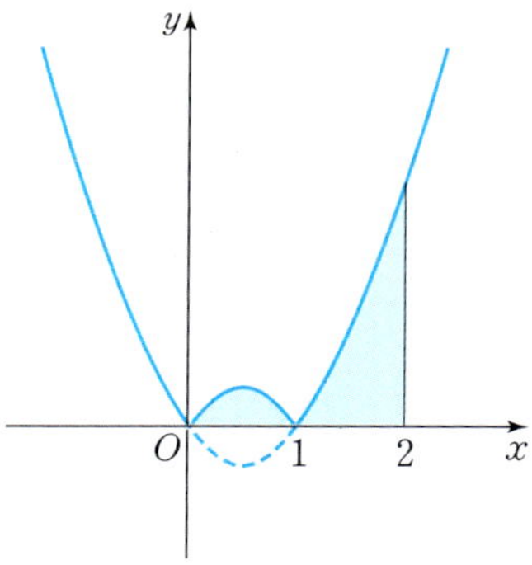

| 그림 5.14 | 예제 5.17의 그림

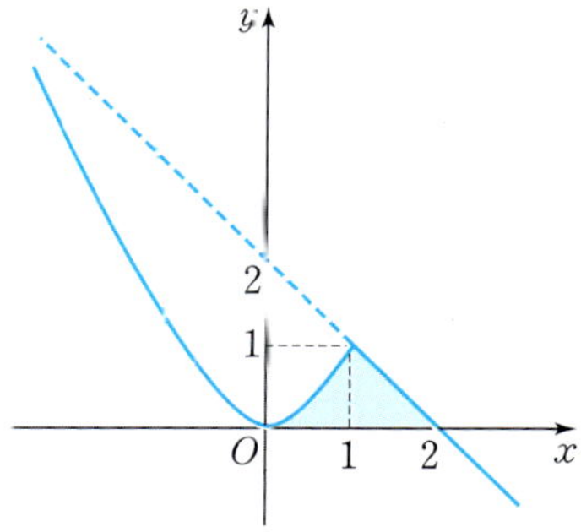

| 그림 5.15 | 예제 5.18의 그림

예제 5.18 $f(x) = \begin{cases} x^2 & (x \le 1) \\ -x+2 & (x \ge 1) \end{cases}$ 일 때 정적분 $\int_0^2 f(x)\,dx$의 값을 구하라.

풀이 다음과 같이 구한다(그림 5.15 참조).

$$\int_0^2 f(x)\,dx = \int_0^1 x^2\,dx + \int_1^2 (-x+2)\,dx$$

$$= \left[\frac{x^3}{3}\right]_0^1 + \left[-\frac{x^2}{2} + 2x\right]_1^2 = \frac{5}{6} \qquad \square$$

예제 5.19 다음 등식이 성립함을 보여라.

$$\int_\alpha^\beta a(x-\alpha)(x-\beta)\,dx = -\frac{a}{6}(\beta - \alpha)^3$$

풀이 다음과 같이 계산한다.

$$(\text{좌변}) = a\int_\alpha^\beta (x^2 - (\alpha+\beta)x + \alpha\beta)\,dx$$

$$= a\left[\frac{1}{3}x^3 - \frac{1}{2}(\alpha+\beta)x^2 + \alpha\beta x\right]_\alpha^\beta$$

$$= a\left\{\frac{1}{3}(\beta^3 - \alpha^3) - \frac{1}{2}(\alpha+\beta)(\beta^2 - \alpha^2) + \alpha\beta(\beta - \alpha)\right\}$$

$$= -\frac{a}{6}(\beta - \alpha)^3$$ □

예제 5.19의 정적분 $\int_\alpha^\beta a(x-\alpha)(x-\beta)\,dx$의 절댓값은 그림 5.16에서 보인 것과 x축과 포물선 $y = a(x-\alpha)(x-\beta)$, $a > 0$로 둘러싸인 도형의 넓이를 나타낸다.

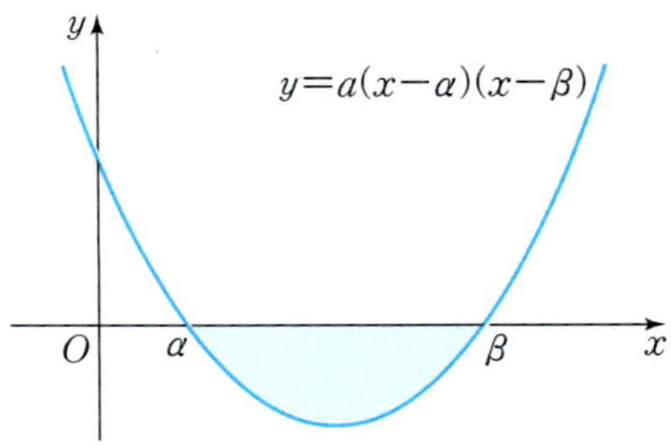

| 그림 5.16 |

예제 5.20 다음 정적분의 값을 예제 5.19를 이용하여 구하라.

(1) $\int_2^4 (x^2 - 6x + 8)\,dx$　　　(2) $\int_1^4 2(x-1)(4-x)\,dx$

풀이 (1) $\int_2^4 (x^2 - 6x + 8)\,dx = \int_2^4 (x-2)(x-4)\,dx = -\frac{1}{6}(4-2)^3 = -\frac{4}{3}$

(2) $\int_1^4 2(x-1)(4-x)\,dx = -\int_1^4 2(x-1)(x-4)\,dx = \frac{2}{6}(4-1)^3 = 9$ □

예제 5.21 다음 정적분의 값을 구하라.

(1) $\int_0^1 (\sqrt{x}+1)^3\,dx - \int_0^1 (\sqrt{x}-1)^3\,dx$

(2) $\int_0^1 \frac{x^3}{x-4}\,dx + \int_1^0 \frac{4x^2}{x-4}\,dx$

풀이 (1) 준식$=\int_0^1 \{(\sqrt{x}+1)^3-(\sqrt{x}-1)^3\}dx=\int_0^1 (6x+2)dx=5$

(2) 준식$=\int_0^1 \frac{x^3}{x-4}dx-\int_0^1 \frac{4x^2}{x-4}dx=\int_0^1 \frac{x^3-4x^2}{x-4}dx$

$=\int_0^1 x^2 dx=\frac{1}{3}$ □

함수 $f(x)$가 그림 5.17과 같이 $f(-x)=f(x)$를 만족시키면 짝함수(even function)라 하고 그림 5.18과 같이 $f(-x)=-f(x)$가 성립하면 홀함수(odd function)라 한다. 짝함수와 홀함수에 대해 다음 정리가 성립한다.

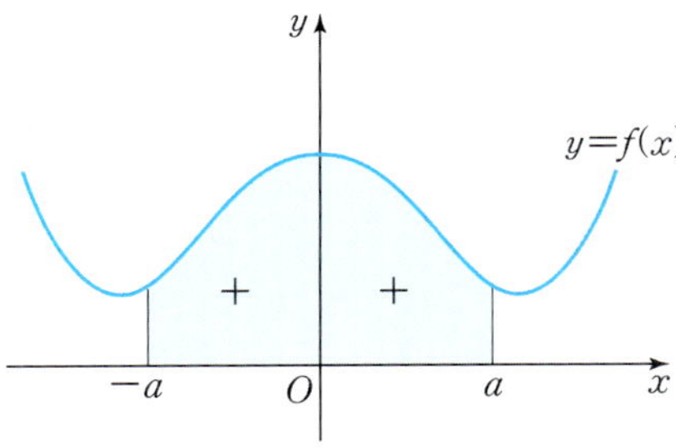

| 그림 5.17 | 짝함수

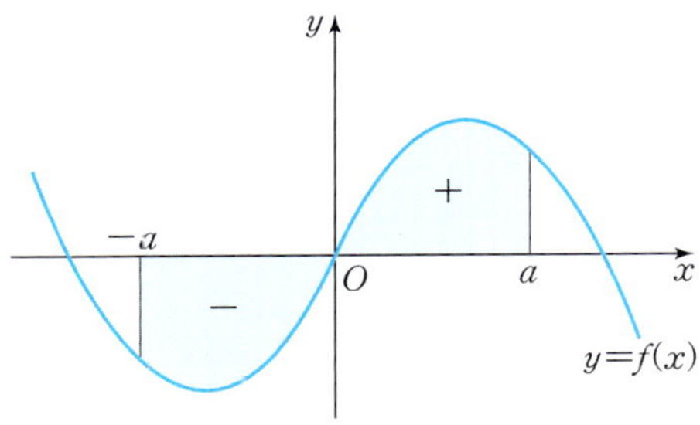

| 그림 5.18 | 홀함수

정리 5.6

(1) $f(x)$가 짝함수이면 $\int_{-a}^{a} f(x)dx=2\int_0^a f(x)dx$이다.

(2) $f(x)$가 홀함수이면 $\int_{-a}^{a} f(x)dx=0$이다.

예제 5.22 다음 정적분의 값을 구하라.

(1) $\int_{-2}^{2}(x^5+4x^3+3x^2+2x+1)dx$

(2) $\int_{-1}^{0}(x^7+x^3)dx+\int_0^1(x^7+x^3)dx$

풀이 (1) 준식$= \int_{-2}^{2}(x^5+4x^3+2x)\,dx + \int_{-2}^{2}(3x^2+1)\,dx$

$$= 0 + 2\int_{0}^{2}(3x^2+1)\,dx = 2\left[x^3+x\right]_0^2 = 20$$

(2) 준식$= \int_{-1}^{1}(x^7+x^3)\,dx = 0$ □

연습문제 5.3

1 다음 정적분의 값을 구하라.

(1) $\int_{-1}^{1} x(x-1)^2\,dx$ (2) $\int_{2}^{4}(t-2)(t^2+2t+4)\,dt$

2 정리 5.6을 이용하여 다음 정적분의 값을 구하라.

(1) $\int_{-2}^{2}(6x^7+5x^5-4x^3+3x^2-7x+2)\,dx$

(2) $\int_{-1}^{0}(x^5+4x^3+6x^2-1)\,dx - \int_{1}^{0}(x^5+4x^3+6x^2-1)\,dx$

3 정적분 $\int_{-2}^{2}|(y-1)(y^2+y+1)|\,dy$의 값을 구하라.

4 정적분 $\int_{0}^{1}|x-a|\,dx$의 값을 구하라.

5 다음 함수 $f(x)$에 대하여 $\int_{-1}^{2} f(x)\,dx$의 값을 구하라.

$$f(x)=\begin{cases} x+1 & (x \le 0) \\ 1 & (0 \le x \le 1) \\ -x^2+2x & (x \ge 1) \end{cases}$$

6 연속함수 $f(x)$에 대하여 다음을 만족시키는 a의 값을 구하라.

$$\int_0^2 f(x)\,dx = \int_0^2 f(a-x)\,dx$$

7 함수 $f(a)=\int_0^1 |x^3-a^3|\,dx$에 대하여 다음 물음에 답하라.

(1) $a \le 0$일 때, $f(a)$의 최솟값을 구하라.

(2) $0 < a < 1$일 때, $f(a)$의 최솟값을 구하라.

8 다음 정적분의 값을 구하라.

$$\int_0^1 (2x^3+x^2-x)^3(6x^2+2x-1)\,dx$$

9 함수 f가 연속이고 함수 g, h가 미분가능할 때 다음을 구하라.

$$\frac{d}{dx}\int_{g(x)}^{h(x)} f(t)\,dt$$

10 다음을 만족하는 함수 f와 실수 a를 구하라.

$$6+\int_a^x \frac{f(t)}{t^2}\,dt = 2\sqrt{x}, \qquad x>0$$

5.4 | 초월함수의 적분

어떠한 기교를 사용하지 않고 초월함수의 부정적분과 정적분을 구할 수 있는 문제들이 있고 그렇지 않은 문제들이 있다. 이 절에서는 지수함수와 로그함수 및 삼각함수의 부정적분을 앞 장에서 배운 역도함수를 이용하여 구해보도록 한다.

부정적분

예를 들어 $\frac{d}{dx}(\sin 3x) = 3\cos 3x$이므로 역도함수를 이용하여 $\int 3\cos 3x\,dx = \sin 3x + C$를 쉽게 구할 수 있다.

예제 5.24 다음 부정적분을 구하라.

(1) $\int \left(-\frac{1}{2}\frac{1}{x-1} + \frac{1}{7}\frac{1}{x-5}\right)dx$ (2) $\int \frac{2x}{x^2-5}\,dx$

(3) $\int a^{4x+1}\,dx$ (4) $\int e^{4x+1}\,dx$

풀이 (1) $\int \left(-\frac{1}{2}\frac{1}{x-1} + \frac{1}{7}\frac{1}{x-5}\right)dx = -\frac{1}{2}\ln|x-1| + \frac{1}{7}\ln|x-5| + C$

(2) $\int \frac{2x}{x^2-5}\,dx = \ln|x^2-5| + C$

(3) $\int a^{4x+1}\,dx = \frac{1}{4\ln a}a^{4x+1} + C$

(4) $\int e^{4x+1}\,dx = \frac{1}{4}e^{4x+1} + C$ □

예제 5.25 다음 부정적분을 구하라.

(1) $\int \cos 2x\,dx$ (2) $\int \frac{\cos 3x}{\sin 3x}\,dx$

(3) $\int \sin^2 x\,dx$ (4) $\int (1+\sec^2 x)\,dx$

풀이 (1) $\int \cos 2x\, dx = \frac{1}{2}\sin 2x + C$

(2) $\int \frac{\cos 3x}{\sin 3x} dx = \frac{1}{3}\ln|\sin 3x| + C$

(3) $\int \sin^2 x\, dx = \int \frac{1-\cos 2x}{2} dx = \frac{1}{2}\left(x - \frac{1}{2}\sin 2x\right) + C$

(4) $\int (1+\sec^2 x)\, dx = x + \tan x + C$ □

정적분

5.3절의 정적분에 관한 기본 정리를 이용하여 지수함수와 로그함수 및 삼각함수의 정적분을 구할 수 있다. 예제를 통하여 정적분의 값을 구해보기로 한다.

예제 5.26 다음 정적분을 구하라.

(1) $\int_0^{\pi/2} \cos x\, dx$ (2) $\int_0^2 \frac{2x}{x^2+1} dx$

(3) $\int_0^{\pi/2} (\cos x + \sin x)\, dx$ (4) $\int_1^2 \left(\frac{1}{x} + e^{2x}\right) dx$

풀이 (1) $\int_0^{\pi/2} \cos x\, dx = [\sin x]_0^{\pi/2} = 1$

(2) $\int_0^2 \frac{2x}{x^2+1} dx = [\ln(x^2+1)]_0^2 = [\ln 5 - \ln 1] = \ln 5$

(3) $\int_0^{\pi/2} (\cos x + \sin x)\, dx = [\sin x - \cos x]_0^{\pi/2} = 2$

(4) $\int_1^2 \left(\frac{1}{x} + e^{2x}\right) dx = \left[\ln|x| + \frac{1}{2}e^{2x}\right]_1^2 = \ln 2 + \frac{1}{2}(e^4 - e^2)$ □

연습문제 5.4

1 다음 부정적분을 구하라.

(1) $\int \left(-\frac{1}{2}\frac{1}{x-3} + \frac{1}{2}\frac{1}{x-5} \right) dx$

(2) $\int \left(\frac{5}{6}\frac{1}{x-4} + \frac{1}{6}\frac{1}{x+2} \right) dx$

(3) $\int e^{3x+2}\, dx$

(4) $\int \frac{\sin\sqrt{x}}{\sqrt{x}}\, dx$

(5) $\int \tan^2 x\, dx$

(6) $\int \sin^4 x\, dx$

(7) $\int \cos^4 x\, dx$

2 다음 정적분을 구하라.

(1) $\int_0^{\pi} \sin 3x\, dx$

(2) $\int_0^{\pi} |\cos x|\, dx$

(3) $\int_{-\pi}^{\pi} (\cos x + \sin x)\, dx$

(4) $\int_{-\pi/2}^{\pi/2} (2\sin^2 x + \cos x + 2\sin x)\, dx$

(5) $\int_0^{2\pi} (e^{2x} - \cos x)\, dx$

(6) $\int_0^{\pi/4} \frac{1+\cos^2\theta}{\cos^2\theta}\, d\theta$

(7) $\int_0^{\pi/3} \frac{\sin\theta + \sin\theta\tan^2\theta}{\sec^2\theta}\, d\theta$

5.5 치환 적분

5.4절에서는 어떠한 기교를 사용하지 않고도 피적분 함수의 부정적분을 쉽게 알 수 있는 기본형을 다루었다. 이 절과 다음 절에서는 기본형이 아닌 경우 기본형으로 변형하여 적분할 수 있는 두 가지 방법을 소개하기로 한다. 기본형이 아닌 경우 치환 적분이나 부분 적분의 기교를 사용하여 기본형으로 변형할 수 있으나 이 두 가지 방법으로 모든 문제를 해결할 수 있는 것은 아니다. 즉 여러 가지 기교를 사용해도 적분할 수 없는 초등함수가 많이 있음을 유념하야 한다.

먼저 치환 적분을 소개하기로 한다.

함수 $f(x)=(x+5)^{125}$의 부정적분 $\int (x+5)^{125}dx$를 구할 때 $(x+5)^{125}$을 모두 전개하여 구할 수 있다. 그러나 많은 시간이 소요되므로 비효율적이다. 그리고 역도함수를 찾는 공식이나 기본적인 부정적분 공식을 사용하여 $g(x)=3x^2\sqrt{2+x^3}$의 부정적분 $\int 3x^2\sqrt{2+x^3}\,dx$를 계산하는 데 많은 어려움이 따른다. 이러한 함수들의 적분을 계산하기 위하여 이용하는 방법은 독립변수 x에 대해 적당한 형태의 새로운 변수 t로 치환하여 주어진 함수를 t에 관한 간단한 함수로 변환하는 방법이다. 이 절에서는 이러한 방법을 알아보기로 한다.

미분가능한 함수 $h(x)$가 $h(x)=f(g(x))g'(x)$라 하자.

이제 $\int h(x)dx=\int f(g(x))g'(x)dx$를 구해보자. 이것을 구하기 위하여 $g(x)=u$로 치환하고 x에 관해 미분하면 $g'(x)dx=du$이므로 다음이 성립한다.

$$\int f(g(x))g'(x)\,dx=\int f(u)\,du$$

이때 위의 치환에 의하여 $\int f(u)\,du$가 기본형이 되면 함수 $h(x)$는 **치환 적분가능하다**고 한다.

| 치환 적분법

함수 $u=g(x)$가 미분가능한 함수이고, 그 치역을 I라 하고 함수 f를 I 위에서 연속이라 하면, $\int f(g(x))g'(x)\,dx=\int f(u)\,du$이다.

여기서 F가 f의 원시함수라면 다음이 성립한다.

$$\int f(g(x))g'(x)\,dx = \int f(u)\,du = F(u) + C = F(g(x)) + C$$

이제 함수 $h(x)$가 닫힌 구간 $[a, b]$에서 연속이고 $h(x) = f(g(x))g'(x)$를 만족하는 함수 f도 연속이라 하자. 그러면 다음을 얻는다.

$$\int_a^b h(x)\,dx = [F(g(x))]_a^b = F(g(b)) - F(g(a))$$

그러므로 다음이 성립한다.

$$\int_a^b h(x)\,dx = \int_a^b f(g(x))g'(x)\,dx = \int_{g(a)}^{g(b)} f(t)\,dt$$

| 정적분에 대한 치환 적분법

$g'(x)$가 닫힌 구간 $[a, b]$에서 연속이고 f가 g의 치역 위에서 연속이면 다음이 성립한다.

$$\int_a^b f(g(x))g'(x)\,dx = \int_{g(a)}^{g(b)} f(t)\,dt$$

부정적분

예를 들어 치환을 이용하여 $\int 3x^2(x^3+2)\,dx$를 구해보자.

$t = x^3 + 2$로 치환하면 $dt = 3x^2\,dx$이다. 이것으로부터 다음을 얻는다.

$$\int 3x^2(x^3+2)\,dx = \int t\,dt = \frac{1}{2}t^2 + C = \frac{1}{2}(x^3+2)^2 + C$$

치환을 이용하여 부정적분할 때 원래의 변수를 새로운 변수로 치환하여 계산하므로 마지막 결과에서 원래의 변수로 바꿔야 한다.

예제 5.27 다음 부정적분을 구하라.

(1) $\int (x+5)^{125}\,dx$ (2) $\int 3x^2\sqrt{2+x^3}\,dx$

(3) $\displaystyle\int \frac{2x+1}{(x^2+x)^2}\,dx$ (4) $\displaystyle\int \frac{4x+5}{\sqrt{2x-3}}\,dx$

풀이 (1) $u = x+5$라 하면, $du = dx$이므로 부정적분은 다음과 같다.

$$\int (x+5)^{125}\,dx = \int u^{125}\,du = \frac{1}{126}u^{126} + C$$
$$= \frac{1}{126}(x+5)^{126} + C$$

(2) $u = 2 + x^3$이라 하면, $du = 3x^2\,dx$이므로 부정적분은 다음과 같다.

$$\int 3x^2\sqrt{2+x^3}\,dx = \int u^{1/2}\,du = \frac{2}{3}u^{3/2} + C$$
$$= \frac{2}{3}(2+x^3)^{3/2} + C$$

(3) $u = x^2 + x$라 하면, $du = (2x+1)\,dx$이므로 부정적분은 다음과 같다.

$$\int \frac{2x+1}{(x^2+x)^2}\,dx = \int u^{-2}\,du = -\frac{1}{u} + C$$
$$= -\frac{1}{x^2+x} + C$$

(4) $u = 2x - 3$이라 하면, $\frac{1}{2}du = dx$이므로 부정적분은 다음과 같다.

$$\int \frac{4x+5}{\sqrt{2x-3}}\,dx = \int \frac{2u+11}{\sqrt{u}}\,\frac{1}{2}\,du = \int \left(u^{\frac{1}{2}} + \frac{11}{2}u^{-\frac{1}{2}}\right)du$$
$$= \frac{2}{3}u^{\frac{3}{2}} + 11u^{\frac{1}{2}} + C$$
$$= \frac{2}{3}(2x-3)^{\frac{3}{2}} + 11\sqrt{2x-3} + C$$

□

예제 5.28 다음 부정적분을 구하라.

(1) $\displaystyle\int \frac{\sin\sqrt{x}}{\sqrt{x}}\,dx$ (2) $\displaystyle\int \cos^3 x\,dx$

(3) $\displaystyle\int \tan x\,dx$ (4) $\displaystyle\int \sin^3 x\cos^4 x\,dx$

(5) $\int \sec^4 x\, dx$ (6) $\int \tan^4 x\, dx$

풀이 (1) $t = \sqrt{x}$라 두면, $2t\,dt = dx$이므로 부정적분은 다음과 같다.

$$\int \frac{\sin\sqrt{x}}{\sqrt{x}}\,dx = 2\int \frac{\sin t}{t}\,t\,dt$$
$$= -2\cos t + C = -2\cos\sqrt{x} + C$$

(2) $\cos^3 x = (1 - \sin x^2)\cos x$이다. 여기서 $t = \sin x$라 두면, $dt = \cos x\,dx$이므로 부정적분은 다음과 같다.

$$\int (1 - \sin x^2)\cos x\,dx = \int (1 - t^2)\,dt = t - \frac{1}{3}t^3 + C$$
$$= \sin x - \frac{1}{3}\sin^3 x + C$$

(3) $\tan x = \dfrac{\sin x}{\cos x}$이다. 여기서 $t = \cos x$라 두면, $-dt = \sin x\,dx$이므로 부정적분은 다음과 같다.

$$\int \frac{\sin x}{\cos x}\,dx = \int \frac{-1}{t}\,dt = -\ln|t| + C = -\ln|\cos x| + C$$

(4) $\sin^3 x\cos^4 x = (1 - \cos^2 x)\cos^4 x \sin x$이다. 여기서 $t = \cos x$라 두면, $-dt = \sin x\,dx$이므로 부정적분은 다음과 같다.

$$\int (1 - \cos^2 x)\cos^4 x \sin x\,dx = -\int (1 - t^2)\,t^4\,dt$$
$$= -\frac{1}{5}t^5 + \frac{1}{7}t^7 + C$$
$$= -\frac{1}{5}\cos^5 x + \frac{1}{7}\cos^7 x + C$$

(5) $\sec^4 x = (1 + \tan^2 x)\sec^2 x$이다. 여기서 $t = \tan x$라 두면, $dt = \sec^2 x\,dx$이므로 부정적분은 다음과 같다.

$$\int (1 + \tan^2 x)\sec^2 x\,dx = \int (1 + t^2)\,dt = t + \frac{1}{3}t^3 + C$$
$$= \tan x + \frac{1}{3}\tan^3 x + C$$

(6) $\tan^4 x = \tan^2 x(\sec^2 x - 1) = \tan^2 x \sec^2 x - \tan^2 x$ 이다. 여기서 $t = \tan x$ 라 두면, $dt = \sec^2 x\, dx$ 이므로 부정적분은 다음과 같다.

$$\int \tan^2 x \sec^2 x\, dx - \int \tan^2 x\, dx = \int t^2 dt - \int (\sec^2 x - 1)\, dx$$
$$= \frac{1}{3}\tan^3 x - \tan x + x + C \qquad \square$$

예제 5.29 다음 부정적분을 구하라.

(1) $\int 3e^{3x+1} dx$

(2) $\int \frac{\sqrt{x}}{x-3} dx$

(3) $\int 2x e^{x^2} dx$

(4) $\int \frac{e^x}{e^x+1} dx$

(5) $\int \frac{e^{\sqrt{x}}}{\sqrt{x}} dx$

풀이 (1) $t = 3x+1$ 이라 두면, $dt = 3dx$ 이므로 부정적분은 다음과 같다.

$$\int 3e^{3x+1} dx = \int e^t\, dt = e^t + C = e^{3x+1} + C$$

(2) $t = \sqrt{x}$ 라 두면, $2t\, dt = dx$ 이므로 부정적분은 다음과 같다.

$$\int \frac{\sqrt{x}}{x-3} dx = \int \frac{2t^2}{t^2-3} dt = \int \left(2 + \frac{6}{t^2-3}\right) dt$$
$$= \int \left(2 + \sqrt{3}\left(\frac{1}{t-\sqrt{3}} - \frac{1}{t+\sqrt{3}}\right)\right) dt$$
$$= 2t + \sqrt{3}(\ln|t-\sqrt{3}| - \ln|t+\sqrt{3}|) + C$$
$$= 2\sqrt{x} + \sqrt{3}(\ln|\sqrt{x} - \sqrt{3}| - \ln|\sqrt{x} + \sqrt{3}|) + C$$

(3) $t = x^2$ 이라 두면, $dt = 2x\, dx$ 이므로 부정적분은 다음과 같다.

$$\int 2x e^{x^2} dx = \int e^t dt = e^t + C = e^{x^2} + C$$

(4) $t = e^x$ 라 두면, $dt = e^x dx$ 이므로 부정적분은 다음과 같다.

$$\int \frac{e^x}{e^x+1} dx = \int \frac{1}{t+1} dt = \ln|t+1| + C$$

$$= \ln(e^x + 1) + C$$

(5) $t = \sqrt{x}$ 라 두면, $2t\,dt = dx$ 이므로 부정적분은 다음과 같다.

$$\int \frac{e^{\sqrt{x}}}{\sqrt{x}}\,dx = \int \frac{e^t}{t}\,2t\,dt = 2e^t + C = 2e^{\sqrt{x}} + C$$

□

정적분

정적분을 계산하기 위하여 치환을 이용할 때 부정적분의 치환과는 약간의 차이가 있다. 그것은 변수를 새로운 변수로 치환할 때 적분 한계가 바뀐다는 것이다. 예를 들어 치환 적분을 이용하여 $\int_0^2 2x(x^2+5)\,dx$ 의 값을 구해보자. 이 적분을 하기 위하여 $t = x^2 + 5$ 라 두면 $2x\,dx = dt$ 이다. 그리고 적분 한계에 대해서 $x = 0$ 일 때 $t = 5$ 이고, $x = 2$ 일 때 $t = 9$ 이다. 따라서 다음과 같이 적분할 수 있다.

$$\int_0^2 2x(x^2+5)\,dx = \int_5^9 t\,dt = \left[\frac{1}{2}t^2\right]_5^9 = 28$$

위의 정적분에서 새로운 변수 t 와 일치시키기 위하여 적분 한계가 5와 9로 바뀌었기 때문에, 부정적분에서 치환을 이용하여 계산할 때와는 달리 적분한 결과를 원래의 변수로 바꿔줄 필요는 없다. 만약 위의 정적분에서 원래의 변수로 바꾼다면 $\left[\frac{1}{2}t^2\right]_0^9 = \left[\frac{1}{2}(x^2+5)^2\right]_0^2$ 과 같이 원래의 적분 한계로 바꿔서 계산해야 한다.

예제 5.30 다음 정적분을 구하라.

(1) $\int_0^2 \sqrt{4x+1}\,dx$　　(2) $\int_0^2 \frac{2x}{\sqrt{x^2+4}}\,dx$

(3) $\int_2^3 x\sqrt{x^2-4}\,dx$　　(4) $\int_0^1 \frac{x}{x^2+1}\,dx$

풀이 (1) $t = 4x + 1$ 이라 두면 $\frac{1}{4}dt = dx$ 이고 $x = 0$ 일 때 $t = 1$ 이며 $x = 2$ 일 때 $t = 9$ 이므로, 정적분을 다음과 같이 구할 수 있다.

$$\int_0^2 \sqrt{4x+1}\,dx = \frac{1}{4}\int_1^9 \sqrt{t}\,dt = \left[\frac{1}{6}t^{\frac{3}{2}}\right]_1^9 = \frac{13}{3}$$

(2) $t = x^2 + 4$라 두면 $dt = 2x\,dx$이고 $x = 0$일 때 $t = 4$이며 $x = 2$일 때 $t = 8$이므로, 정적분을 다음과 같이 구할 수 있다.

$$\int_0^2 \frac{2x}{\sqrt{x^2+4}}\,dx = \int_4^8 t^{-1/2}dt = [2\sqrt{t}\,]_4^8 = 4(\sqrt{2}-1)$$

(3) $t = x^2 - 4$라 두면 $\frac{1}{2}dt = x\,dx$이고 $x = 2$일 때 $t = 0$이며 $x = 3$일 때 $t = 5$이므로, 정적분을 다음과 같이 구할 수 있다.

$$\int_2^3 x\sqrt{x^2-4}\,dx = \frac{1}{2}\int_0^5 \sqrt{t}\,dt = \left[\frac{1}{3}t^{\frac{3}{2}}\right]_0^5 = \frac{5\sqrt{5}}{3}$$

(4) $t = x^2 + 1$이라 두면 $\frac{1}{2}dt = x\,dx$이고 $x = 0$일 때 $t = 1$이며 $x = 1$일 때 $t = 2$이므로, 정적분을 다음과 같이 구할 수 있다.

$$\int_0^1 \frac{x}{x^2+1}\,dx = \int_1^2 \frac{1}{2t}\,dt = \frac{1}{2}[\ln|t|]_1^2 = \frac{\ln 2}{2}$$ □

예제 5.31 다음 정적분을 구하라.

(1) $\int_0^{\sqrt{\pi}} 2x\sin x^2\,dx$

(2) $\int_0^{\pi/2} \sin^5 x\,dx$

(3) $\int_0^{\sqrt{\pi/2}} 2x\cos x^2\,dx$

(4) $\int_0^{\pi/4} \tan^4 x\,dx$

풀이 (1) $t = x^2$이라 두면 $dt = 2x\,dx$이고 $x = 0$일 때 $t = 0$이며 $x = \sqrt{\pi}$일 때 $t = \pi$이므로, 정적분을 다음과 같이 구할 수 있다.

$$\int_0^{\sqrt{\pi}} 2x\sin x^2\,dx = \int_0^{\pi} \sin t\,dt = [-\cos t]_0^{\pi} = 2$$

(2) $\sin^5 x = (1-\cos^2 x)^2 \sin x$이다. 여기서 $t = \cos x$라 두면 $-dt = \sin x\,dx$이고 $x = 0$일 때 $t = 1$이며 $x = \pi/2$일 때 $t = 0$이므로, 정적분을 다음과 같이 구할

수 있다.

$$\int_0^{\pi/2}(1-\cos^2 x)^2 \sin x\, dx = -\int_1^0 (1-2t^2+t^4)\, dt = \frac{8}{15}$$

(3) $t=x^2$이라 두면 $dt=2x\,dx$이고 $x=0$일 때 $t=0$이며 $x=\sqrt{\pi/2}$일 때 $t=\pi/2$이므로, 정적분을 다음과 같이 구할 수 있다.

$$\int_0^{\sqrt{\pi/2}} 2x\cos x^2\, dx = \int_0^{\pi/2}\cos t\, dt = [\sin t]_0^{\pi/2} = 1$$

(4) $\tan^4 x = \tan^2 x(\sec^2 x - 1) = \tan^2 x\sec^2 x - \tan^2 x = \tan^2 x\sec^2 x + (1-\sec^2 x)$이다. 여기서 $t=\tan x$라 두면 $dt=\sec^2 x\, dx$이고 $x=0$일 때 $t=0$이며 $x=\pi/4$일 때 $t=1$이므로 다음을 얻는다.

$$\int_0^{\pi/4}\tan^2 x\sec^2 x\, dx = \int_0^1 t^2 dt$$

그러므로 정적분을 다음과 같이 구할 수 있다.

$$\begin{aligned}\int_0^{\pi/4}\tan^2 x\sec^2 x\, dx + \int_0^{\pi/4}(1-\sec^2 x)\, dx &= \int_0^1 t^2\, dt + \int_0^{\pi/4}(1-\sec^2 x)dx \\ &= \frac{1}{3} + [x-\tan x]_0^{\frac{\pi}{4}} \\ &= \frac{\pi}{4} - \frac{2}{3}\end{aligned}$$

□

예제 5.32 다음 정적분을 구하라.

(1) $\displaystyle\int_1^2 2x e^{x^2} dx$ (2) $\displaystyle\int_0^1 \frac{e^x}{e^x+1} dx$

(3) $\displaystyle\int_e^{e^2} \frac{1}{x\ln x} dx$

풀이 (1) $t=x^2$이라 두면 $dt=2x\,dx$이고 $x=1$일 때 $t=1$이며 $x=2$일 때 $t=4$이므로, 정적분을 다음과 같이 구할 수 있다.

$$\int_1^2 2x e^{x^2} dx = \int_1^4 e^t dt = [e^t]_1^4 = e^4 - e$$

(2) $t = e^x$라 두면 $dt = e^x dx$이고 $x = 0$일 때 $t = 1$이며 $x = 1$일 때 $t = e$이므로, 정적분을 다음과 같이 구할 수 있다.

$$\int_0^1 \frac{e^x}{e^x + 1} dx = \int_1^e \frac{1}{t+1} dt = [\ln(t+1)]_1^e$$
$$= \ln(e+1) - \ln 2$$

(3) $t = \ln x$라 두면 $dt = \frac{1}{x} dx$이고 $x = e$일 때 $t = 1$이며 $x = e^2$일 때 $t = 2$이므로, 정적분을 다음과 같이 구할 수 있다.

$$\int_e^{e^2} \frac{1}{x \ln x} dx = \int_1^2 \frac{1}{t} dt = [\ln t]_1^2 = \ln 2$$ □

피적분함수에 $\sqrt{a^2 - x^2}$, $\sqrt{a^2 + x^2}$, $\sqrt{x^2 - a^2}$ 등의 구리식이 있을 경우는 변수 x를 각각 $a\sin\theta$, $a\tan\theta$, $a\sec\theta$로 치환하여 적분을 구할 수 있다.

예제 5.33 다음을 구하라.

(1) $\int \sqrt{\frac{1}{9} - x^2}\, dx$

(2) $\int \frac{dx}{\sqrt{x^2 - 9}}$

(3) $\int \frac{dx}{\sqrt{x^2 + 9}}$

(4) $\int_0^1 \sqrt{1 - x^2}\, dx$

풀이 (1) $x = \frac{1}{3}\sin\theta$라 두면, $dx = \frac{1}{3}\cos\theta\, d\theta$이고 다음이 성립한다.

$$\sqrt{\frac{1}{9} - x^2} = \sqrt{\frac{1}{9}(1 - \sin^2\theta)} = \sqrt{\frac{1}{9}\cos^2\theta} = \frac{1}{3}\cos\theta$$

치환 적분을 이용하면 다음을 얻는다.

$$\int \sqrt{\frac{1}{9} - x^2}\, dx = \frac{1}{9}\int \cos^2\theta\, d\theta = \frac{1}{9}\int \frac{1 + \cos 2\theta}{2} d\theta$$
$$= \frac{1}{9}\left(\frac{1}{2}\theta + \frac{1}{4}\sin 2\theta\right) + C$$
$$= \frac{1}{18}(\theta + \sin\theta\cos\theta) + C$$

$$= \frac{1}{18}(\sin^{-1}3x + 3x\sqrt{1-9x^2}) + C$$

(2) $x = 3\sec\theta$라 두면, $dx = 3\sec\theta\tan\theta\, d\theta$이고 다음이 성립한다.

$$\sqrt{x^2-9} = \sqrt{9\sec^2\theta - 9} = \sqrt{9\tan^2\theta} = 3\tan\theta,$$

$$\begin{aligned}\int \frac{dx}{\sqrt{x^2-9}} &= \int \frac{3\sec\theta\tan\theta}{3\tan\theta}\, d\theta \\ &= \int \sec\theta\, d\theta \\ &= \int \sec\theta\left(\frac{\sec\theta + \tan\theta}{\sec\theta + \tan\theta}\right) d\theta\end{aligned}$$

여기서 분모를 미분하면 분자가 되므로 다음을 얻는다.

$$\begin{aligned}\int \sec\theta\left(\frac{\sec\theta + \tan\theta}{\sec\theta + \tan\theta}\right) d\theta &= \ln|\sec\theta + \tan\theta| + C \\ &= \ln\left|\frac{x}{3} + \frac{\sqrt{x^2-9}}{3}\right| + C\end{aligned}$$

(3) $x = 3\tan\theta$라 두면, $dx = 3\sec^2\theta\, d\theta$이고 다음이 성립한다.

$$\sqrt{x^2+9} = \sqrt{9\tan^2\theta + 9} = \sqrt{9\sec^2\theta} = 3\sec\theta$$

치환 적분을 이용하면 다음과 같다.

$$\begin{aligned}\int \frac{dx}{\sqrt{x^2+9}} &= \int \frac{3\sec^2\theta}{3\sec\theta}\, d\theta \\ &= \ln|\sec\theta + \tan\theta| + C\end{aligned}$$

$\sec\theta = \sqrt{1+\tan^2\theta} = \sqrt{1+\left(\frac{x}{3}\right)^2}$ 이므로 다음을 얻는다.

$$\int \frac{dx}{\sqrt{x^2+9}} = \ln\left|\sqrt{1+\left(\frac{x}{3}\right)^2} + \frac{x}{3}\right| + C$$

(4) $x = \sin\theta$라 두면 $dx = \cos\theta\, d\theta$이고 $x=0$일 때 $\theta = 0$이며 $x = 1$일 때 $\theta = \pi/2$이므로, 정적분을 다음과 같이 구할 수 있다.

$$\int_0^1 \sqrt{1-x^2}\,dx = \int_0^{\pi/2} \cos^2\theta\,d\theta$$
$$= \frac{1}{2}\left[\theta + \frac{1}{2}\sin 2\theta\right]_0^{\pi/2} = \frac{\pi}{4} \qquad \square$$

연습문제 5.5

1 다음 부정적분을 구하라.

(1) $\int (2x+1)(x^2+x)^3\,dx$　(2) $\int x^3\sqrt{1-x^2}\,dx$

(3) $\int x(x^2-3)^4\,dx$　(4) $\int \frac{1}{(3x-1)^3}\,dx$

(5) $\int x\sqrt{9-x^2}\,dx$　(6) $\int \frac{x^2}{x^3+5}\,dx$

(7) $\int \frac{(\sqrt{x}+2)^3}{\sqrt{x}}\,dx$

2 다음 부정적분을 구하라.

(1) $\int \sin^3 x\,dx$　(2) $\int \sin^2 x\cos x\,dx$

(3) $\int \sin^3 x\cos x\,dx$　(4) $\int \tan x\,dx$

(5) $\int \tan^3 x\sec^2 x\,dx$　(6) $\int \sec^3 x\tan^3 x\,dx$

(7) $\int \sec^4 x\tan^3 x\,dx$

3 다음 부정적분을 구하라.

(1) $\int e^{5x+7}\,dx$　(2) $\int xe^{x^2+1}\,dx$

(3) $\int \frac{e^x}{1+e^{2x}}\,dx$

4 다음 정적분을 구하라.

(1) $\int_2^4 x\sqrt{x^2-4}\,dx$

(2) $\int_0^1 \sqrt{1-x}\,dx$

(3) $\int_1^2 \frac{1}{(x+1)^2}\,dx$

(4) $\int_0^2 x\sqrt{4-x^2}\,dx$

5 다음 정적분을 구하라.

(1) $\int_0^{\pi/2} \sin^5 x\cos x\,dx$

(2) $\int_0^{\pi/2} \sin x\cos^3 x\,dx$

(3) $\int_0^{\pi/2} \frac{\cos x}{1+\sin x}\,dx$

6 다음 정적분을 구하라.

(1) $\int_0^1 x^2 e^{x^3}\,dx$

(2) $\int_0^{15} xe^{-x^2/2}\,dx$

(3) $\int_0^1 \frac{e^{2x}}{e^{2x}+1}\,dx$

(4) $\int_1^e \frac{\ln x}{x}\,dx$

7 다음 적분을 구하라.

(1) $\int \sqrt{4-x^2}\,dx$

(2) $\int \sqrt{x^2-4}\,dx$

(3) $\int_0^1 \frac{2}{x^2+1}\,dx$

(4) $\int_0^a \sqrt{a^2-x^2}\,dx$

5.6 부분 적분

기본형이 아닌 경우 기본형으로 변형하는 적분의 두 가지 방법 중 부분적분을 소개한다.

예를 들어 $\int x\cos x\,dx$나 $\int x e^x\,dx$는 피적분함수가 치환 적분가능하지 않다. 이 문제를 해결하기 위하여 이 절에서는 두 함수의 곱의 미분에서 유도되는 부분 적분에 대하여 알아보기로 한다.

미분가능한 두 함수의 곱의 미분은 다음과 같다.

$$\frac{d}{dx}[f(x)g(x)] = f'(x)g(x) + f(x)g'(x)$$

그리고 위 식의 양변을 적분하면 다음을 얻는다.

$$\int \frac{d}{dx}[f(x)g(x)]\,dx = \int f'(x)g(x)\,dx + \int f(x)g'(x)\,dx$$

미적분학의 기본 정리에 따라 다음을 얻는다.

$$f(x)g(x) = \int f'(x)g(x)\,dx + \int f(x)g'(x)\,dx$$

따라서 다음이 성립한다.

$$\int f'(x)g(x)\,dx = f(x)g(x) - \int f(x)g'(x)\,dx$$

이 식을 **부분 적분법**이라 한다.

부정적분

예제 5.34 다음 부정적분을 구하라.

(1) $\int \ln x\,dx$ (2) $\int x\cos x\,dx$

(3) $\int x\sin 2x\,dx$ (4) $\int x^2 e^{2x}\,dx$

(5) $\int e^x \sin x\,dx$

풀이 (1) $f(x)=\ln x$, $g'(x)=1$이라 놓으면 $f'(x)=1/x$, $g(x)=x$이다. 부분 적분을 이용하면 다음과 같다.

$$\int \ln x\,dx = x\ln x - \int 1\,dx = x\ln x - x + C$$

(2) $f(x)=x$, $g'(x)=\cos x$라 놓으면 $f'(x)=1$, $g(x)=\sin x$이다. 부분 적분을 이용하면 다음과 같다.

$$\int x\cos x\,dx = x\sin x - \int \sin x\,dx = x\sin x + \cos x + C$$

(3) $f(x)=x$, $g'(x)=\sin 2x$라 놓으면 $f'(x)=1$, $g(x)=-\frac{1}{2}\cos 2x$이다. 부분 적분을 이용하면 다음과 같다.

$$\begin{aligned}\int x\sin 2x\,dx &= -\frac{1}{2}x\cos 2x + \frac{1}{2}\int \cos 2x\,dx \\ &= -\frac{1}{2}x\cos 2x + \frac{1}{4}\sin 2x + C\end{aligned}$$

(4) $f(x)=x^2$, $g'(x)=e^{2x}$라 놓으면 $f'(x)=2x$, $g(x)=\frac{1}{2}e^{2x}$이다. 부분 적분을 이용하면 다음과 같다.

$$\begin{aligned}\int x^2e^{2x}\,dx &= \frac{1}{2}x^2e^{2x} - \int x\,e^{2x}\,dx \\ &= \frac{1}{2}x^2e^{2x} - \left[\frac{1}{2}xe^{2x} - \frac{1}{2}\int e^{2x}\,dx\right] \\ &= \frac{1}{2}x^2e^{2x} - \frac{1}{2}xe^{2x} + \frac{1}{4}e^{2x} + C\end{aligned}$$

(5) $f(x)=\sin x$, $g'(x)=e^x$로 놓으면 $f'(x)=\cos x$, $g(x)=e^x$이다. 부분 적분을 이용하면 다음을 얻는다.

$$\int e^x\sin x\,dx = e^x\sin x - \int e^x\cos x\,dx$$

다시 $f(x)=\cos x$, $g'(x)=e^x$라 놓으면 $f'(x)=-\sin x$, $g(x)=e^x$이다. 부

분적분을 이용하면 다음을 얻는다.

$$\int e^x \cos x\,dx = e^x \cos x + \int e^x \sin x\,dx$$

그러므로 구하고자 하는 적분은 다음과 같이 구할 수 있다.

$$\int e^x \sin x\,dx = e^x \sin x - e^x \cos x - \int e^x \sin x\,dx$$

$$\int e^x \sin x\,dx = \frac{1}{2}e^x(\sin x - \cos x) + C$$

□

▶ 정적분

예제 5.35 다음 정적분을 구하라.

(1) $\int_1^2 x \ln x\,dx$ (2) $\int_0^1 x e^{3x}\,dx$ (3) $\int_0^{\pi/2} x \cos x\,dx$

풀이 (1) $f(x) = \ln x$, $g'(x) = x$라 놓으면 $f'(x) = \frac{1}{x}$, $g(x) = \frac{1}{2}x^2$이다. 부분적분을 이용하면 다음과 같다.

$$\begin{aligned}\int_1^2 x \ln x\,dx &= \left[\frac{1}{2}x^2 \ln x\right]_1^2 - \int_1^2 \frac{1}{2}x^2 \cdot \frac{1}{x}\,dx \\ &= 2\ln 2 - \left[\frac{1}{4}x^2\right]_1^2 = 2\ln 2 - \frac{1}{4}(4-1) \\ &= 2\ln 2 - \frac{3}{4}\end{aligned}$$

(2) $f(x) = x$, $g'(x) = e^{3x}$라 놓으면 $f'(x) = 1$, $g(x) = \frac{1}{3}e^{3x}$이다. 부분적분을 이용하면 다음과 같다.

$$\begin{aligned}\int_0^1 x e^{3x}\,dx &= \left[\frac{1}{3}x e^{3x}\right]_0^1 - \int_0^1 \frac{1}{3}e^{3x}\,dx \\ &= \frac{1}{3}e^3 - \left[\frac{1}{9}e^{3x}\right]_0^1 = \frac{1}{3}e^3 - \left(\frac{1}{9}e^3 - \frac{1}{9}\right) \\ &= \frac{2}{9}e^3 + \frac{1}{9}\end{aligned}$$

(3) $f(x)=x$, $g'(x)=\cos x$라 놓으면 $f'(x)=1$, $g(x)=\sin x$이다. 부분적분을 이용하면 다음과 같다.

$$\int_0^{\pi/2} x\cos x\,dx = [x\sin x]_0^{\pi/2} - \int_0^{\pi/2} \sin x\,dx = \frac{\pi}{2} - 1$$

□

연습문제 5.6

1 다음 부정적분을 구하라.

(1) $\int x e^{3x}\,dx$

(2) $\int x^2 \ln x\,dx$

(3) $\int x\ln x\,dx$

(4) $\int x(\ln x)^2\,dx$

(5) $\int xe^{2x}\,dx$

(6) $\int x\cos 3x\,dx$

(7) $\int \sec^3 x\,dx$

2 다음 정적분을 구하라.

(1) $\int_1^3 x e^{3x} dx$

(2) $\int_0^{\pi/2} x\sin x\,dx$

(3) $\int_0^{\pi/2} x^2\cos x\,dx$

(4) $\int_0^{\pi/2} x^2\sin x\,dx$

(5) $\int_1^e \ln x\,dx$

(6) $\int_1^2 4x^3\ln x\,dx$

(7) $\int_1^e x^2\ln x\,dx$

(8) $\int_0^{\pi/2} e^{-x}\sin x\,dx$

(9) $\int_0^1 x^2 e^x\,dx$

5.7 정적분으로 표시된 함수

다음과 같이 정적분으로 표시된 함수의 극한에 대하여 알아보자.

$$\lim_{x \to 0} \frac{1}{x} \int_0^x (4t+1)\,dt$$

$\int_0^x (4t+1)\,dt = 2x^2 + x$ 이므로 다음과 같이 극한값을 구할 수 있다.

$$\lim_{x \to 0} \frac{1}{x} \int_0^x (4t+1)\,dt = \lim_{x \to 0} \frac{2x^2+x}{x} = \lim_{x \to 0} (2x+1) = 1$$

일반적으로 정적분으로 표시된 함수의 극한값을 구할 때는 위와 같이 정적분을 계산한 후에 극한값을 구할 수 있으나 다음 성질을 이용하면 편리하다.

정리 5.7

연속함수 $f(x)$에 대하여 다음이 성립한다.

(1) $\lim_{x \to 0} \frac{1}{x} \int_a^{x+a} f(t)\,dt = f(a)$

(2) $\lim_{x \to a} \frac{1}{x-a} \int_a^x f(t)\,dt = f(a)$

증명 함수 $f(t)$의 부정적분을 $F(t)$라 하면 $f(t) = F'(t)$이다.

(1) 좌변 $= \lim_{x \to 0} \frac{1}{x} \int_a^{x+a} F'(t)\,dt$

$$= \lim_{x \to 0} \frac{F(x+a) - F(a)}{x} = F'(a) = f(a)$$

(2) 좌변 $= \lim_{x \to a} \frac{1}{x-a} \int_a^x F'(t)\,dt$

$$= \lim_{x \to a} \frac{F(x) - F(a)}{x-a} = F'(a) = f(a)$$ ■

예제 5.36 정적분으로 표시된 다음 함수의 극한값을 구하라.

$$\lim_{h \to 0} \frac{1}{h} \int_1^{1+h} (x^4 - x^3 + 2x^2 + 3x - 4)\, dx$$

풀이 $F'(x) = x^4 - x^3 + 2x^2 + 3x - 4$로 놓으면 다음이 성립한다.

$$\begin{aligned} \text{준식} &= \lim_{h \to 0} \frac{1}{h} \int_1^{1+h} F'(x)\, dx = \lim_{h \to 0} \frac{F(1+h) - F(1)}{h} \\ &= F'(1) = 1 \end{aligned}$$

□

예제 5.37 정적분으로 표시된 다음 함수의 극한값을 구하라.

$$\lim_{x \to 2} \frac{1}{x-2} \int_2^{x} (3t^3 - 2t^2 + 1)\, dt$$

풀이 $F'(t) = 3t^3 - 2t^2 + 1$로 놓으면 다음이 성립한다.

$$\begin{aligned} \text{준식} &= \lim_{x \to 2} \frac{1}{x-2} \int_2^{x} F'(t)\, dt \\ &= \lim_{x \to 2} \frac{F(x) - F(2)}{x-2} = F'(2) = 17 \end{aligned}$$

□

다음은 정적분으로 표시된 함수의 미분에 대한 정리이다.

정리 5.8

연속함수 $f(x)$에 대하여 다음이 성립한다.

(1) $\dfrac{d}{dx} \displaystyle\int_a^{x} f(t)\, dt = f(x)$

(2) $\dfrac{d}{dx} \displaystyle\int_x^{x+a} f(t)\, dt = f(x+a) - f(x)$

증명 함수 $f(t)$의 부정적분을 $F(t)$라 하면 $f(t) = F'(t)$이다.

(1) 좌변 $= \dfrac{d}{dx}\displaystyle\int_a^x F'(t)\,dt = \dfrac{d}{dx}\{F(x)-F(a)\} = F'(x) = f(x)$

(2) 좌변 $= \dfrac{d}{dx}\displaystyle\int_x^{x+a} F'(t)\,dt = \dfrac{d}{dx}\{F(x+a)-F(x)\}$

$= F'(x+a) - F'(x) = f(x+a) - f(x)$ ■

예제 5.38 정적분으로 표시된 다음 함수를 x에 대해서 미분하라.

(1) $y = \displaystyle\int_2^x (t^4 + t^3 - 2t^2 - 4)\,dt$

(2) $y = \displaystyle\int_x^{x+1} (3t^2 + 1)\,dt$

풀이 (1) $\dfrac{dy}{dx} = \dfrac{d}{dx}\displaystyle\int_2^x (t^4 + t^3 - 2t^2 - 4)\,dt = x^4 + x^3 - 2x^2 - 4$

(2) $\dfrac{dy}{dx} = \dfrac{d}{dx}\displaystyle\int_x^{x+1} (3t^2 + 1)\,dt$

$= 3(x+1)^2 + 1 - 3x^2 - 1 = 6x + 3$ □

예제 5.39 다음을 만족시키는 미분가능한 함수 $f(x)$와 상수 C_1과 C_2의 값을 구하라.

$$\int_1^x (x-t)f(t)\,dt = x^3 + x^2 + C_1 x + C_2 \tag{5.15}$$

풀이 다음이 성립한다.

$$\begin{aligned}\int_1^x (x-t)f(t)\,dt &= x\int_1^x f(t)\,dt - \int_1^x tf(t)\,dt \\ &= x^3 + x^2 + C_1 x + C_2\end{aligned}$$

따라서 양변을 x에 대하여 미분하면 다음을 얻는다.

$$\int_1^x f(t)\,dt + xf(x) - xf(x) = 3x^2 + 2x + C_1$$

그러므로 양변을 다시 x에 대하여 미분하면 $f(x) = 6x + 2$이다. 이때 식 (5.15)에서 $f(t)$에 $6t + 2$를 대입하여 정리하면 다음이 성립한다.

$$\int_1^x (x-t)(6t+2)\,dt = x^3 + x^2 - 5x + 3$$

따라서 $C_1 = -5$이고 $C_2 = 3$이다. □

연습문제 5.7

1 정적분으로 표시된 다음 함수들의 극한값을 구하라.

(1) $\lim_{x\to1} \frac{1}{x-1}\int_1^x (t^5 + 3t^3 + 2t)\,dt$

(2) $\lim_{h\to0} \frac{1}{h}\int_{3-h}^{3+h} |x^2 - 4|\,dx$

(3) $\lim_{n\to\infty} n\int_2^{2+1/n} (1-t)(1-t^2)(1-t^3)\,dt$

2 다음을 만족시키는 미분가능한 함수 $f(x)$를 구하라.

(1) $x^2 f(x) = x^4 - x^3 + 2\int_1^x t f(t)\,dt$

(2) $f(x) = 12x^2 + 6x\int_0^1 f(t)\,dt + 2\int_0^1 t f(t)\,dt$

3 $\frac{d}{dx}\int_x^{x+1} f(t)\,dt = 2x^2 - 3x + 1$일 때, $f(5) - f(1)$을 구하라.

4 두 함수 $f(x)$와 $g(x)$에 대하여 연산 $*$를 다음과 같이 정의한다.

$$(f * g)(x) = \int_0^x f(t) g(x-t)\,dt$$

$g(x) = x - 1$일 때 $(f * g)(x) = x^4 - 24x$를 만족시키는 다항함수 $f(x)$를 구하라.

5 다음을 만족시키는 다항함수 $f(x)$를 구하라.

$$f(x) - \int_0^x (x-t)f(t)\,dt = \frac{1}{2}x^4 + x^3 - 6x - 12$$

6 $a_1 = 1$인 수열 $\{a_n\}$의 각 항을 계수로 하는 함수 $f_n(x) = a_n x + 2$가 모든 실수 x에 대하여 아래 관계를 만족시킬 때, $\lim_{n\to\infty} a_n$을 구하라.

$$x^2 f_{n+1}(x) = x^3 + 2\int_0^x t f_n(t)\,dt$$

5.8 정적분과 무한급수

앞에서 구분구적법을 이용하여 정적분을 정의했다. 이 절에서는 정적분의 정의를 이용하여 무한급수의 합을 구하는 방법을 알아보자.

식 (5.9)에서와 같이 함수 $f(x)$가 $[a, b]$에서 연속이면 함수 $f(x)$의 정적분은 다음과 같다.

$$\int_a^b f(x)\,dx = \lim_{n\to\infty}\sum_{k=1}^{n} f(x_k)\Delta x, \quad \Delta x = \frac{b-a}{n}, \quad x_k = a + k\Delta x$$

여기서 $a = 0$, $b = 1$이면 $\Delta x = \dfrac{1}{n}$이고 $x_k = \dfrac{k}{n}$이다. 따라서 다음을 얻는다.

정리 5.9

함수 $f(x)$가 닫힌 구간 $[0, 1]$에서 연속이면 다음이 성립한다.

$$\lim_{n\to\infty}\sum_{k=1}^{n} f\left(\frac{k}{n}\right)\frac{1}{n} = \int_0^1 f(x)\,dx$$

예제 5.40 정적분을 이용하여 다음을 구하라.

$$\lim_{n\to\infty}\frac{1^2+2^2+3^2+\cdots+n^2}{n^3}$$

풀이 다음이 성립한다.

$$(\text{준식}) = \lim_{n\to\infty}\frac{1}{n}\left\{\left(\frac{1}{n}\right)^2+\left(\frac{2}{n}\right)^2+\cdots+\left(\frac{n}{n}\right)^2\right\} = \lim_{n\to\infty}\sum_{k=1}^{n}\left(\frac{k}{n}\right)^2\frac{1}{n}$$

여기서 $f(x) = x^2$이라면 정리 5.9에 의하여 다음을 얻는다.

$$\lim_{n\to\infty}\sum_{k=1}^{n}\left(\frac{k}{n}\right)^2\frac{1}{n} = \int_0^1 x^2\,dx = \left[\frac{1}{3}x^3\right]_0^1 = \frac{1}{3}$$

□

일반적으로 무한급수를 정적분으로 나타낼 때는 다음 순서에 따른다.

- 무한급수를 $\lim_{n\to\infty}\sum_{k=1}^{n}$ 으로 나타낸다.
- 각각 다음과 같이 놓는다.

$$\lim_{n\to\infty}\sum_{k=1}^{n} \Rightarrow \int, \qquad f\left(a+b\frac{k}{n}\right) \Rightarrow f(a+bx), \qquad \frac{1}{n} \Rightarrow dx$$

예제 5.41 다음 무한급수의 극한값을 정적분으로 나타내면 다음과 같다.

(1) $\lim_{n\to\infty}\sum_{k=1}^{n}\left(\frac{4k}{n}\right)^3\frac{1}{n} = \int_0^1 (4x)^3\,dx$

(2) $\lim_{n\to\infty}\sum_{k=1}^{n}\left(1+\frac{6k}{n}\right)^2\frac{2}{n} = 2\int_0^1 (1+6x)^2\,dx$ □

정적분을 무한급수로 나타내는 방법은 무한급수를 정적분으로 나타내는 과정을 역으로 하면 된다.

예제 5.42 다음 정적분을 무한급수로 나타내면 다음과 같다.

(1) $\int_0^1 (2x)^2\,dx = \lim_{n\to\infty}\sum_{k=1}^{n}\left(\frac{2k}{n}\right)^2\frac{1}{n}$

(2) $\int_0^3 (5x+2)^2\,dx = \lim_{n\to\infty}\sum_{k=1}^{n}\left(\frac{15k}{n}+2\right)^2\frac{3}{n}$

$$= 3\int_0^1 (15y+2)^2\,dy$$ □

예제 5.43 정적분을 이용하여 다음 무한급수의 극한값을 구하라.

$$\lim_{n\to\infty}\sum_{k=1}^{n}\left(1+\frac{2k}{n}\right)^2\frac{8k^2}{n^3}$$

풀이 다음과 같이 계산한다.

$$\lim_{n\to\infty}\sum_{k=1}^{n}\left(1+\frac{2k}{n}\right)^2\frac{8k^2}{n^3} = 8\lim_{n\to\infty}\sum_{k=1}^{n}\left(1+\frac{2k}{n}\right)^2\left(\frac{k}{n}\right)^2\frac{1}{n}$$

$$= 8\int_0^1 (1+2x)^2 x^2\,dx = \frac{256}{15} \qquad \square$$

연속함수 $f(x)$에 대하여 다음이 성립한다.

$$\lim_{n\to\infty}\sum_{k=1}^{n} f\left(a+\frac{(b-a)k}{n}\right)\frac{b-a}{n} = \int_a^b f(x)\,dx \tag{5.16}$$

식 (5.16)에서 $b-a=p$로 놓으면 $b=a+p$이므로 다음을 얻는다.

정리 5.10

함수 $f(x)$가 구간 $[a, a+p]$에서 연속이면 다음이 성립한다.

$$\lim_{n\to\infty}\sum_{k=1}^{n} f\left(a+\frac{pk}{n}\right)\frac{p}{n} = \int_a^{a+p} f(x)\,dx \tag{5.17}$$

예제 5.44 정적분을 이용하여 다음 무한급수의 극한값을 구하라.

(1) $\displaystyle\lim_{n\to\infty}\sum_{k=1}^{n}\left(1+\frac{2k}{n}\right)^2\frac{2}{n}$ (2) $\displaystyle\lim_{n\to\infty}\sum_{k=1}^{n}\left(3+\frac{2k}{n}\right)\frac{5}{n}$

풀이 (1) 식 (5.17)과 비교하면 $a=1$이고 $p=2$이므로 다음이 성립한다.

$$\lim_{n\to\infty}\sum_{k=1}^{n}\left(1+\frac{2k}{n}\right)^2\frac{2}{n} = \int_1^3 x^2\,dx = \left[\frac{x^3}{3}\right]_1^3 = \frac{26}{3}$$

(2) $\displaystyle\lim_{n\to\infty}\sum_{k=1}^{n}\left(3+\frac{2k}{n}\right)\frac{5}{n} = \frac{5}{2}\lim_{n\to\infty}\sum_{k=1}^{n}\left(3+\frac{2k}{n}\right)\frac{2}{n}$이므로 식 (5.17)과 비교하면 $a=3$이고 $p=2$이므로 다음이 성립한다.

$$\lim_{n\to\infty}\sum_{k=1}^{n}\left(3+\frac{2k}{n}\right)\frac{5}{n} = \frac{5}{2}\int_3^{3+2} x\,dx = \frac{5}{2}\left[\frac{1}{2}x^2\right]_3^5 = 20 \qquad \square$$

예제 5.45 정적분을 이용하여 다음을 계산하라.

$$\lim_{n\to\infty}\frac{(1^2+2^2+\cdots+n^2)(1^3+2^3+\cdots+n^3)}{(1+2+\cdots+n)(1^4+2^4+\cdots+n^4)}$$

풀이 다음이 성립한다.

$$\frac{(1^2+\cdots+n^2)(1^3+\cdots+n^3)}{(1+\cdots+n)(1^4+\cdots+n^4)}=\frac{\left\{\sum_{k=1}^{n}\left(\frac{k}{n}\right)^2\frac{1}{n}\right\}\left\{\sum_{k=1}^{n}\left(\frac{k}{n}\right)^3\frac{1}{n}\right\}}{\left\{\sum_{k=1}^{n}\left(\frac{k}{n}\right)\frac{1}{n}\right\}\left\{\sum_{k=1}^{n}\left(\frac{k}{n}\right)^4\frac{1}{n}\right\}}$$

그러므로 구하는 극한값은 다음과 같다.

$$\lim_{n\to\infty}\frac{(1^2+\cdots+n^2)(1^3+\cdots+n^3)}{(1+\cdots+n)(1^4+\cdots+n^4)}=\frac{\left(\int_0^1 x^2\,dx\right)\left(\int_0^1 x^3\,dx\right)}{\left(\int_0^1 x\,dx\right)\left(\int_0^1 x^4\,dx\right)}$$

$$=\frac{\frac{1}{3}\times\frac{1}{4}}{\frac{1}{2}\times\frac{1}{5}}=\frac{5}{6}$$

□

연습문제 5.8

1 정적분을 이용하여 다음 무한급수의 극한값을 구하라.

(1) $\lim_{n\to\infty}\sum_{k=1}^{n}\left(1+\frac{2k}{n}\right)\frac{3}{n}$ (2) $\lim_{n\to\infty}\sum_{k=1}^{n}\left(2+\frac{3k}{n}\right)^2\frac{k}{n^2}$

2 다음 극한값을 구하라.

(1) $\lim_{n\to\infty}\frac{1}{n}\left\{\left(1+\frac{1}{n}\right)^2+\left(1+\frac{2}{n}\right)^2+\cdots+\left(1+\frac{n}{n}\right)^2\right\}$

(2) $\lim_{n \to \infty} \frac{1^8 + 2^8 + \cdots + n^8}{(1^3 + 2^3 + \cdots + n^3)(1^4 + 2^4 + \cdots + n^4)}$

3 정적분을 이용하여 다음 극한값을 구하라.

$$\lim_{n \to \infty} \frac{1}{n^5} \sum_{k=1}^{n} \int_0^{k^2} x\, dx$$

4 다항식 $f(x)$가 다음 식을 만족시킬 때 $f(x)$를 구하라.

$$\lim_{n \to \infty} \frac{1+x}{n} \sum_{k=1}^{n} f\left(1 + \frac{1+x}{n} k\right) = x^3 + 6x^2 + 12x + 7$$

5 $\int_0^2 \lim_{n \to \infty} \frac{(x-1)(x^n + 2x)}{x^n + 1} dx$의 값을 계산하라.

5.9 정적분의 활용

이 절에서는 정적분을 활용하여 곡선의 길이, 두 곡선으로 둘러싸인 도형의 넓이, 회전체의 부피, 직선 위를 움직이는 물체의 위치와 움직인 거리 등을 구하는 방법을 알아본다.

이 절에 있는 정리들의 증명은 이 책의 정도를 벗어나므로 생략한다.

곡선의 길이

정적분을 이용하여 함수의 그래프로 정의되는 곡선의 길이를 구할 수 있다.

정리 5.11

함수 $f(x)$와 도함수 $f'(x)$가 닫힌 구간 $[a, b]$에서 연속이면, $x=a$에서 $x=b$까지의 곡선 $y=f(x)$의 길이 L은 다음과 같다.

$$L=\int_a^b \sqrt{1+\{f'(x)\}^2}\,dx$$

예제 5.46 $x=0$에서 $x=1$까지의 곡선 $y=2x^{3/2}$의 길이를 구하라.

풀이 주어진 함수 y와 이의 도함수 $y'=3x^{1/2}$은 모두 구간 $[0, 1]$에서 연속이다. 따라서 정리 5.11에 의하여 구하는 곡선의 길이 L은 다음과 같다.

$$L=\int_0^1 \sqrt{1+9x}\,dx=\left[\frac{2}{27}(1-9x)^{3/2}\right]_0^1=\frac{20\sqrt{10}-2}{27}$$ □

도형의 넓이

5.2절에서 닫힌 구간 $[a, b]$에서 정의된 함수 $f(x)$가 연속이고 구간 $[a, b]$에 있는 모든 x에 대하여 $f(x)\ge 0$을 만족시킬 때, 곡선 $y=f(x)$와 x축 및 두 직선 $x=a$와 $x=b$로 둘러싸인 도형의 넓이는 $\int_a^b f(x)\,dx$로 나타난다는 것을 알아 보

있다.

이와 비슷하게 닫힌 구간에서 연속인 두 곡선과 y축에 평행인 두 직선으로 둘러싸인 도형의 넓이는 다음 정리의 식과 같이 나타낼 수 있다.

정리 5.12

닫힌 구간 $[a, b]$에 정의된 함수 $f(x)$와 $g(x)$가 연속일 때, 두 곡선 $y = f(x)$와 $y = g(x)$ 및 두 직선 $x = a$와 $x = b$로 둘러싸인 도형의 넓이는 다음과 같다.

$$\int_a^b |f(x) - g(x)|\, dx$$

예제 5.47 (1) 두 곡선 $y = x^2$과 $y = x^3$으로 둘러싸인 도형의 넓이를 구하라.

(2) 두 곡선 $y = x^2$과 $y = x^3$ 및 두 직선 $x = -1$과 $x = 2$로 둘러싸인 도형의 넓이를 구하라.

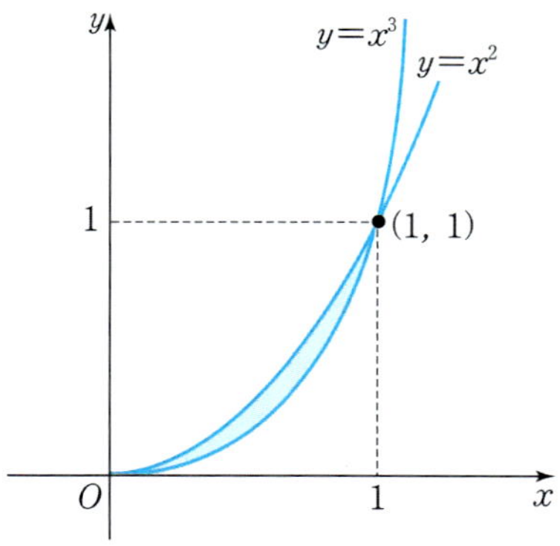

| 그림 5.19 |

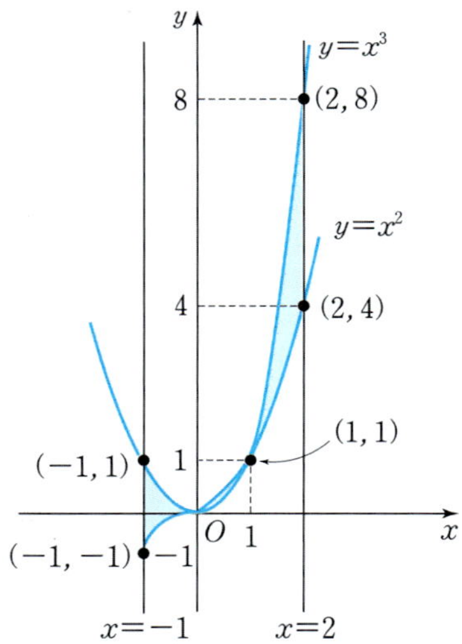

| 그림 5.20 |

풀이 (1) 그림 5.19와 같이 두 곡선이 만나는 점은 $(0, 0)$과 $(1, 1)$이다. 따라서 구하는 도형의 넓이는 다음과 같다.

$$\int_0^1 (x^2 - x^3)\,dx = \frac{1}{3} - \frac{1}{4} = \frac{1}{12}$$

(2) 구간 $[-1, 1]$에서 $x^3 \le x^2$이고 구간 $[1, 2]$에서 $x^2 \le x^3$이다(그림 5.20 참조). 따라서 정리 5.12에 의하여 구하는 도형의 넓이는 다음과 같다.

$$\int_{-1}^{2} |x^2 - x^3|\,dx = \int_{-1}^{1} (x^2 - x^3)\,dx - \int_{1}^{2} (x^3 - x^2)\,dx$$
$$= \frac{2}{3} + \frac{17}{12} = \frac{25}{12}$$ □

회전체의 부피

정적분을 이용하여 함수의 그래프를 좌표축을 축으로 회전하여 얻어지는 간단한 회전체의 부피를 구할 수 있다.

정리 5.13

닫힌 구간 $[a, b]$에서 정의된 함수 $f(x)$가 연속일 때, $[a, b]$ 위의 곡선 $y = f(x)$와 x축 및 두 직선 $x = a$와 $x = b$로 둘러싸인 도형을 x축의 둘레로 회전시킬 때 생기는 회전체의 부피는 다음과 같다.

$$\pi \int_a^b \{f(x)\}^2\,dx \tag{5.18}$$

예제 5.48 다항함수 $f(x) = 1 - x^2$과 x축으로 둘러싸인 영역을 x축의 둘레로 회전시킬 때 생기는 회전체의 부피를 구하라.

풀이 그림 5.21과 같이 포물선 $y = f(x)$가 x축과 만나는 교점의 좌표는 $(-1, 0)$과 $(1, 0)$이다. 따라서 구하는 회전체의 부피는 정리 5.13에 의하여 다음과 같다.

$$\pi \int_{-1}^{1} (1 - x^2)^2\,dx = 2\pi \int_0^1 (1 - 2x^2 + x^4)\,dx = \frac{16}{15}\pi$$ □

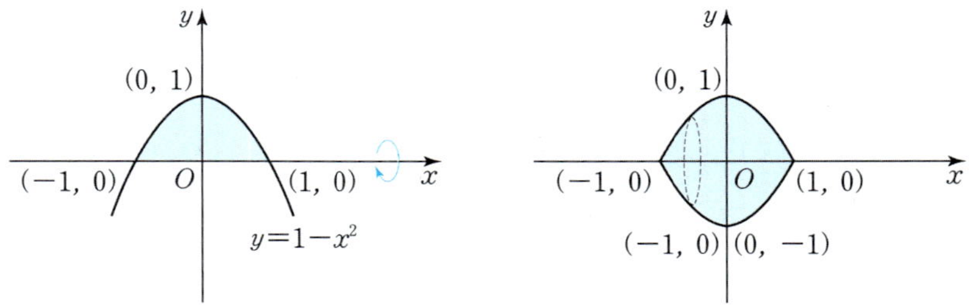

| 그림 5.21 | 예제 5.48의 그림: 곡선 $f(x)=1-x^2$이 만드는 회전체

예제 5.49 반지름의 길이가 r이고 높이가 h인 원뿔의 부피를 적당한 함수 $f(x)$를 찾아 식 (5.18)을 사용하여 구하라.

풀이 그림 5.22와 같이 $f(x)=rx/h$라 하자. 이때 $f(x)$는 구간 $[0, h]$에서 연속이다. 따라서 구하는 부피는 정리 5.13에 의하여 다음과 같다.

$$\pi\int_0^h\left(\frac{rx}{h}\right)^2dx=\frac{1}{3}\pi r^2h \qquad \square$$

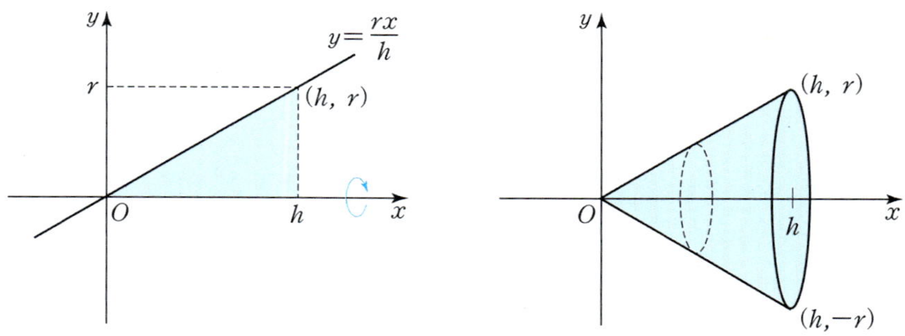

| 그림 5.22 | 예제 5.49의 그림

예제 5.50 반지름이 r인 구의 부피를 적당한 함수 $f(x)$를 찾아 식 (5.18)을 사용하여 구하라.

풀이 그림 5.23과 같이 $f(x)=\sqrt{r^2-x^2}$이라 하자. 이때 $f(x)$는 구간 $[-r, r]$에서 연속이다. 따라서 구하는 구의 부피는 다음과 같다.

$$\pi\int_{-r}^{r}(\sqrt{r^2-x^2})^2dx=\pi\int_{-r}^{r}(r^2-x^2)\,dx=\frac{4}{3}\pi r^3 \qquad \square$$

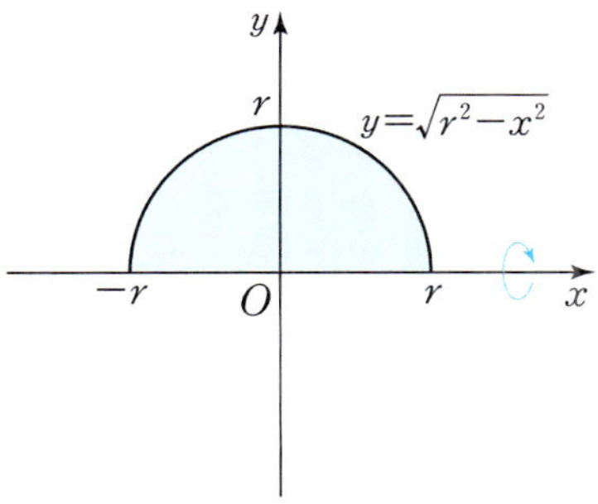

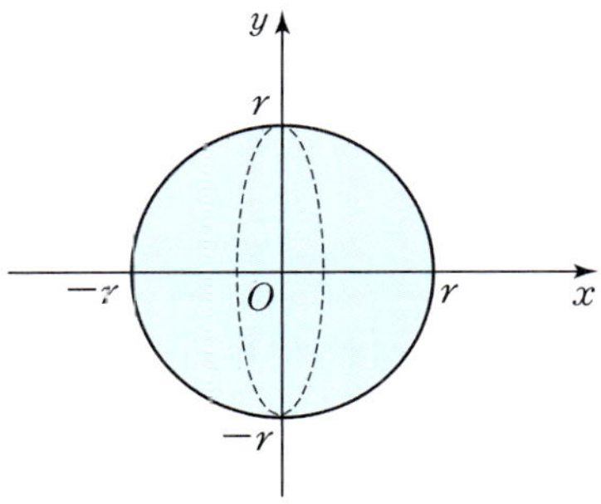

| 그림 5.23 | 예제 5.50의 그림 : 곡선 $f(x)=\sqrt{r^2-x^2}$ 이 만드는 구

직선 위를 움직이는 물체의 위치와 움직인 거리

여기서는 직선 위를 움직이는 물체의 속도 및 위치와 움직인 거리와의 관계를 알아보자.

정리 5.14

직선 위를 움직이는 어떤 물체 P의 시각 t에서의 위치를 $x(t)$라 하고 속도를 $v(t)$라 하자. 이때 다음이 성립한다.

(1) 시각 $t=a$에서의 물체 P의 위치가 $x(a)$일 때, $t=b$에서 P의 위치는 $x(b)=x(a)+\int_a^b v(t)\,dt$이다.

(2) 시각 $t=a$에서 $t=b$까지 P가 움직인 거리는 $\int_a^b |v(t)|\,dt$이다.

예제 5.51 지상 3m의 높이에서 처음 속도 49(m/sec)로 똑바로 위로 던진 공의 t초 뒤의 속도가 $v(t)=49-9.8t$ (m/sec)일 때, 다음을 구하라.

(1) 던진 뒤 5초 뒤의 이 공의 높이

(2) 던진 뒤 10초 동안 이 공이 움직인 거리

풀이 (1) 공을 던진 뒤 t초 뒤의 지상으로부터의 높이를 $h(t)$라 하면 정리 5.14에 의하여 다음이 성립한다.

$$h(t)=h(0)+\int_0^t v(t)\,dt$$

따라서 다음을 얻는다.

$$h(5) = 3 + \int_0^5 (49 - 9.8t)\,dt = 125.5$$

그러므로 구하는 높이는 125.5 m이다.

(2) 공을 던진 뒤 t초 동안 이 공이 움직인 거리를 $L(t)$라 하면 정리 5.14에 의하여 다음이 성립한다.

$$L(t) = \int_0^t |v(t)|\,dt$$

따라서 다음을 얻는다.

$$\begin{aligned} L(10) &= \int_0^{10} |49 - 9.8t|\,dt \\ &= \int_0^5 (49 - 9.8t)\,dt + \int_5^{10} (9.8t - 49)\,dt = 245 \end{aligned}$$

그러므로 움직인 거리는 245 m이다. □

연습문제 5.9

1 $x=0$에서 $x=1$까지의 곡선 $y=x^{3/2}$의 길이를 구하라.

2 다음에 주어진 두 곡선으로 둘러싸인 도형의 넓이와 이 도형을 x축 및 y축으로 회전시킬 때 생기는 회전체의 부피를 구하라.

(1) $y=x^2,\quad y=x^4$

(2) $y=|x^2-1|,\quad y=1$

3 원점에서 출발하여 수직선 위를 움직이는 점 P의 시각 t에서의 속도가 다음과 같다고 하자.

$$v(t) = t^3 - 3t^2 + t + 1$$

이때 출발 뒤 10초 뒤의 점 P의 위치를 구하라.

4 $x = 0$에서 $x = 1$까지의 포물선 $y = x^2$의 길이를 구하라.

5 직선 $y = x - 1$과 포물선 $y^2 = 2x + 6$으로 둘러싸인 도형의 넓이를 구하라.

6 세 곡선 $y = x^3$, $y = 8$, $x = 0$으로 둘러싸인 도형을 y축으로 회전시킬 때 생기는 회전체의 부피를 구하라.

7 두 점 A, B가 각각 x축, y축 위를 움직인다. A, B의 최초의 위치는 각각 원점에서 왼쪽으로 3m, 원점에서 아래로 4m이고, 출발하고서부터 t초 후의 속도는 x축, y축의 양의 방향으로 각각 다음과 같다.

$$u(t) = 2t - 2(m/\text{sec}), \qquad v(t) = 4(m/\text{sec})$$

A, B 사이의 거리가 가장 가까운 것은 출발 후부터 몇 초 후인가? 또, 그 때의 거리는 얼마인가?

P R E   C A L C U L U S

06

이차곡선

이 장에서는 이차식으로 표현되는 포물선, 타원, 쌍곡선 등 이차곡선의 개념에 대한 기본적인 성질에 대하여 학습한다.

6.1 포물선의 방정식

포물선의 정의

평면에 있는 한 정점과 이 점을 지나지 않는 한 정직선에 이르는 거리가 같은 점의 자취를 포물선이라 한다. 이때 정점을 포물선의 초점이라 하고, 정직선을 포물선의 준선이라고 한다. 또 초점을 지나고 준선에 수직인 직선을 포물선의 축이라 하고, 포물선과 축의 교점을 포물선의 꼭짓점이라 한다.

이제 그림 6.1에서와 같이 점 $F(p,\ 0)$을 초점으로 하고 방정식 $x=-p$로 주어지는 직선 l을 준선으로 하는 포물선의 방정식을 구해보자. 포물선에 있는 점 $P(x,\ y)$에서 직선 l에 내린 수선의 발을 H라고 하면, 점 H의 좌표는 $(-p,\ y)$이다. 그런데 선분 $\overline{PF}$와 선분 $\overline{PH}$의 길이는 같으므로 다음이 성립한다.

$$\sqrt{(x-p)^2+y^2}=|x+p|$$

양변을 제곱하여 정리하면 $y^2=4px$이다. 이 식을 포물선의 방정식의 표준형이라고 한다.

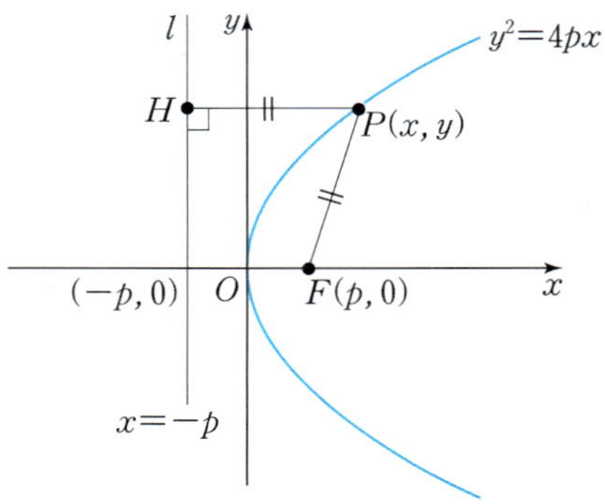

| 그림 6.1 | 포물선 $y^2=4px$

또한 그림 6.2와 같이 점 $F(0, p)$를 초점으로 하고 방정식 $y = -p$로 주어지는 직선 l을 준선으로 하는 포물선의 방정식은 $x^2 = 4py$이다.

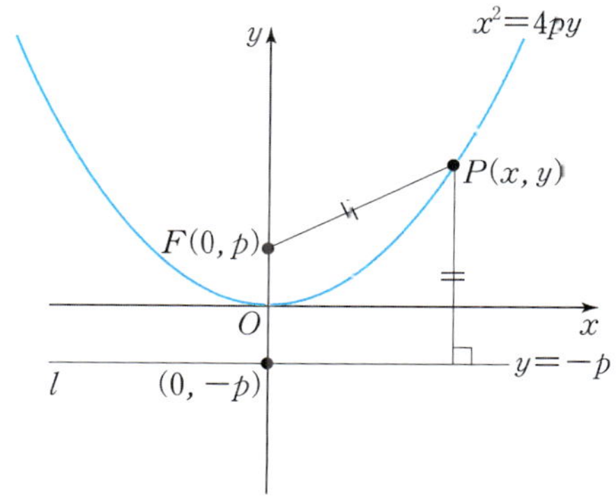

| 그림 6.2 | 포물선 $x^2 = 4py$

예제 6.1 (1) 초점이 $F(3, 0)$, 준선이 $x = -3$인 포물선의 방정식을 구하라.

(2) 초점이 $F(0, 2)$, 준선이 $y = -2$인 포물선의 방정식을 구하라.

풀이 (1) 포물선의 표준형 $y^2 = 4px$를 이용하면 $p = 3$이므로 $y^2 = 12x$이다.

(2) 포물선의 표준형 $x^2 = 4py$를 이용하면 $p = 2$이므로 $x^2 = 8y$이다. □

예제 6.2 (1) 포물선 $y^2 = 8x$의 초점의 좌표와 준선의 방정식을 구하라.

(2) 포물선 $x^2 = 4y$의 초점의 좌표와 준선의 방정식을 구하라.

풀이 (1) $y^2 = 4 \cdot 2 \cdot x$이므로 $p = 2$이다. 따라서 초점의 좌표는 $(2, 0)$이고 준선의 방정식은 $x = -2$이다.

(2) $x^2 = 4 \cdot 1 \cdot y$이므로 $p = 1$이다. 따라서 초점의 좌표는 $(0, 1)$이고 준선의 방정식은 $y = -1$이다. □

포물선의 평행이동

포물선 $y^2 = 4px$를 그림 6.3과 같이 x축의 방향으로 α만큼, y축의 방향으로 β만큼 평행이동한 포물선의 방정식은 다음과 같다.

$$(y - \beta)^2 = 4p(x - \alpha)$$

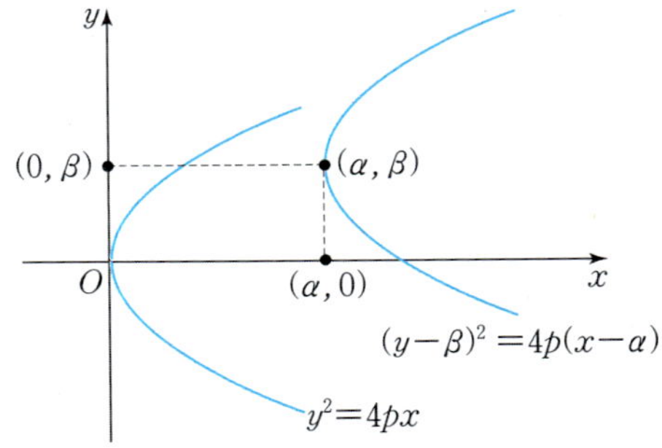

| 그림 6.3 | 포물선의 평행이동

따라서 평행이동한 포물선의 초점의 좌표는 $F(\alpha+p,\ \beta)$이고 준선의 방정식은 $x=-p+\alpha$이다.

또한 포물선 $x^2=4py$를 x축의 방향으로 α만큼, y축의 방향으로 β만큼 평행이동한 포물선의 방정식은 다음과 같다.

$$(x-\alpha)^2=4p(y-\beta)$$

이때 평행이동한 포물선의 초점의 좌표는 $F(\alpha,\ \beta+p)$이고 준선의 방정식은 $y=-p+\beta$이다.

일반적으로 포물선의 방정식은 적당한 세 실수 A, B, C에 대하여 다음과 같이 나타낼 수 있다.

(1) 축이 x축에 평행인 포물선 : $y^2+Ay+Bx+C=0\ (B\neq 0)$

(2) 축이 y축에 평행인 포물선 : $x^2+Ax+By+C=0\ (B\neq 0)$

예제 6.3 방정식 $y^2-4y-4x+8=0$이 나타내는 도형을 설명하라.

풀이 주어진 방정식은 $(y-2)^2=4(x-1)$로 변형할 수 있다. 그러므로 주어진 방정식이 나타내는 도형은 초점의 좌표가 $(2,\ 2)$이고 준선의 방정식이 $x=0$인 포물선이다.

□

연습문제 6.1

1 초점과 준선이 다음과 같은 포물선의 방정식을 구하라.

(1) 초점 : $(2, 0)$, 준선 : $x = -2$

(2) 초점 : $(0, 4)$, 준선 : $y = 0$

2 다음 포물선의 초점의 좌표와 준선의 방정식을 구하라.

(1) $y^2 = 6x$

(2) $x^2 = -2(y-4)$

(3) $y^2 + 4y - 8x + 28 = 0$

(4) $x^2 - 2x - 4y - 3 = 0$

3 포물선 $y^2 = 8x$에 있는 점 $P(a, b)$와 초점 사이의 거리가 4일 때 $a+b$의 값을 구하라. (단, $ab > 0$)

4 점 $(2, 0)$을 지나고 y축에 접하는 포물선의 초점이 $F(a, b)$일 때, F의 자취의 방정식을 구하라.

6.2 포물선과 직선의 위치 관계

이 절에서는 포물선과 직선의 위치 관계에 대하여 알아보고, 직선이 포물선과 접할 경우 접선의 방정식을 구하는 방법에 대하여 알아본다.

포물선과 직선의 위치 관계

포물선 $y^2 = 4px$와 직선 $y = mx + b$의 위치 관계를 알아보기 위하여 직선의 방정식을 포물선의 방정식에 대입하여 정리하면 다음을 얻는다.

$$m^2x^2 + 2(mb - 2p)x + b^2 = 0 \tag{6.1}$$

만일 $m = 0$이면 주어진 방정식은 $4px = b^2$이 되어 한 개의 근을 가지므로, 포물선과 직선은 단 한 점에서 만난다.

한편 $m \neq 0$이면 방정식 (6.1)의 판별식 D의 값에 따라서 다음과 같은 결론을 얻는다.

(1) $D > 0$이면 포물선과 직선은 서로 다른 두 점에서 만난다.
(2) $D = 0$이면 포물선과 직선은 한 점에서 만난다. 즉 직선은 포물선에 접한다.
(3) $D < 0$이면 포물선과 직선은 만나지 않는다.

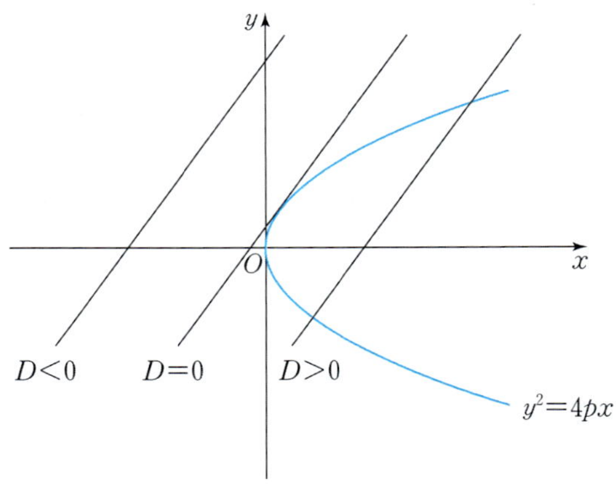

그림 6.4 포물선과 직선

예제 6.4 포물선 $y^2=8x$와 직선 $y=x+k$의 교점의 개수를 k값에 따라 구하라.

풀이 직선의 방정식 $y=x+k$를 포물선의 방정식 $y^2=8x$에 대입하여 정리하면 다음을 얻는다.

$$x^2+2(k-4)x+k^2=0$$

그러므로 판별식은 $D/4=-8k+16$이고 교점의 개수를 n이라고 하면 k값에 따라서 다음과 같다. $k<2$일 때 $n=2$이고 $k=2$일 때 $n=1$이며 $k>2$일 때 $n=0$이다. □

포물선의 접선의 방정식

이제 포물선에 대한 접선의 방정식을 구해보자.

정리 6.1

포물선 $y^2=4px$에 접하고 기울기가 m인 접선의 방정식은 $y=mx+\dfrac{p}{m}$이다. (단, $m\neq 0$)

증명 기울기가 m인 접선의 방정식 $y=mx+b$를 포물선의 방정식에 대입하여 정리하면 다음을 얻는다.

$$m^2x^2+2(mb-2p)x+b^2=0$$

따라서 판별식은 $D/4=(mb-2p)^2-m^2b^2=4p(p-mb)$이므로, $D/4=0$으로부터 $p(p-mb)=0$이다. 그런데 $p\neq 0$이므로 $p=mb$이다. 따라서 $b=\dfrac{p}{m}$이므로 접선의 방정식은 $y=mx+\dfrac{p}{m}$이다. ■

예제 6.5 포물선 $y^2=8x$에 접하고 기울기가 5인 접선의 방정식을 구하라.

풀이 주어진 포물선은 $y^2=8x=4\cdot 2\cdot x$이므로 $p=2$이고 정리를 이용하여 접선의 방정식 $y=5x+\dfrac{2}{5}$를 얻는다. □

정리 6.2

포물선 $y^2 = 4px$에 있는 점 $(x_1,\ y_1)$에서의 접선의 방정식은 다음과 같다.

$$y_1 y = 2p(x + x_1)$$

증명 접점이 $(x_1,\ y_1)$이므로 구하는 접선의 방정식을 다음과 같이 놓을 수 있다.

$$y - y_1 = m(x - x_1)$$

이 직선의 방정식을 포물선의 방정식에 대입하여 정리하면 다음과 같은 x에 대한 이차방정식을 얻는다.

$$m^2 x^2 + 2(my_1 - m^2 x_1 - 2p)x + (y_1 - mx_1)^2 = 0$$

그러므로 판별식은 $D/4 = (my_1 - m^2 x_1 - 2p)^2 - m^2(y_1 - mx_1)^2$이고, $D/4 = 0$으로부터 $px_1 m^2 - py_1 m + p^2 = 0$이다. 그런데 $y_1^2 = 4px_1$이므로 이를 대입하여 정리하면 다음을 얻는다.

$$y_1^2 m^2 - 4py_1 m + 4p^2 = (y_1 m - 2p)^2 = 0$$

따라서 $m = \dfrac{2p}{y_1}$이다. 이를 주어진 식에 대입하면 $y - y_1 = \dfrac{2p}{y_1}(x - x_1)$이고 이 식을 정리해서 $y_1 y = 2p(x + x_1)$을 얻는다. ■

같은 방법으로 포물선 $x^2 = 4py$에 있는 점 $(x_1,\ y_1)$에서의 접선의 방정식은 다음과 같음을 증명할 수 있다.

$$x_1 x = 2p(y + y_1)$$

예제 6.6 포물선 $y^2 = 4x$에 있는 점 $(1,\ 2)$에서의 접선의 방정식을 구하라.

풀이 주어진 포물선은 $y^2 = 4x = 4 \cdot 1 \cdot x$이므로 $p = 1$이고, 정리를 이용하면 구하는 직선의 방정식은 $2y = 2(x + 1)$이다. 따라서 이를 정리하여 직선 $y = x + 1$을 얻는다. □

연습문제 6.2

1 포물선 $y^2 = 4x$와 직선 $y = x + k$의 교점의 개수를 구하라(단, k는 임의의 실수).

2 포물선 $y^2 = 12x$와 직선 $y = x + 5$의 교점의 개수를 구하라.

3 포물선 $y^2 = -6x$에 접하고 기울기가 7인 접선의 방정식을 구하라.

4 포물선 $y^2 = -x$에 있는 점 $(-1, 1)$에서의 접선의 방정식을 구하라.

5 포물선 $y^2 = 2x$에 접하고 직선 $y = 3x + 1$에 평행인 직선의 방정식을 구하라.

6 포물선 $y^2 = 8x$와 $x^2 = 8y$에 공통으로 접하는 직선의 방정식을 구하라.

7 포물선 $x^2 = 4y$에 있는 점 $(2, 1)$에서의 접선의 방정식을 구하라.

8 포물선 $x^2 = -4y$와 직선 $y = mx + 2$의 교점의 개수가 0이 되는 실수 m의 범위를 구하라.

6.3 타원의 방정식

타원의 정의

평면에 있는 두 정점 F와 F'에서의 거리의 합이 일정한 점들의 자취를 **타원**이라고 한다. 이때 두 정점 F와 F'을 주어진 타원의 **초점**이라 하고 선분 $\overline{FF'}$의 중점을 타원의 **중심**이라고 한다.

이제 타원의 방정식에 대하여 살펴보자. 그림 6.5에서와 같이 두 정점 $F(c, 0)$과 $F'(-c, 0)$을 초점으로 하고 두 정점으로부터 거리의 합이 $2a$ $(a > c > 0)$인 타원의 방정식은 다음과 같이 구할 수 있다.

타원 위의 임의의 점을 $P(x, y)$라고 하면 두 선분 $\overline{PF}$와 $\overline{PF'}$의 길이는 다음과 같다.

$$\overline{PF} = \sqrt{(x-c)^2 + y^2}, \quad \overline{PF'} = \sqrt{(x+c)^2 + y^2}$$

그런데 $\overline{PF} + \overline{PF'} = 2a$이므로 다음과 같은 식을 얻는다.

$$\sqrt{(x-c)^2 + y^2} + \sqrt{(x+c)^2 + y^2} = 2a$$

이 식을 다음과 같이 정리할 수 있다.

$$(a^2 - c^2)x^2 + a^2y^2 = a^2(a^2 - c^2)$$

그런데 $a > c > 0$이므로 $a^2 - c^2 > 0$이다. 여기서 $b^2 = a^2 - c^2$으로 놓고 양변을 a^2b^2으로 나누면 다음과 같은 식을 얻는다.

$$\frac{x^2}{a^2} + \frac{y^2}{b^2} = 1$$

이 방정식을 타원의 방정식의 **표준형**이라고 한다.

그림 6.5에서 선분 $\overline{AA'}$을 **장축**이라 하고 선분 $\overline{BB'}$을 **단축**이라고 한다. 따라서 장축의 길이는 $2a$이고 단축의 길이는 $2b$이다. 그리고 장축과 단축의 교점을 타원의 **중심**이라 하고, 타원과 축과의 교점을 타원의 **꼭짓점**이라고 한다. 또 이 그림에서 타원의 초점의 좌표는 다음과 같다.

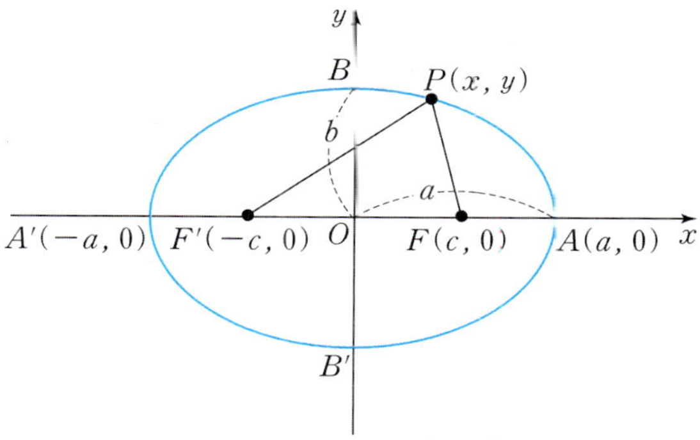

| 그림 6.5 | 타원 $\frac{x^2}{a^2}+\frac{y^2}{b^2}=1$

$$F(c,\ 0)=(\sqrt{a^2-b^2},\ 0),\quad F'(-c,\ 0)=(-\sqrt{a^2-b^2},\ 0)$$

마찬가지 방법으로 두 개의 정점 $F(0,\ c)$와 $F'(0,\ -c)$를 초점으로 하고 두 정점으로부터 거리의 합이 $2b\ (b>c>0)$인 타원의 방정식은 다음과 같이 구할 수 있다.

$$\frac{x^2}{a^2}+\frac{y^2}{b^2}=1$$

이때 $b>a>0$이고 $c^2=b^2-a^2$이다. 또 장축의 길이는 $2b$이고 단축의 길이는 $2a$이다.

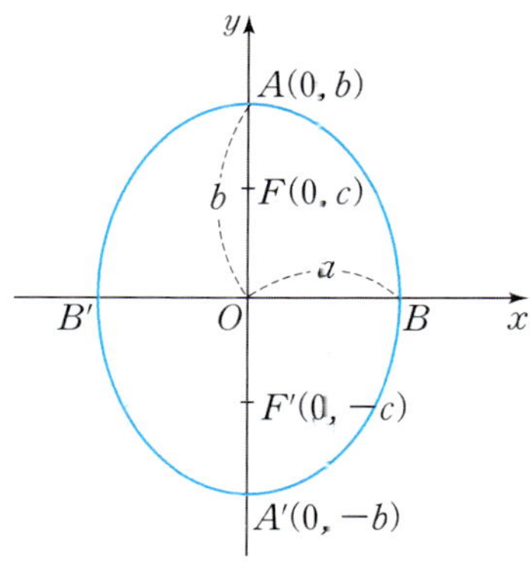

| 그림 6.6 | 타원 $\frac{x^2}{a^2}+\frac{y^2}{b^2}=1$

예제 6.7 두 정점 $F(2, 0)$과 $F'(-2, 0)$에서의 거리의 합이 8이 되는 점들의 자취의 방정식을 구하라.

풀이 $a=4$이고 $c=2$이므로 $b=2\sqrt{3}$이다. 따라서 구하는 점들의 자취는 타원으로서, 방정식은 $\dfrac{x^2}{16}+\dfrac{y^2}{12}=1$이다. □

예제 6.8 타원 $\dfrac{x^2}{5^2}+\dfrac{y^2}{4^2}=1$의 초점, 꼭짓점, 중심의 좌표, 장축의 길이, 단축의 길이를 구하라.

풀이 $a=5$이고 $b=4$이므로 $c=\sqrt{5^2-4^2}=3$이다. 따라서 주어진 타원의 초점의 좌표는 $(3, 0)$, $(-3, 0)$, 꼭짓점의 좌표는 $(5, 0)$, $(-5, 0)$, $(0, 4)$, $(0, -4)$, 중심의 좌표는 $(0, 0)$이다. 또 장축의 길이는 10이고 단축의 길이는 8이다. □

▶ 타원의 평행이동

방정식 $\dfrac{x^2}{a^2}+\dfrac{y^2}{b^2}=1$로 표현되는 타원을 그림 6.7과 같이 x축 방향으로 α만큼, y축 방향으로 β만큼 평행이동시키면 다음과 같은 방정식을 얻는다.

$$\frac{(x-\alpha)^2}{a^2}+\frac{(y-\beta)^2}{b^2}=1$$

이를 정리하면 적당한 실수 A, B, C, D, E에 대하여 다음과 같이 나타낼 수 있다.

$$Ax^2+By^2+Cx+Dy+E=0$$

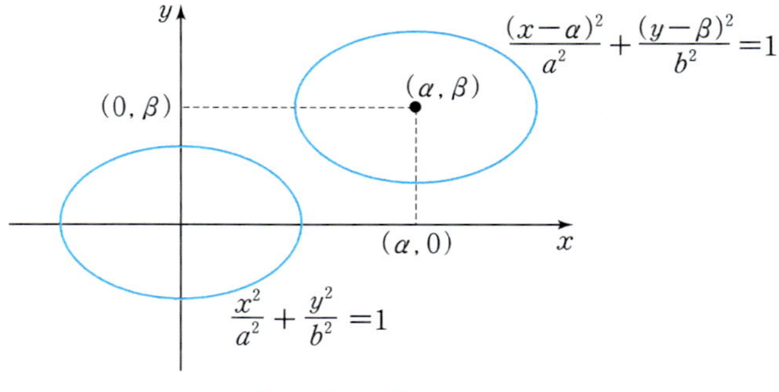

| 그림 6.7 | 평행이동

이 식을 타원의 방정식의 일반형이라고 한다.

예제 6.9 타원 $4x^2 + 9y^2 - 8x - 36y + 4 = 0$의 꼭짓점, 중심, 초점의 좌표, 장축의 길이, 단축의 길이를 구하라.

풀이 주어진 방정식을 변형하여 다음과 같이 나타낼 수 있다.

$$\frac{(x-1)^2}{3^2} + \frac{(y-2)^2}{2^2} = 1$$

따라서 꼭짓점의 좌표는 $(1, 0)$, $(1, 4)$, $(4, 2)$, $(-2, 2)$이고, 중심의 좌표는 $(1, 2)$이다. 또 초점의 좌표는 $(1+\sqrt{5}, 2)$, $(1-\sqrt{5}, 2)$이다. 장축의 길이는 6이고 단축의 길이는 4이다. □

연습문제 6.3

1 두 정점 $F(\sqrt{3}, 0)$과 $F'(-\sqrt{3}, 0)$에서의 거리의 합이 6인 타원의 방정식을 구하라.

2 두 정점 $F(0, \sqrt{5})$와 $F'(0, -\sqrt{5})$에서의 거리의 합이 12인 타원의 방정식을 구하라.

3 타원 $\dfrac{x^2}{5^2} + \dfrac{y^2}{12^2} = 1$의 꼭짓점, 초점, 중심, 장축의 길이, 단축의 길이를 구하라.

4 방정식 $2x^2 + 3y^2 - 16x + 6y + 11 = 0$이 나타내는 도형을 설명하라.

5 타원 $\dfrac{x^2}{16} + \dfrac{y^2}{9} = 1$과 두 초점을 공유하고 점 $(0, 1)$을 지나는 타원의 방정식을 구하라.

6.4 | 타원과 직선의 위치 관계

이 절에서는 타원과 직선의 위치 관계에 대하여 알아보고, 직선이 타원과 접할 경우 접선의 방정식을 구하는 방법에 대하여 알아본다.

▶ 타원과 직선의 위치 관계

타원 $\dfrac{x^2}{a^2}+\dfrac{y^2}{b^2}=1$과 직선 $y=mx+k$의 위치 관계를 알아보기 위하여 직선의 방정식을 타원의 방정식에 대입하여 정리하면 다음을 얻는다.

$$(a^2m^2+b^2)x^2+2a^2mkx+a^2(k^2-b^2)=0 \tag{6.2}$$

이차방정식 (6.2)의 판별식 D에 따라서 다음과 같은 결론을 얻는다.

(1) $D>0$이면 타원과 직선은 서로 다른 두 점에서 만난다.
(2) $D=0$이면 타원과 직선은 한 점에서 만난다. 즉 직선은 타원에 접한다.
(3) $D<0$이면 타원과 직선은 만나지 않는다.

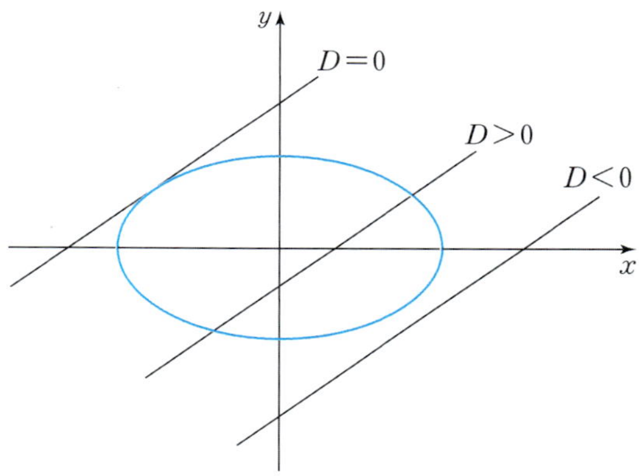

| 그림 6.8 | 타원과 직선

예제 6.10 타원 $\dfrac{x^2}{3^2}+\dfrac{y^2}{4^2}=1$과 직선 $y=x+k$의 교점의 개수를 k값에 따라 구하라.

풀이 직선의 방정식 $y=x+k$를 타원의 방정식에 대입하여 정리하면 다음을 얻는다.

$$25x^2 + 18kx + 9(k^2 - 16) = 0$$

따라서 판별식은 $D/4 = -144k^2 + 3600$이고 교점의 개수는 k값에 따라 다음과 같다. $-5 < k < 5$이면 교점의 개수는 2이고, $k = -5$ 또는 $k = 5$이면 교점의 개수는 1이다. 그리고 $k < -5$ 또는 $k > 5$이면 교점의 개수는 0이다. □

타원의 접선의 방정식

이제 타원에 대한 접선의 방정식을 구해보자.

정리 6.3

타원 $\frac{x^2}{a^2} + \frac{y^2}{b^2} = 1$에 접하고 기울기가 m인 접선의 방정식은 다음과 같다. (단, $m \neq 0$)

$$y = mx \pm \sqrt{a^2m^2 + b^2}$$

증명 기울기가 m인 접선의 방정식을 $y = mx + k$라고 하자. 이차방정식 (6.2)를 이용하면 판별식은 $D/4 = 0$이어야 하므로 $a^2b^2(a^2m^2 + b^2 - k^2) = 0$이다. 그런데 $a \neq 0$, $b \neq 0$이므로 $k^2 = a^2m^2 + b^2$이다. 즉 $k = \pm\sqrt{a^2m^2 + b^2}$이다. 따라서 구하는 접선의 방정식은 $y = mx \pm \sqrt{a^2m^2 + b^2}$이다. ■

예제 6.11 타원 $\frac{x^2}{3^2} + \frac{y^2}{4^2} = 1$에 접하고 기울기가 7인 직선의 방정식을 구하라.

풀이 정리 6.3으로부터 $y = 7x \pm \sqrt{457}$이 구하는 접선의 방정식이다. □

정리 6.4

타원 $\frac{x^2}{a^2} + \frac{y^2}{b^2} = 1$의 그래프에 있는 점 (x_1, y_1)에서의 접선의 방정식은 다음과 같다.

$$\frac{x_1x}{a^2} + \frac{y_1y}{b^2} = 1$$

증명 구하는 접선의 방정식을 $y=mx+k$라고 하자. 이차방정식 (6.2)를 이용하면 $D/4=0$으로부터 $k^2=b^2+a^2m^2$이다. 또한 다음이 성립한다.

$$x_1=\frac{-a^2mk}{a^2m^2+b^2}=\frac{-a^2m}{k},\quad y_1=m_1x_1+k=\frac{-a^2m^2+k^2}{k}=\frac{b^2}{k}$$

그런데 주어진 접선의 방정식은 $-\frac{m}{k}x+\frac{1}{k}y=1$과 같은 형태로 나타낼 수 있으므로, 위 식에서 $-\frac{m}{k}=\frac{x_1}{a^2},\ \frac{1}{k}=\frac{y_1}{b^2}$이므로 다음을 얻는다.

$$\frac{x_1x}{a^2}+\frac{y_1y}{b^2}=1$$

따라서 증명이 완성된다. ■

예제 6.12 타원 $\frac{x^2}{4^2}+\frac{y^2}{16^2}=1$에 있는 점 $(2,\ 8\sqrt{3})$에서의 접선의 방정식을 구하라.

풀이 정리를 이용하면 구하는 접선의 방정식은 $\frac{2x}{4^2}+\frac{8\sqrt{3}y}{16^2}=1$이다. □

연습문제 6.4

1 타원 $x^2+2y^2=1$과 직선 $y=x+k$의 교점의 개수를 k값에 따라 구하라.

2 타원 $\frac{x^2}{5^2}+\frac{y^2}{2^2}=1$과 직선 $y=2x+5$의 교점의 개수를 구하라.

3 타원 $\frac{x^2}{3^2}+\frac{y^2}{5^2}=1$에 접하고 기울기가 7인 접선의 방정식을 구하라.

4 타원 $\dfrac{x^2}{8^2}+\dfrac{y^2}{2^2}=1$에 있는 점 $(-4,\ \sqrt{3})$에서의 접선의 방정식을 구하라.

5 점 $(1,\ 0)$에서 타원 $2x^2+4y^2=1$로의 접선의 방정식을 구하라.

6 점 $(1,\ 2)$에서 타원 $9x^2+y^2=9a^2$으로의 두 접선이 직교할 때 양수 a의 값을 구하라.

7 포물선 $y^2=4x$와 타원 $\dfrac{x^2}{4^2}+\dfrac{y^2}{k}=1\ (k>0)$이 서로 직교할 때 k값을 구하라.

8 타원 $\dfrac{x^2}{8}+\dfrac{y^2}{4}=1$에 있는 점 $P(2,\ \sqrt{2})$에서 x축에 내린 수선의 발을 H라 하고 점 $P(2,\ \sqrt{2})$에서 타원의 접선이 x축과 만나는 점을 Q라고 할 때, 삼각형 $\triangle PHQ$의 넓이를 구하라.

6.5 | 쌍곡선의 방정식

▶ 쌍곡선의 정의

평면에 있는 두 정점 F와 F'에서의 거리의 차가 일정한 점들의 자취를 **쌍곡선**이라고 한다. 두 정점 F와 F'을 쌍곡선의 **초점**이라 하고, 선분 $\overline{FF'}$의 중점을 쌍곡선의 **중심**이라고 한다.

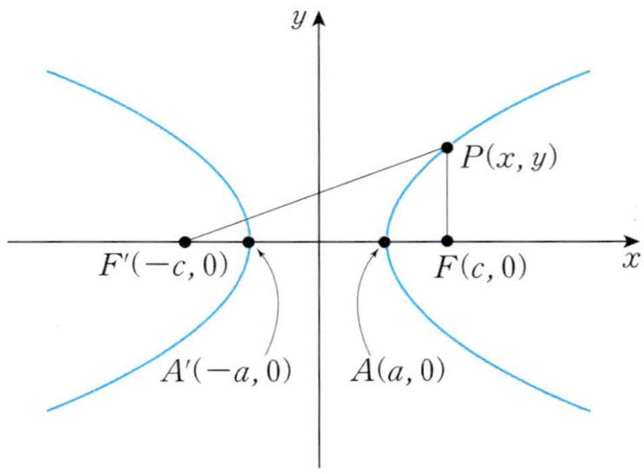

| 그림 6.9 | 쌍곡선 $\dfrac{x^2}{a^2} - \dfrac{y^2}{b^2} = 1$

그림 6.9에서와 같이 $c > 0$일 때, 두 점 $F(c, 0)$과 $F(-c, 0)$에서의 거리의 차가 $2a$인 점 $P(x, y)$의 자취의 방정식은 다음과 같이 구할 수 있다.

$$\left| \sqrt{(x-c)^2 + y^2} - \sqrt{(x+c)^2 + y^2} \right| = 2a$$

이 식을 정리하면 다음 식을 얻는다.

$$(c^2 - a^2)x^2 - a^2y^2 = a^2(c^2 - a^2)$$

여기서 $b^2 = c^2 - a^2$으로 놓으면 다음과 같은 쌍곡선의 방정식을 얻는다.

$$\frac{x^2}{a^2} - \frac{y^2}{b^2} = 1 \qquad (6.3)$$

이 식을 쌍곡선의 방정식의 **표준형**이라 한다. 이때 쌍곡선이 축과 만나는 점

$A(a, 0)$과 $A'(-a, 0)$을 쌍곡선의 꼭짓점, 선분 $\overline{AA'}$을 쌍곡선의 주축, 선분 $\overline{AA'}$의 중점 O를 쌍곡선의 중심이라 한다. 따라서 주어진 쌍곡선의 주축의 길이는 $|\overline{PF}-\overline{PF'}|=2a$이다.

이때 주어진 쌍곡선의 초점의 좌표는 다음과 같음을 알 수 있다.

$$F(\sqrt{a^2+b^2}, 0), \quad F'(-\sqrt{a^2+b^2}, 0)$$

예제 6.13 두 정점 $F(5, 0)$과 $F'(-5, 0)$에서의 거리의 차가 6인 점들의 자취의 방정식을 구하라.

풀이 $a=3$이고 $c=5$이므로 $b=4$이다. 따라서 구하는 점들의 자취는 쌍곡선으로서, 방정식은 $\dfrac{x^2}{9}-\dfrac{y^2}{16}=1$이다. □

예제 6.14 쌍곡선 $\dfrac{x^2}{20}-\dfrac{y^2}{16}=1$의 꼭짓점과 초점의 좌표를 구하라.

풀이 $a=2\sqrt{5}$이고 $b=4$이므로 $c=6$이다. 따라서 꼭짓점의 좌표는 $(2\sqrt{5}, 0)$과 $(-2\sqrt{5}, 0)$이고 초점의 좌표는 $(6, 0)$과 $(-6, 0)$이다. □

마찬가지 방법으로 $c>0$일 때, 두 점 $F(0, c)$와 $F'(0, -c)$에서의 거리의 차가 $2b$인 점 $Q(x, y)$의 자취의 방정식은 다음과 같이 구할 수 있다.

$$\frac{x^2}{a^2}-\frac{y^2}{b^2}=-1$$

이때 초점의 좌표는 $F(0, \sqrt{a^2+b^2})$, $F'(0, -\sqrt{a^2+b^2})$이고 꼭짓점의 좌표는 $A(0, b)$, $A'(0, -b)$이다.

이제 쌍곡선의 점근선을 구해보자. 쌍곡선의 표준형 (6.3)을 y에 관하여 풀면 다음과 같다.

$$y=\pm\frac{bx}{a}\sqrt{1-\frac{a^2}{x^2}}$$

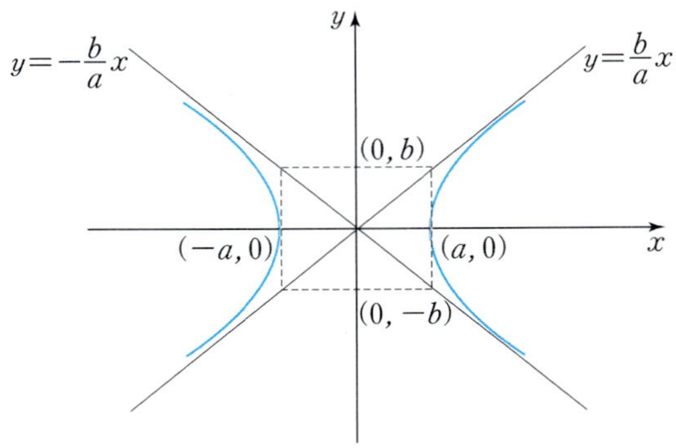

| 그림 6.10 | 점근선

여기서 x의 절댓값이 한없이 커지면 $\frac{a^2}{x^2}$은 0에 한없이 가까워지므로 쌍곡선의 그래프는 두 직선 $y= \pm\frac{b}{a}x$에 한없이 가까워진다. 따라서 이 두 직선이 주어진 쌍곡선의 점근선이다.

예제 6.15 쌍곡선 $\frac{x^2}{9}-\frac{y^2}{16}=1$의 점근선의 방정식을 구하라.

풀이 $a=3$이고 $b=4$이므로 구하는 점근식의 방정식은 $y= \pm\frac{4}{3}x$이다. □

▶ 쌍곡선의 평행이동

쌍곡선 $\frac{x^2}{a^2}-\frac{y^2}{b^4}=1$의 그래프를 x축 방향으로 α만큼, y축 방향으로 β만큼 평행이동시키면 다음과 같은 방정식을 얻는다.

$$\frac{(x-\alpha)^2}{a^2}-\frac{(y-\beta)^2}{b^2}=1$$

이를 정리하면 상수 A, B, C, D, E에 대하여 다음과 같이 나타낼 수 있다.

$$Ax^2+By^2+Cx+Dy+E=0 \qquad (AB<0)$$

이 식을 쌍곡선의 방정식의 일반형이라 하고 초점의 좌표는 다음과 같다.

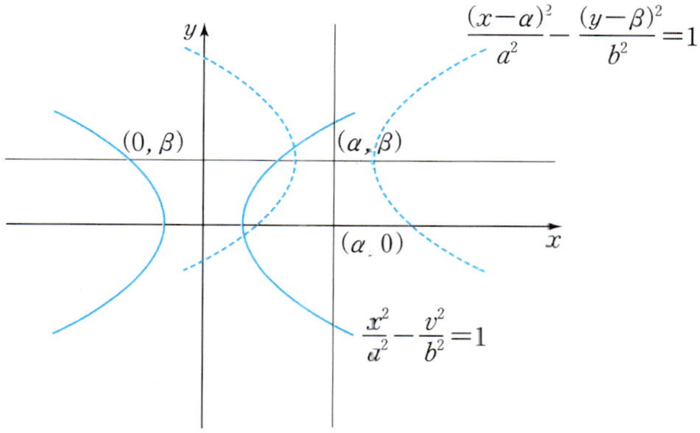

| 그림 6.11 | 쌍곡선의 평행이동

$$F(\sqrt{a^2+b^2}+\alpha,\ \beta),\quad F'(-\sqrt{a^2+b^2}+\alpha,\ \beta)$$

그리고 꼭짓점의 좌표는 $A(a+\alpha, \beta)$와 $A'(-a+\alpha, \beta)$이다.

예제 6.16 쌍곡선 $\dfrac{(x-3)^2}{9}-\dfrac{(y-1)^2}{16}=1$의 꼭짓점의 좌표와 초점의 좌표를 구하라.

풀이 주어진 쌍곡선의 그래프는 $\dfrac{x^2}{9}-\dfrac{y^2}{16}=1$의 그래프를 x축 방향으로 3만큼, y축 방향으로 1만큼 평행이동시켜서 얻은 그래프이다. 그러므로 주어진 쌍곡선의 꼭짓점의 좌표는 $A(6, 1)$과 $A'(0, 1)$이고 초점의 좌표는 $F(8, 1)$과 $F'(-2, 1)$이다.

□

연습문제 6.5

1 두 정점 $F(4, 0)$과 $F'(-4, 0)$에서의 거리의 차가 4인 쌍곡선의 방정식을 구하라.

2 두 정점 $F(0,\ \sqrt{3})$과 $F(0,\ -\sqrt{3})$에서의 거리의 차가 2인 쌍곡선의 방정식을 구하라.

3 쌍곡선 $\dfrac{x^2}{7^2}-\dfrac{y^2}{2^2}=1$의 꼭짓점, 초점, 중심의 좌표를 구하라.

4 방정식 $4x^2-9y^2-54y-117=0$이 나타내는 도형을 설명하라.

5 쌍곡선 $x^2-y^2-ax=0$에 있는 점에서 두 초점에 이르는 거리의 차가 4일 때 a의 값을 구하라.

6 초점이 $(0,\ 4)$와 $(0,\ -4)$이고 점 $(2,\ 2\sqrt{6})$을 지나는 쌍곡선의 방정식을 구하라.

7 쌍곡선 $\dfrac{x^2}{5^2}-\dfrac{y^2}{12^2}=1$의 점근선의 방정식을 구하라.

8 점 $(3,\ 2)$를 지나는 쌍곡선 $\dfrac{x^2}{a^2}-\dfrac{y^2}{b^2}=1$의 두 점근선이 서로 수직일 때 a^2b^2의 값을 구하라.

6.6 쌍곡선과 직선의 위치 관계

이 절에서는 쌍곡선과 직선의 위치 관계에 대하여 알아보고, 직선이 쌍곡선과 접할 경우 접선의 방정식을 구하는 방법에 대하여 알아본다.

쌍곡선과 직선의 위치 관계

쌍곡선 $\frac{x^2}{a^2} - \frac{y^2}{b^2} = 1$과 직선 $y = mx + k$의 위치 관계를 알아보기 위하여 직선의 방정식을 타원의 방정식에 대입하여 정리하면 다음을 얻는다.

$$(b^2 - a^2m^2)x^2 - 2a^2mkx - a^2(k^2 + b^2) = 0 \tag{6.4}$$

만일 $m = 0$이면 주어진 방정식은 두 개의 근을 가지므로 쌍곡선과 직선은 서로 다른 두 점에서 만난다.

만일 $m \neq 0$이면 방정식 (6.4)의 판별식 D에 따라 다음과 같은 결론을 얻는다.

(1) $D > 0$이면 쌍곡선과 직선은 서로 다른 두 점에서 만난다.

(2) $D = 0$이면 쌍곡선과 직선은 한 점에서 만난다. 즉 직선은 쌍곡선에 접한다.

(3) $D < 0$이면 쌍곡선과 직선은 만나지 않는다.

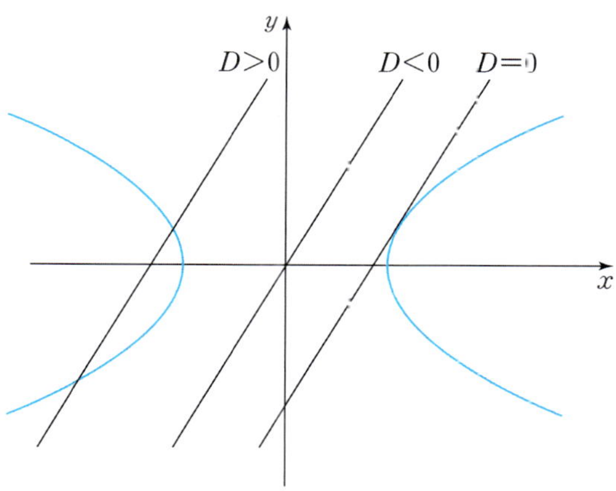

| 그림 6.12 | 쌍곡선과 직선

쌍곡선의 접선의 방정식

이제 쌍곡선에 대한 접선의 방정식을 구해보자.

정리 6.5

쌍곡선 $\frac{x^2}{a^2} - \frac{y^2}{b^2} = 1$에 접하고 기울기가 m인 접선의 방정식은 다음과 같다. (단, $m \neq 0$)

$$y = mx \pm \sqrt{a^2m^2 - b^2}$$

증명 기울기가 m인 접선의 방정식을 $y = mx + k$라고 하자. 이차방정식 (6.4)를 이용하면 판별식이 $D/4 = 0$이므로 $k^2 = a^2m^2 - b^2$이다. 따라서 $k = \pm\sqrt{a^2m^2 - b^2}$이다. 즉 구하는 접선의 방정식은 $y = mx \pm \sqrt{a^2m^2 - b^2}$이다. ■

예제 6.17 쌍곡선 $\frac{x^2}{3^2} - \frac{y^2}{2^2} = 1$에 접하고 기울기가 -1인 접선의 방정식을 구하라.

풀이 정리 6.5의 결과를 이용하면 접선의 방정식은 $y = -x \pm \sqrt{5}$이다. □

정리 6.6

쌍곡선 $\frac{x^2}{a^2} - \frac{y^2}{b^2} = 1$에 있는 점 (x_1, y_1)에서의 접선의 방정식은 다음과 같다.

$$\frac{x_1x}{a^2} - \frac{y_1y}{b^2} = 1$$

증명 구하는 접선의 방정식을 $y = mx + k$라 놓자. 이차방정식 (6.4)를 이용하면 $D/4 = 0$이므로 $k^2 = a^2m^2 - b^2$을 얻을 수 있고 다음이 성립한다.

$$x_1 = \frac{a^2mk}{b^2 - a^2m^2} = -\frac{a^2m}{k}, \quad y_1 = m_1x + k = -\frac{b^2}{k}$$

그런데 주어진 직선의 방정식은 $-\frac{m}{k}x + \frac{1}{k}y = 1$로 표시할 수 있고 $-\frac{m}{k} = \frac{x_1}{a^2}$

과 $\frac{1}{k} = -\frac{y_1}{b^2}$ 으로부터 다음의 방정식을 얻는다.

$$\frac{x_1 x}{a^2} - \frac{y_1 y}{b^2} = 1$$ ■

예제 6.18 쌍곡선 $\frac{x^2}{5^2} - \frac{y^2}{2^2} = 1$에 있는 점 $\left(6, \frac{2\sqrt{11}}{5}\right)$에서의 접선의 방정식을 구하라.

풀이 정리를 이용하면 구하는 접선의 방정식은 $\frac{6x}{25} - \frac{\sqrt{11}\,y}{10} = 1$이다. □

연습문제 6.6

1 쌍곡선 $\frac{x^2}{3} - \frac{y^2}{2} = 1$과 직선 $y = -x + k$의 교점의 개수를 k값에 따라 구하라.

2 쌍곡선 $\frac{x^2}{5^2} - \frac{y^2}{4^2} = 1$과 직선 $y = -3x + 2$의 교점의 개수를 구하라.

3 쌍곡선 $\frac{x^2}{12} - \frac{y^2}{3} = 1$에 접하고 기울기가 1인 접선의 방정식을 구하라.

4 쌍곡선 $\frac{x^2}{4^2} - \frac{y^2}{2^2} = 1$에 있는 점 $\left(5, \frac{3}{4}\right)$에서의 접선의 방정식을 구하라.

5 점 $P(a, b)$에서 쌍곡선 $\frac{x^2}{9} - \frac{y^2}{5} = 1$로의 두 접선이 서로 직교할 때 점 P의 자취를 구하라.

6 점근선의 방정식이 $y=2x$, $y=-2x$이고 점 $P(1, 1)$을 지나는 쌍곡선의 방정식을 구하라.

7 쌍곡선 $x^2-y^2=8$의 두 초점을 F와 F'이라 하자. F와 F'에서 쌍곡선에 있는 점 $(3, 1)$에서의 접선에 내린 수선의 발을 각각 P와 Q라고 할 때 $\overline{FP}+\overline{F'Q}$의 값을 구하라.

6.7 자취의 방정식

지금까지 공부한 포물선, 타원, 쌍곡선의 방정식들을 정리하면 모두 x, y에 관한 다음 방정식의 꼴로 나타낼 수 있다.

$$Ax^2 + By^2 + Cx + Dy + E = 0 \tag{6.5}$$

$x^2 + y^2 + 1 = 0$을 만족하는 점은 없다. 또 $x^2 - y^2 = 0$은 두 직선을 나타낸다. 이러한 경우을 제외하면 (6.5)의 꼴로 표시되는 곡선은 다음 중의 어느 하나가 된다.

원, 포물선, 타원, 쌍곡선

이러한 뜻에서 이들을 통틀어 이차곡선이라 한다. 이때 포물선, 타원, 쌍곡선은 축이 좌표축에 평행한 경우이다.

이차곡선과 관련된 자취의 방정식에 대하여 예제를 통해 공부해보자.

예제 6.19 다음 매개변수로 주어진 원과 x축에 동시에 접하는 원의 중심의 자취의 방정식을 구하라.

$$x = \cos\theta, \qquad y = 3 + \sin\theta$$

풀이 $y - 3 = \sin\theta$이므로 주어진 원은 $x^2 + (y-3)^2 = 1$, 즉 중심이 (0, 3)이고 반지름의 길이가 1인 원이다. 주어진 원과 x축에 동시에 접하는 원의 중심을 (a,b)라 하면 $b > 0$이어야 하고 b는 이 원의 반지름이다. 따라서 두 원의 중심 사이의 거리를 다음 두 경우로 나누어 생각할 수 있다.

(i) 외접할 때 : $\sqrt{a^2 + (b-3)^2} = b + 1$, 양변을 제곱하여 정리하면 $a^2 = 8(b-1)$

(ii) 내접할 때 : $\sqrt{a^2 + (b-3)^2} = |b-1|$, 양변을 제곱하여 정리하면 $a^2 = 4(b-2)$

따라서 구하는 자취의 방정식은 $x^2 = 8(y-1)$, $x^2 = 4(y-2)$이다. □

예제 6.20 점 $F(2,\ 0)$과 직선 $x = 8$에 이르는 거리의 비가 $1:2$인 점의 자취의 방정식을 구하라.

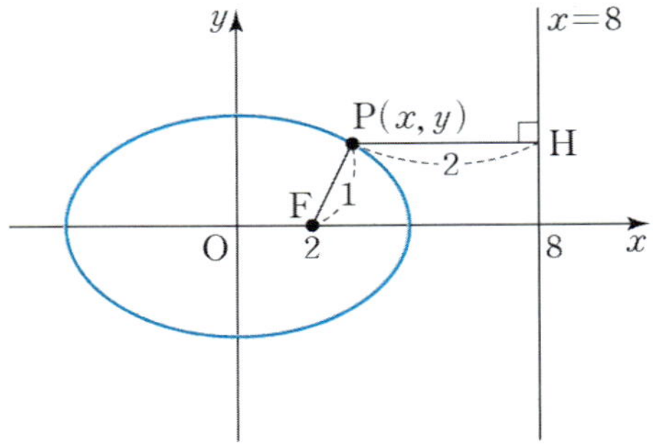

| 그림 6.13 | 예제 6.20의 자취

풀이 조건을 만족하는 점을 $P(x,\ y)$라 하고 P에서 직선 $x=8$에 내린 수선의 발을 H라 하면 다음을 얻는다.

$$\overline{PF}=\sqrt{(x-2)^2+y^2},\qquad \overline{PH}=|8-x|$$

그런데 문제의 조건에서 $\overline{PF}:\overline{PH}=1:2$, 즉 $2\overline{PF}=\overline{PH}$이므로 다음을 얻는다.

$$2\sqrt{(x-2)^2+y^2}=|8-x| \Rightarrow 4\{(x-2)^2+y^2\}=(8-x)^2$$

따라서 구하는 방정식은 $3x^2+4y^2=48$이다. □

예제 6.21 정점 $F(5,\ 0)$과 정직선 $x=\dfrac{9}{5}$에 이르는 거리의 비의 값이 $\dfrac{5}{3}$인 점 P의 자취의 방정식을 구하라.

풀이 조건을 만족하는 점을 $P(x,\ y)$라 하고 P에서 정직선에 내린 수선의 발을 H라고 하면 다음을 얻는다(그림 6.14 참조).

$$\overline{PF}=\sqrt{(x-5)^2+y^2},\qquad \overline{PH}=\left|x-\frac{9}{5}\right|=\frac{|5x-9|}{5}$$

그런데 문제의 조건으로부터 다음이 성립한다.

$$\frac{\overline{PF}}{\overline{PH}}=\frac{5}{3} \Rightarrow 3\overline{PF}=5\overline{PH}$$
$$\Rightarrow 3\sqrt{(x-5)^2+y^2}=|5x-9|$$

양변을 제곱하고 계산하면 다음을 얻는다.

$$9(x^2-10x+25+y^2)=25x^2-90x+81$$
$$\Rightarrow\ 16x^2-9y^2=144$$

따라서 구하는 방정식은 $\dfrac{x^2}{9}-\dfrac{y^2}{16}=1$ 이다. □

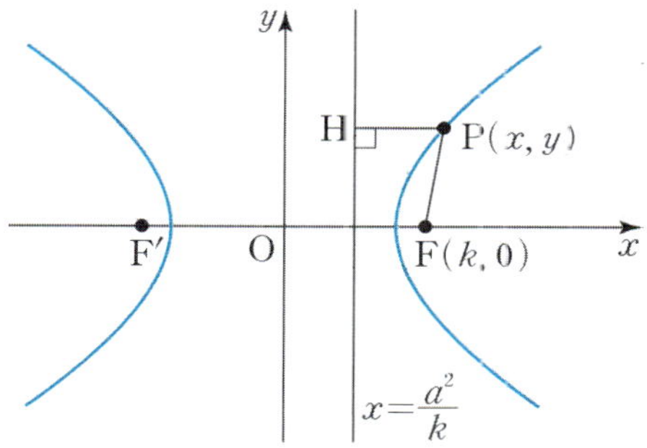

| 그림 6.14 | 예제 6.21의 자취

연습문제 6.7

1 직선 $y=-x$ 에 평행한 직선과 포물선 $y^2=2x$ 가 서로 다른 두 점 P, Q 에서 만날 때, 선분 PQ 의 중점의 자취의 방정식을 구하라.

2 원 $(x+1)^2+(y-2)^2=1$ 에 외접하고 직선 $x=2$ 에도 접하는 원의 중심의 자취의 방정식을 구하라.

3 x 축 위의 점 A, y 축 위의 점 B 가 $\overline{AB}=5$ 를 만족하면 움직일 때, 선분 AB 를 $3:2$ 로 내분하는 점의 자취의 방정식을 구하라.

4 정점 $(0,\ 1)$과 직선 $y=4$ 에서의 거리의 비가 $1:2$ 인 점의 자취의 방정식을 구하라.

5 타원 $4x^2+y^2=4$ 위를 움직이는 임의의 점 P를 지나고, 점 P에서의 타원의 접선에 수직인 직선이 x축과 만나는 점을 Q라고 할 때, 선분 PQ의 중점 M의 자취의 방정식을 구하라. (단, P는 x축 위의 점이 아니다.)

6 평면 위의 두 정점 A, B와 동점 P가 있다. 삼각형 PAB에 내접하는 원이 항상 선분 AB를 $3:1$로 내분하는 점에 접할 때, 점 P의 자취를 구하라.(단, 선분 AB의 길이는 8이다)

7 점 $F(2,0)$과 직선 $x=-1$에 이르는 거리의 비가 $2:1$인 점의 자취의 방정식을 구하라.

참고 이차곡선에 관한 여러 가지 이론들은 메나이크모스(Menaechmos)와 아폴로니오스(Apollonios) 등의 수학자들에 의하여 발전되었다. 이차곡선은 그림 6.13에 나타낸 것과 같이 원뿔을 하나의 평면으로 자를 때 잘린 부분에 나타나는 곡선으로 다음과 같이 얻을 수 있다.

[1] 원뿔을 밑면에 평행인 평면으로 자르면 원을 얻는다.
[2] 원뿔을 모선에 평행인 평면으로 자르면 포물선을 얻는다.
[3] 밑면이나 모선에 평행이 아니면서 한쪽의 원뿔만 자르면 타원을 얻는다.
[4] 양쪽의 원뿔이 모두 잘리도록 자르면 쌍곡선을 얻는다.

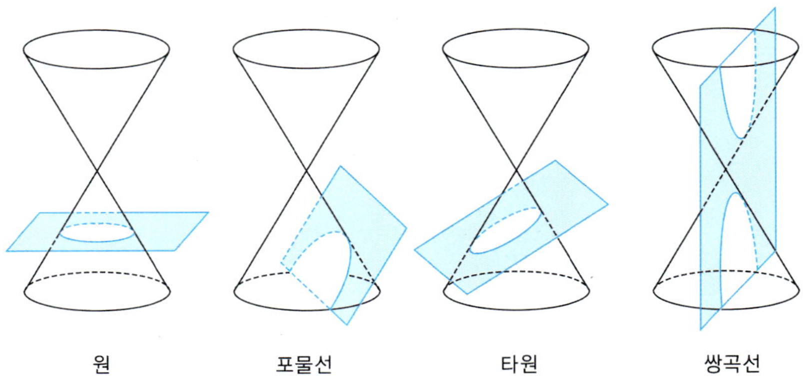

| 그림 6.15 |

이차곡선으로 표현할 수 있는 자연현상으로는 인공위성의 궤도, 위로 공을 비스듬히 던졌을 때 공의 자취 등을 예로 들 수 있고 이차곡선의 원리는 집열판이나 결석 제거 의료기 등에 활용되고 있다.

부록

A 유용한 수학 공식

여기에 자주 쓰이는 간단한 도형의 넓이와 부피, 삼각함수의 항등식, 삼각함수표 및 쌍곡선함수, 함수의 부정적분, 정적분 등에 관한 여러 공식들을 모았다. 좀 더 다양한 수학 공식이나 표에 관한 것은, 예를 들어 다음과 같은 책들을 참고하라.

- M. Abramowitz & I. Stegun, *Handbook of Mathematical Functions with Formulas, Graphs, and Mathematical Table*, Dover Publications, 1965.
- Murray Spiegel, *Mathematical Handbook of Formulas and Tables, in Schaum's Outline Series*, McGraw-Hill, NY, 1998.
- D. Zwillinger, *CRC Standard Mathematical Tables and Formulae*, 31 edition, Chapman & Hall/CRC, 2002.

A.1 넓이, 부피, 삼각함수, 쌍곡선함수

기하

아래에서 r은 원 또는 구의 반지름, h는 높이, l은 빗변 또는 모선의 길이, b는 밑변의 길이, B는 밑면의 넓이, θ는 호도법으로 나타낸 각의 크기이다. 그리고 A는 넓이 또는 겉넓이, V는 부피를 나타낸다.

1. 삼각형 : $A = \frac{1}{2}bh$
2. 직사각형 : $A = bh$, 대각선의 길이= $\sqrt{b^2 + h^2}$
3. 사다리꼴 : $A = \frac{1}{2}h(b_1 + b_1)$ (b_1과 b_2는 각각 밑변과 윗변의 길이)
4. 원 : 호의 길이= $r\theta$, 원주의 길이= $2\pi r$, $A = \pi r^2$
5. 부채꼴 : $A = \frac{1}{2}r^2\theta$

6. 활꼴 : $A = \frac{1}{2}r^2(\theta - \sin\theta)$

7. 직육면체 : $V = abc$, 대각선의 길이$= \sqrt{a^2+b^2+c^2}$ (세 변의 길이가 각각 a, b, c)

8. 각기둥 : $V = Bh$

9. 각뿔 : $V = \frac{1}{3}Bh$

10. 원기둥 : $A = 2\pi rh + 2\pi r^2$, $V = \pi r^2 h$

11. 원뿔 : $A = \pi rl + \pi r^2$, $V = \frac{1}{3}\pi r^2 h$

12. 구 : $A = 4\pi r^2$, $V = \frac{4}{3}\pi r^3$

13. 각뿔대 : $V = \frac{1}{3}h(B_1 + B_2 + \sqrt{B_1 B_1})$ (밑면과 윗면의 넓이가 각각 B_1과 B_2)

14. 원뿔대 : $A = \pi l(r_1 + r_2) + \pi r_1^2 + \pi r_2^2$, $V = \frac{1}{3}\pi h(r_1^2 + r_2^2 + \sqrt{r_1 r_1})$ (밑면과 윗면의 원의 반지름이 각각 r_1과 r_2)

대수

1. 이차방정식의 근의 공식 : $ax^2 + bx + c = 0,\ a \neq 0$

$$x = \frac{-b \pm \sqrt{b^2 - 4ac}}{2a}$$

2. 로그의 성질 :

(1) $\ln(ab) = \ln a + \ln b$ (2) $\ln\frac{a}{b} = \ln a - \ln b$ (3) $\ln a^n = n\ln a$

(4) $\ln\sqrt[n]{a} = \frac{1}{n}\ln a$ (5) $\log_a b = \frac{\ln b}{\ln a}$ (6) $\ln 1 = 0$

3. 계승 : $n! = 1 \cdot 2 \cdot \cdots \cdot (n-1) \cdot n,\ n \in \mathbb{N},\ 0! = 1$

4. 이항전개 : $(a+b)^n = a^n + \binom{n}{1}a^{n-1}b + \cdots + \binom{n}{k}a^{n-k}b^k + \cdots + b^n$, $\binom{n}{k} = \frac{n!}{k!(n-k)!}$

5. 다항전개 : $(x_1 + x_2 + \cdots + x_p)^n = \sum_{n_1+n_2+\cdots+n_p=n} \frac{n!}{n_1!n_2!\cdots n_p!} x_1^{n_1}x_2^{n_2}\cdots x_p^{n_p}$

여기서 $\sum_{n_1+n_2+\cdots+n_p=n}$은 $n_1 + n_2 + \cdots + n_p = n$을 만족시키는 음이 아닌 정수의 조합

$n_1,\ n_2,\ \dots,\ n_p$의 모든 경우에 대한 합을 나타냄.

6. 등차수열 : 초항이 a_1이고 공차가 d인 수열 $<a_n>$

$$a_n = a_1 + (n-1)d,\ S_n = a_1 + \cdots + a_n = \frac{1}{2}n(a_1 + a_n)$$
$$= \frac{1}{2}n\{2a_1 + (n-1)d\}$$

7. 등비수열 : 초항이 a_1이고 공비가 r인 수열 $<a_n>$

(1) $a_n = a_1 r^{n-1},\ S_n = a_1 + \cdots + a_n = a_1\dfrac{1-r^n}{1-r} = \dfrac{a_1 - ra_n}{1-r}$

(2) $S = a_1 + a_2 + \cdots + a_n + \cdots = \dfrac{a_1}{1-r}\ (|r| < 1)$

삼각법, 삼각함수의 삼각함수표

1. 호도(rad)와 도(°) : $1° = \dfrac{\pi}{180}\text{rad},\ 1\,\text{rad} = \left(\dfrac{180}{\pi}\right)°$

2. 특수각에 대한 삼각함수의 값 :

각(rad)	sin	cos	tan	cot	sec	csc	각(°)
0	0	1	0	$\mp\infty$	1	$\mp\infty$	0
$\frac{1}{6}\pi$	$\frac{1}{2}$	$\frac{\sqrt{3}}{2}$	$\frac{\sqrt{3}}{2}$	$\sqrt{3}$	$\frac{2\sqrt{3}}{3}$	2	30
$\frac{1}{4}\pi$	$\frac{\sqrt{2}}{2}$	$\frac{\sqrt{2}}{2}$	1	1	$\sqrt{2}$	$\sqrt{2}$	45
$\frac{1}{3}\pi$	$\frac{\sqrt{3}}{2}$	$\frac{1}{2}$	$\sqrt{3}$	$\frac{\sqrt{3}}{3}$	2	$\frac{2\sqrt{3}}{3}$	60
$\frac{1}{2}\pi$	1	0	$\pm\infty$	0	$\pm\infty$	1	90
π	0	-1	0	$\mp\infty$	-1	$\pm\infty$	180
$\frac{2}{3}\pi$	-1	0	$\pm\infty$	0	$\mp\infty$	-1	270
2π	0	1	0	$\mp\infty$	1	$\mp\infty$	360

3. 항등식 :

$$\csc x = \frac{1}{\sin x} \qquad \sec x = \frac{1}{\cos x} \qquad \cot x = \frac{1}{\tan x}$$

$$\tan x = \frac{\sin x}{\cos x} \qquad \cot x = \frac{\cos x}{\sin x} \qquad \sin^2 x + \cos^2 x = 1$$

$$1 + \tan^2 x = \sec^2 x \qquad 1 + \cot^2 x = \csc^2 x$$

4. 환원 관계 :

$$\sin(-x) = -\sin x \qquad \sin\left(\frac{1}{2}\pi \pm x\right) = \cos x \qquad \sin(\pi \pm x) = \mp \sin x$$

$$\cos(-x) = \cos x \qquad \cos\left(\frac{1}{2}\pi \pm x\right) = \mp \sin x \qquad \cos(\pi \pm x) = -\cos x$$

$$\tan(-x) = -\tan x \qquad \tan\left(\frac{1}{2}\pi \pm x\right) = \mp \cot x \qquad \tan(\pi \pm x) = \mp \tan x$$

5. 삼각함수의 덧셈정리 :

$$\sin(x \pm y) = \sin x \cos y \pm \cos x \sin y$$

$$\cos(x \pm y) = \cos x \cos y \mp \sin x \sin y$$

$$\tan(x \pm y) = \frac{\tan x \pm \tan y}{1 \mp \tan x \tan y}$$

6. 이배각공식 :

$$\sin 2x = 2 \sin x \cos y, \quad \cos 2x = \cos^2 x - \sin^2 x, \quad \tan 2x = \frac{2 \tan x}{1 - \tan^2 x}$$

7. 반각공식 :

$$\sin\frac{x}{2} = \pm\sqrt{\frac{1-\cos x}{2}}, \quad \cos\frac{x}{2} = \pm\sqrt{\frac{1+\cos x}{2}}$$

$$\tan\frac{x}{2} = \pm\sqrt{\frac{1-\cos x}{1+\cos x}} = \frac{1-\cos x}{\sin x} = \frac{\sin x}{1+\cos x}$$

8. 삼배각공식 :

$$\sin 3x = 3 \sin x - 4 \sin^3 x$$

$$\cos 3x = 4 \cos^3 x - 3 \cos x$$

$$\tan 3x = \frac{3 \tan x - \tan^3 x}{1 - 3 \tan^2 x}$$

9. n배각공식 :

$$\sin nx = \sin x\left\{(2\cos x)^{n-1} - \binom{n-2}{1}(2\cos x)^{n-3} + \binom{n-3}{2}(2\cos x)^{n-5} - \cdots\right\}$$

$$\cos nx = \frac{1}{2}\left\{(2\cos x)^{n} - \frac{n}{1}(2\cos x)^{n-2} + \frac{n}{2}\binom{n-3}{1}(2\cos x)^{n-4} - \frac{n}{3}\binom{n-4}{2}(2\cos x)^{n-6} + \cdots\right\}$$

10. 합의 공식 :

$$\sin x + \sin y = 2\sin\left(\frac{x+y}{2}\right)\cos\left(\frac{x-y}{2}\right)$$

$$\sin x - \sin y = 2\cos\left(\frac{x+y}{2}\right)\sin\left(\frac{x-y}{2}\right)$$

$$\cos x + \cos y = 2\cos\left(\frac{x+y}{2}\right)\cos\left(\frac{x-y}{2}\right)$$

$$\cos x - \cos y = 2\sin\left(\frac{x+y}{2}\right)\sin\left(\frac{y-x}{2}\right)$$

11. 곱의 공식 :

$$\sin x\cos y = \frac{1}{2}\{\sin(x-y) + \sin(x+y)\}$$

$$\cos x\cos y = \frac{1}{2}\{\cos(x-y) + \cos(x+y)\}$$

$$\sin x\sin y = \frac{1}{2}\{\cos(x-y) - \cos(x+y)\}$$

12. 삼각함수와 역삼각함수 :

$$y = \sin x \quad (-\frac{\pi}{2} \le x \le \frac{\pi}{2}) \quad \Leftrightarrow \quad y = \sin^{-1}x \quad (-1 \le x \le 1)$$

$$y = \cos x \quad (0 \le x \le \pi) \quad \Leftrightarrow \quad y = \cos^{-1}x \quad (-1 \le x \le 1)$$

$$y = \tan x \quad (-\frac{\pi}{2} < x < \frac{\pi}{2}) \quad \Leftrightarrow \quad y = \tan^{-1}x \quad (-\infty < x < \infty)$$

$$y = \cot x \quad (0 < x < \pi) \quad \Leftrightarrow \quad y = \cot^{-1}x \quad (-\infty < x < \infty)$$

$$y = \sec x \quad (-\pi \le x < -\frac{\pi}{2},\ 0 \le x < \frac{\pi}{2}) \quad \Leftrightarrow \quad y = \sec^{-1}x \quad (x \le -1,\ x \ge 1)$$

$$y = \csc x \quad (-\pi < x \le -\frac{\pi}{2},\ 0 < x \le \frac{\pi}{2}) \quad \Leftrightarrow \quad y = \csc^{-1}x \quad (x \le -1,\ x \ge 1)$$

13. 역삼각함수의 성질 : x와 y는 $x>0$, $y>0$이며 각 역함수의 정의역의 원소

$$\sin^{-1}(-x) = -\sin^{-1}x, \quad \cot^{-1}(-x) = \pi - \tan^{-1}\left(\frac{1}{x}\right)$$

$$\cos^{-1}(-x) = \pi - \cos^{-1}x, \quad \sec^{-1}(-x) = \cos^{-1}\left(\frac{1}{x}\right) - \pi$$

$$\tan^{-1}(-x) = -\tan^{-1}x, \quad \csc^{-1}(-x) = \sin^{-1}\left(\frac{1}{x}\right) - \pi$$

$$\sin^{-1}x = \cos^{-1}\sqrt{1-x^2}, \quad \cos^{-1}x = \sin^{-1}\sqrt{1-x^2}$$

$$\sin^{-1}x - \sin^{-1}y = \sin^{-1}(x\sqrt{1-y^2} - y\sqrt{1-x^2})$$

$$\tan^{-1}x \tan^{-1}y = \tan^{-1}\frac{x-y}{1+xy}$$

$$\cos^{-1}x + \cos^{-1}y = \begin{cases} \cos^{-1}\{xy - \sqrt{(1-x^2)(1-y^2)}\} & (x^2+y^2>1) \\ \dfrac{\pi}{2} & (x^2+y^2=1) \\ \pi - \cos^{-1}\{\sqrt{(1-x^2)(1-y^2)} - xy\} & (x^2+y^2<1) \end{cases}$$

$$\tan^{-1}x + \tan^{-1}y = \begin{cases} \tan^{-1}\dfrac{x+y}{1-xy} & (xy<1) \\ \dfrac{\pi}{2} & (x=y) \\ \pi - \tan^{-1}\dfrac{x+y}{xy-1} & (xy>1) \end{cases}$$

14. 역삼각함수의 도함수 :

$$\frac{d}{dx}\sin^{-1}x = \frac{1}{\sqrt{1-x^2}}, \quad \frac{d}{dx}\cos^{-1}x = \frac{-1}{\sqrt{1-x^2}}$$

$$\frac{d}{dx}\tan^{-1}x = \frac{1}{1+x^2}, \quad \frac{d}{dx}\cot^{-1}x = \frac{-1}{1+x^2}$$

$$\frac{d}{dx}\sec^{-1}x = \frac{1}{x\sqrt{x^2-1}}, \quad \frac{d}{dx}\csc^{-1}x = \frac{-1}{x\sqrt{x^2-1}}$$

15. 삼각형과 삼각함수 : 각 변의 길이 a, b, c ; 각 변의 대각 A, B, C ; $s = \frac{1}{2}(a+b+c)$;

외접원의 반지름 R; 내접원의 반지름 r; 삼각형의 넓이 S.

사인법칙 : $\dfrac{a}{\sin A} = \dfrac{b}{\sin B} = \dfrac{c}{\sin C} = 2R$

제1 코사인법칙 : $a = b\cos C + c\cos B$

제2 코사인법칙 : $a^2 = b^2 + c^2 - 2bc\cos A$

탄젠트법칙 : $\dfrac{a+b}{a-b} = \dfrac{\tan\frac{1}{2}(A+B)}{\tan\frac{1}{2}(A-B)}$

$$\sin A = \frac{2}{bc}\sqrt{s(s-a)(s-b)(s-c)}$$

$$R = \frac{1}{4}abc\sqrt{s(s-a)(s-b)(s-c)}$$

$$r = \sqrt{\frac{(s-a)(s-b)(s-c)}{s}}$$

$$S = \frac{1}{2}bc\sin A = \sqrt{s(s-a)(s-b)(s-c)} = \frac{a^2\sin B\sin C}{2\sin(B+C)}$$

$x(°)$	$\sin x$	$\cos x$	$\tan x$	$x(°)$	$\sin x$	$\cos x$	$\tan x$
0	0.00000000	1.00000000	—	45	0.70710678	0.70710678	0.99999999
1	0.01745240	0.99984769	0.01745506	46	0.71933980	0.69465837	1.03553031
2	0.03489949	0.99939082	0.03492076	47	0.73135370	0.68199836	1.07236870
3	0.05233595	0.99862953	0.05240777	48	0.74314482	0.66913060	1.11061251
4	0.06975647	0.99756405	0.06992681	49	0.75470958	0.65605902	1.15036840
5	0.08715574	0.99619469	0.08748866	50	0.76604444	0.64278760	1.19175359
6	0.10452846	0.99452189	0.10510423	51	0.77714596	0.62932039	1.23489715
7	0.12186934	0.99254615	0.12278456	52	0.78801075	0.61566147	1.27994163
8	0.13917310	0.99026806	0.14054083	53	0.79863551	0.60181502	1.32704482
9	0.15643446	0.98768834	0.15838444	54	0.80901699	0.58778525	1.37638192
10	0.17364817	0.98480775	0.17632698	55	0.81915204	0.57357643	1.42814800
11	0.19080899	0.98162718	0.19438030	56	0.82903757	0.55919290	1.48256096
12	0.20791169	0.97814760	0.21255656	57	0.83867056	0.54463903	1.53986496
13	0.22495105	0.97437006	0.23086819	58	0.84804809	0.52991926	1.60033452
14	0.24192189	0.97029572	0.24932800	59	0.85716730	0.51503807	1.66427948
15	0.25881904	0.96592582	0.26794919	60	0.86602540	0.50000000	1.73205080
16	0.27563735	0.96126169	0.28674538	61	0.87461970	0.48480962	1.80404775
17	0.29237170	0.95630475	0.30573068	62	0.88294759	0.46947156	1.88072646
18	0.30901699	0.95105651	0.32491969	63	0.89100652	0.45399049	1.96261050
19	0.32556815	0.94551857	0.34432761	64	0.89879404	0.43837114	2.05030384
20	0.34202014	0.93969262	0.36397023	65	0.90630778	0.42261826	2.14450692

21	0.35836794	0.93358042	0.38386403	66	0.91354545	0.40673664	2.24603677
22	0.37460659	0.92718385	0.40402622	67	0.92050485	0.39073112	2.35585236
23	0.39073112	0.92050485	0.42447481	68	0.92718385	0.37460659	2.47508685
24	0.40673664	0.91354545	0.44522868	69	0.93358042	0.35836794	2.60508906
25	0.42261826	0.90630778	0.46630765	70	0.93969262	0.34202014	2.74747741
26	0.43837114	0.89879404	0.48773258	71	0.94551857	0.32556815	2.90421087
27	0.45399049	0.89100652	0.50952544	72	0.95105651	0.30901699	3.07768353
28	0.46947156	0.88294759	0.53170943	73	0.95630475	0.29237170	3.27085261
29	0.48480962	0.87461970	0.55430905	74	0.96126169	0.27563735	3.48741444
30	0.49999999	0.86602540	0.57735026	75	0.96592582	0.25881904	3.73205080
31	0.51503807	0.85716730	0.60086061	76	0.97029572	0.24192189	4.01078093
32	0.52991926	0.84804809	0.62486935	77	0.97437006	0.22495105	4.33147587
33	0.54463903	0.83867056	0.64940759	78	0.97814760	0.20791169	4.70463010
34	0.55919290	0.82903757	0.67450851	79	0.98162718	0.19080899	5.14455401
35	0.57357643	0.81915204	0.70020753	80	0.98480775	0.17364817	5.67128181
36	0.58778525	0.80901699	0.72654252	81	0.98768834	0.15643446	6.31375151
37	0.60181502	0.79863551	0.75355405	82	0.99026806	0.13917310	7.11536972
38	0.61566147	0.78801075	0.78128562	83	0.99254615	0.12186934	8.14434642
39	0.62932039	0.77714596	0.80978403	84	0.99452189	0.10452846	9.51436445
40	0.64278760	0.76604444	0.83909963	85	0.99619469	0.08715574	11.43005229
41	0.65605902	0.75470958	0.86928673	86	0.99756405	0.06975647	14.30066624
42	0.66913060	0.74314482	0.90040404	87	0.99862953	0.05233595	19.08113667
43	0.68199836	0.73135370	0.93251508	88	0.99939082	0.03489949	28.63625324
44	0.69465837	0.71933980	0.96568877	89	0.99984769	0.01745240	57.28996148
45	0.70710678	0.70710678	0.99999999	90	1.00000000	0.00000000	–

쌍곡선함수

1. 쌍곡선함수의 정의 :

$$\sinh x = \frac{e^x - e^{-x}}{2}, \quad \cosh x = \frac{e^x + e^{-x}}{2}, \quad \tanh x = \frac{e^x - e^{-x}}{e^x - e^{-x}}$$

$$\operatorname{csch} x = \frac{2}{e^x - e^{-x}}, \quad \operatorname{sech} x = \frac{2}{e^x + e^{-x}}, \quad \coth x = \frac{e^x + e^{-x}}{e^x - e^{-x}}$$

2. 쌍곡선함수의 항등식 :

$$\operatorname{csch} x = \frac{1}{\sinh x}, \quad \operatorname{sech} x = \frac{1}{\cosh x}, \quad \coth x = \frac{1}{\tanh x}$$

$$\cosh^2 x - \sinh^2 x = 1, \quad 1 - \tanh^2 x = \operatorname{sech}^2 x, \quad \coth^2 x - 1 = \operatorname{csch}^2 x$$

3. 쌍곡선함수의 성질 :

$$\sinh(-x) = -\sinh x, \quad \cosh(-x) = \cosh x, \quad \tanh(-x) = -\tanh x$$

$$\operatorname{csch}(-x) = -\operatorname{csch} x, \quad \operatorname{sech}(-x) = \operatorname{sech} x, \quad \coth(-x) = -\coth x$$

4. 쌍곡선함수의 덧셈정리 :

$$\sinh(x \mp y) = \sinh x \cosh y \pm \cosh x \sinh y$$

$$\cosh(x \pm y) = \cosh x \cosh y \pm \sinh x \sinh y$$

$$\tanh(x \pm y) = \frac{\tanh x \pm \tanh y}{1 \pm \tanh x \tanh y}$$

$$\coth(x \pm y) = \frac{1 \pm \coth x \coth y}{\coth y \pm \coth x}$$

5. 쌍곡선함수의 배각공식 :

$$\sinh 2x = 2 \sinh x \cosh y$$

$$\cosh 2x = \cosh^2 x + \sinh^2 x$$

$$\tanh 2x = \frac{2 \tanh x}{1 + \tanh^2 x}$$

6. 쌍곡선함수의 반각공식 :

$$\sinh \frac{x}{2} = \pm \sqrt{\frac{\cosh x - 1}{2}}$$

$$\cosh \frac{x}{2} = \pm \sqrt{\frac{\cosh x + 1}{2}}$$

$$\tanh \frac{x}{2} = \pm \sqrt{\frac{\cosh x - 1}{\cosh x + 1}} = \frac{\cosh x - 1}{\sinh x} = \frac{\sinh x}{\cosh x + 1}$$

7. 쌍곡선함수의 삼배각공식 :

$$\sinh 3x = 3 \sinh x + 4 \sinh^3 x$$

$$\cosh 3x = 4 \cosh^3 x - 3 \cosh x$$

$$\tanh 3x = \frac{3 \tanh x + \tanh^3 x}{1 + 3 \tanh^2 x}$$

8. 쌍곡선함수의 합의 공식 :

$$\sinh x+\sinh y=2\sinh\left(\frac{x+y}{2}\right)\cosh\left(\frac{x-y}{2}\right)$$

$$\sinh x-\sinh y=2\cosh\left(\frac{x+y}{2}\right)\sinh\left(\frac{x-y}{2}\right)$$

$$\cosh x+\cosh y=2\cosh\left(\frac{x+y}{2}\right)\cosh\left(\frac{x-y}{2}\right)$$

$$\cosh x-\cosh y=2\sinh\left(\frac{x+y}{2}\right)\sinh\left(\frac{x-y}{2}\right)$$

9. 쌍곡선함수의 곱의 공식 :

$$\sinh x\cosh y=\frac{1}{2}\{\sinh(x+y)+\sinh(x-y)\}$$

$$\cosh x\cosh y=\frac{1}{2}\{\cosh(x+y)+\cosh(x-y)\}$$

$$\sinh x\sinh y=\frac{1}{2}\{\cosh(x+y)-\cosh(x-y)\}$$

10. 역쌍곡선함수 :

$$\sinh^{-1}x=\ln(x+\sqrt{x^2+1})\qquad(-\infty<x<\infty)$$

$$\cosh^{-1}x=\ln(x+\sqrt{x^2-1})\qquad(x\geq 1)$$

$$\tanh^{-1}x=\frac{1}{2}\ln\left(\frac{1+x}{1-x}\right)\qquad(-1<x<1)$$

$$\coth^{-1}x=\frac{1}{2}\ln\left(\frac{x+1}{x-1}\right)\qquad(|x|>1)$$

$$\operatorname{sech}^{-1}x=\ln\left(\frac{1+\sqrt{1-x^2}}{x}\right)\qquad(0<x\leq 1)$$

$$\operatorname{csch}^{-1}x=\ln\left(\frac{1}{x}+\frac{\sqrt{1+x^2}}{|x|}\right)\qquad(x\neq 0)$$

11. 역쌍곡선함수의 성질 :

$$\operatorname{csch}^{-1}x=\sinh^{-1}\left(\frac{1}{x}\right),\quad \operatorname{sech}^{-1}x=\cosh^{-1}\left(\frac{1}{x}\right),\quad \coth^{-1}x=\tanh^{-1}\left(\frac{1}{x}\right)$$

$$\sinh^{-1}(-x)=-\sinh^{-1}x,\quad \tanh^{-1}(-x)=-\tanh^{-1}x$$

$$\coth^{-1}(-x)=-\coth^{-1}x,\quad \operatorname{csch}^{-1}(-x)=-\operatorname{csch}^{-1}x$$

12. 역쌍곡선함수의 도함수 :

$$\frac{d\sinh^{-1}x}{dx} = \frac{1}{\sqrt{x^2+1}} \quad (x \in \mathbb{R}), \quad \frac{d\cosh^{-1}x}{dx} = \frac{1}{\sqrt{x^2-1}} \quad (x > 1)$$

$$\frac{d\tanh^{-1}x}{dx} = \frac{1}{1-x^2} \quad (|x| < 1), \quad \frac{d\coth^{-1}x}{dx} = \frac{1}{1-x^2} \quad (|x| > 1)$$

$$\frac{d\,\mathrm{sech}^{-1}x}{dx} = \frac{-1}{x\sqrt{1-x^2}} \quad (0 < x < 1), \quad \frac{d\,\mathrm{csch}^{-1}x}{dx} = \frac{-1}{|x|\sqrt{1+x^2}} \quad (x \neq 0)$$

A.2 부정적분(적분상수 생략)과 특이적분

$a+bu$형

1. $\int (a+bu)^n\,du = \frac{(a+bu)^{n+1}}{b(n+1)} \quad (n \neq -1)$

2. $\int \frac{du}{a+bu} = \frac{1}{b}\ln(a+bu)$

3. $\int \frac{udu}{a+bu} = \frac{1}{b^2}\{(a+bu) - a\ln(a+bu)\}$

4. $\int \frac{u^2du}{a+bu} = \frac{1}{b^3}\left\{\frac{1}{2}(a+bu)^2 - 2a(a+bu)^2 - 2(a+bu) + a^2\ln(a+bu)\right\}$

5. $\int \frac{du}{u(a+bu)} = -\frac{1}{a}\ln\frac{a+bu}{a}$

6. $\int \frac{du}{u^2(a+bu)} = -\frac{1}{au} + \frac{b}{a^2}\ln\frac{a+bu}{u}$

7. $\int \frac{udu}{(a+bu)} = \frac{1}{b^2}\left\{\frac{a}{a+bu} + \ln(a+bu)\right\}$

8. $\int \frac{u^2du}{(a+bu)^2} = \frac{1}{b^2}\left\{(a+bu) - \frac{a^2}{a+bu} - 2a\ln(a+bu)\right\}$

9. $\int \frac{du}{u(a+bu)^2} = \frac{1}{a(a+bu)} - \frac{1}{a^2}\ln\frac{a+bu}{u}$

10. $\int \frac{du}{u^2(a+bu)^2} = -\frac{a+2bu}{a^2u(a+bu)} + \frac{2b}{a^3}\ln\frac{a+bu}{u}$

$\sqrt{a+bu}$ 형

11. $$\int u\sqrt{a+bu}\,du = -\frac{2(2a-3bu)(a+bu)^{\frac{3}{2}}}{15b^2}$$

12. $$\int u^n\sqrt{a+bu}\,du = \frac{2u^n(a+bu)^{\frac{3}{2}}}{(2n+3)b} - \frac{2an}{(2n+3)b}\int u^{n-1}\sqrt{a-bu}\,du$$

13. $$\int \frac{udu}{\sqrt{a+bu}} = -\frac{2(2a-bu)}{3b^2}\sqrt{a+bu}$$

14. $$\int \frac{u^n du}{\sqrt{a+bu}} = \frac{2u^n\sqrt{a+bu}}{(2n+1)b} - \frac{2na}{(2n+1)b}\int \frac{u^{n-1}du}{\sqrt{a+bu}}$$

15. $$\int \frac{du}{u\sqrt{a+bu}} = \begin{cases} \dfrac{1}{\sqrt{a}}\ln\dfrac{\sqrt{a+bu}-\sqrt{a}}{\sqrt{a+bu}+\sqrt{a}}, & (a>0) \\ \dfrac{2}{\sqrt{-a}}\tan^{-1}\sqrt{\dfrac{a+bu}{-a}}, & (a<0) \end{cases}$$

16. $$\int \frac{du}{u^n\sqrt{a+bu}} = -\frac{\sqrt{a+bu}}{(n-1)au^{n-1}} - \frac{(2n-3)b}{2(n-1)a}\int \frac{du}{u^{n-1}\sqrt{a+bu}}$$

17. $$\int \frac{\sqrt{a+bu}}{u}du = 2\sqrt{a+bu} + a\int \frac{du}{u\sqrt{a+bu}}$$

18. $$\int \frac{\sqrt{a+bu}}{u^n}du = -\frac{(a+bu)^{\frac{3}{2}}}{(n-1)au^{n-1}} - \frac{(2n-5)b}{2(n-1)a}\int \frac{\sqrt{a+bu}}{u^{n-1}}du$$

$\sqrt{u^2 \pm a^2}$ 형

19. $$\int \frac{du}{u^2+a^2} = \frac{1}{a}\tan^{-1}\frac{u}{a}$$

20. $$\int \frac{du}{u^2-a^2} = \frac{1}{2a}\ln\frac{u-a}{u+a}$$

21. $$\int \frac{du}{\sqrt{u^2\pm a^2}} = \ln(u+\sqrt{u^2\pm a^2})$$

22. $$\int \frac{u^2du}{\sqrt{u^2\pm a^2}} = \frac{1}{2}u\sqrt{u^2\pm a^2} \mp \frac{1}{2}a^2\ln(u+\sqrt{u^2\pm a^2})$$

23. $$\int \frac{du}{u\sqrt{u^2+a^2}} = -\frac{1}{a}\ln\frac{a+\sqrt{u^2+a^2}}{u}$$

24. $$\int \frac{du}{u\sqrt{u^2-a^2}} = \frac{1}{a}\sec^{-1}\frac{u}{a}$$

25. $$\int \frac{du}{u^2\sqrt{u^2\pm a^2}} = \mp\frac{\sqrt{u^2\pm a^2}}{a^2u}$$

26. $$\int \sqrt{u^2\pm a^2}\,du = \frac{1}{2}u\sqrt{u^2\pm a^2} \pm \frac{1}{2}a^2\ln(u+\sqrt{u^2\pm a^2})$$

27. $$\int u^2\sqrt{u^2\pm a^2}\,du = \frac{1}{4}u(u^2\pm a^2)^{\frac{3}{2}} \mp \frac{1}{8}a^2u\sqrt{u^2\pm a^2} - \frac{1}{8}a^4\ln(u+\sqrt{u^2\pm a^2})$$

28. $$\int \frac{\sqrt{u^2+a^2}}{u}du = \sqrt{u^2+a^2} - a\ln\frac{a+\sqrt{u^2+a^2}}{u}$$

29. $$\int \frac{\sqrt{u^2-a^2}}{u}du = \sqrt{u^2-a^2} - a\sec^{-1}\frac{u}{a}$$

30. $$\int \frac{\sqrt{u^2\pm a^2}}{u^2}du = -\frac{\sqrt{u^2\pm a^2}}{u} + \ln(u\pm\sqrt{u^2\pm a^2})$$

31. $$\int (u^2\pm a^2)^{\frac{3}{2}}du = \frac{1}{4}u(u^2\pm a^2)^{\frac{3}{2}} \pm \frac{3}{8}a^2u\sqrt{u^2\pm a^2} + \frac{3}{8}a^4\ln(u+\sqrt{u^2\pm a^2})$$

32. $$\int \frac{(u^2+a^2)^{\frac{3}{2}}}{u}du = \frac{1}{3}(u^2+a^2)^{\frac{3}{2}} + a^2\sqrt{u^2+a^2} - a^3\ln\frac{a+\sqrt{u^2+a^2}}{u}$$

33. $$\int \frac{(u^2-a^2)^{\frac{3}{2}}}{u}du = \frac{1}{3}(u^2-a^2)^{\frac{3}{2}} - a^2\sqrt{u^2-a^2} - a^3\sec^{-1}\frac{u}{a}$$

34. $$\int \frac{du}{(u^2\pm a^2)^{\frac{3}{2}}} = \pm\frac{u}{a^2\sqrt{u^2\pm a^2}}$$

35. $$\int \frac{u^2du}{(u^2\pm a^2)^{\frac{3}{2}}} = -\frac{u}{\sqrt{u^2\pm a^2}} + \ln(u+\sqrt{u^2\pm a^2})$$

36. $$\int \frac{du}{u(u^2+a^2)^{\frac{3}{2}}} = \frac{1}{a^2\sqrt{u^2+a^2}} - \frac{1}{a^3}\ln\frac{a+\sqrt{u^2+a^2}}{u}$$

37. $$\int \frac{du}{u(u^2-a^2)^{\frac{3}{2}}} = -\frac{1}{a^2\sqrt{u^2-a^2}} - \frac{1}{a^3}\sec^{-1}\frac{u}{a}$$

$\sqrt{a^2-u^2}$ 형

38. $$\int \frac{du}{a^2-u^2} = \frac{1}{2a}\ln\frac{a+u}{a-u}$$

39. $\int \frac{du}{\sqrt{a^2-u^2}} = \sin^{-1}\frac{u}{a}$

40. $\int \frac{u^2du}{\sqrt{a^2-u^2}} = -\frac{1}{2}u\sqrt{a^2-u^2}+\frac{1}{2}a^2\sin^{-1}\frac{u}{a}$

41. $\int \frac{du}{u\sqrt{a^2-u^2}} = -\frac{1}{a}\ln\frac{a+\sqrt{a^2-u^2}}{u}$

42. $\int \frac{du}{u^2\sqrt{a^2-u^2}} = -\frac{\sqrt{a^2-u^2}}{a^2u}$

43. $\int \sqrt{a^2-u^2}\,du = \frac{1}{2}u\sqrt{a^2-u^2}+\frac{1}{2}a^2\sin^{-1}\frac{u}{a}$

44. $\int u^2\sqrt{a^2-u^2}\,du = -\frac{1}{4}u(a^2-u^2)^{\frac{3}{2}}+\frac{1}{8}a^2u\sqrt{a^2-u^2}+\frac{1}{8}a^4\sin^{-1}\frac{u}{a}$

45. $\int \frac{\sqrt{a^2-u^2}}{u}du = \sqrt{a^2-u^2}-a\ln\frac{a+\sqrt{a^2-u^2}}{u}$

46. $\int \frac{\sqrt{a^2-u^2}}{u^2}du = -\frac{\sqrt{a^2-u^2}}{u}-\sin^{-1}\frac{u}{a}$

47. $\int \frac{du}{(a^2-u^2)^{\frac{3}{2}}} = \frac{u}{a^2\sqrt{a^2-u^2}}$

48. $\int \frac{u^2du}{(a^2-u^2)^{\frac{3}{2}}} = \frac{u}{\sqrt{a^2-u^2}}-\sin^{-1}\frac{u}{a}$

49. $\int \frac{du}{u(a^2-u^2)^{\frac{3}{2}}} = \frac{1}{a^2\sqrt{a^2-u^2}}-\frac{1}{a^3}\ln\frac{a+\sqrt{a^2-u^2}}{u}$

50. $\int \frac{du}{u^2(a^2-u^2)^{\frac{3}{2}}} = -\frac{\sqrt{a^2-u^2}}{a^4u}+\frac{u}{a^4\sqrt{a^2-u^2}}$

51. $\int (a^2-u^2)^{\frac{3}{2}}du = \frac{1}{4}u(a^2-u^2)^{\frac{3}{2}}+\frac{3}{8}a^2u\sqrt{a^2-u^2}+\frac{3}{8}a^4\sin^{-1}\frac{u}{a}$

52. $\int \frac{(a^2-u^2)^{\frac{3}{2}}}{u}du = \frac{1}{3}(a^2-u^2)^{\frac{3}{2}}+a^2\sqrt{a^2-u^2}-a^3\ln\frac{a+\sqrt{a^2-u^2}}{u}$

▶ 삼각함수형

53. $\int \sin u\, du = -\cos u$

54. $\int \sin^2 u\, du = \frac{1}{2}u - \frac{1}{2}\sin u \cos u$

55. $\int \sin^3 u\, du = -\cos u + \frac{1}{3}\cos^3 u$

56. $\int \sin^n u\, du = -\frac{1}{n}\sin^{n-1} u \cos u + \frac{n-1}{n}\int \sin^{n-2} u\, du$

57. $\int \cos u\, du = \sin u$

58. $\int \cos^2 u\, du = \frac{1}{2}u + \frac{1}{2}\sin u \cos u$

59. $\int \cos^3 u\, du = \sin u - \frac{1}{3}\sin^3 u$

60. $\int \cos^n u\, du = \frac{1}{n}\cos^{n-1} u \sin u + \frac{n-1}{n}\int \cos^{n-2} u\, du$

61. $\int \tan u\, du = \ln \sec u$

62. $\int \tan^n u\, du = \frac{1}{n-1}\tan^{n-1} u - \int \tan^{n-2} u\, du$

63. $\int \cot u\, du = \ln \sin u$

64. $\int \cot^n u\, du = -\frac{1}{n-1}\cot^{n-1} u - \int \cot^{n-2} u\, du$

65. $\int \sec u\, du = \ln(\sec u + \tan u)$

66. $\int \sec^2 u\, du = \tan u$

67. $\int \sec^n u\, du = \frac{1}{n-1}\sec^{n-2} u \tan u + \frac{n-2}{n-1}\int \sec^{n-2} u\, du$

68. $\int \csc u\, du = \ln(\csc u - \cot u)$

69. $\int \csc^2 u\, du = -\cot u$

70. $\int \csc^n u\, du = -\frac{1}{n-1}\csc^{n-1} u \cot u + \frac{n-2}{n-1}\int \csc^{n-2} u\, du$

71. $\int \sec u \tan u\, du = \sec u$

72. $\displaystyle\int \csc u \cot u \, du = -\csc u$

73. $\displaystyle\int \sin au \cos bu \, du = \frac{1}{2(a-b)} \sin(a-b)u - \frac{1}{2(a+b)} \sin(a+b)u$

74. $\displaystyle\int \sin au \cos bu \, du = -\frac{1}{2(a-b)} \cos(a-b)u - \frac{1}{2(a+b)} \cos(a+b)u$

75. $\displaystyle\int \cos au \cos bu \, du = \frac{1}{2(a-b)} \sin(a-b)u + \frac{1}{2(a+b)} \sin(a-b)u$

76. $\displaystyle\int \sin^m u \cos^n u \, du = \frac{1}{m+n} \sin^{m+1} u \cos^{n-1} u + \frac{n-1}{m+n} \int \sin^m u \cos^{n-2} u \, du$

77. $\displaystyle\int \sin^m u \cos^n u \, du = \frac{1}{m+n} \sin^{m-1} u \cos^{n+1} u + \frac{m-1}{m+n} \int \sin^{m-2} u \cos^n u \, du$

여러 가지 형

78. $\displaystyle\int e^u \, du = e^u$

79. $\displaystyle\int a^u \, du = \frac{1}{\ln a} a^u$

80. $\displaystyle\int u e^{au} \, du = \frac{1}{a^2}(au-1)e^{au}$

81. $\displaystyle\int u^n e^{au} \, du = \frac{u^n e^{au}}{a} - \frac{n}{a} \int u^{n-1} e^{au} \, du$

82. $\displaystyle\int \ln u \, du = u \ln u - u$

83. $\displaystyle\int \frac{\ln u}{u} \, du = \frac{1}{2}(\ln u)^2$

84. $\displaystyle\int \frac{du}{u \ln u} = \ln(\ln u)$

85. $\displaystyle\int (\ln u)^n \, du = u(\ln u)^n - n \int (\ln u)^{n-1} du$

86. $\displaystyle\int u^n \ln u \, du = \frac{u^{n+1}}{n+1}\left(\ln u - \frac{1}{n+1}\right) \quad (n \neq -1)$

87. $\displaystyle\int u \sin u \, du = \sin u - u \cos u$

88. $\displaystyle\int u^2 \sin u \, du = 2u \sin u - (u^2 - 2) \cos u$

89. $\displaystyle\int u \cos u \, du = \cos u + u \sin u$

90. $\int u^2 \cos u\, du = (u^2 - 2)\sin u + 2u\cos u$

91. $\int e^{au} \sin bu\, du = \frac{1}{a^2 + b^2}(a\sin bu - b\cos bu)e^{au}$

92. $\int e^{au} \cos u\, du = \frac{1}{a^2 + b^2}(a\cos bu + b\sin bu)e^{au}$

93. $\int \sin^{-1} u\, du = u\sin^{-1} u + \sqrt{1 - u^2}$

94. $\int \cos^{-1} u\, du = u\cos^{-1} u - \sqrt{1 - u^2}$

95. $\int \tan^{-1} u\, du = u\tan^{-1} u - \frac{1}{2}\ln(1 + u^2)$

96. $\int \sinh u\, du = \cosh u$

97. $\int \cosh u\, du = \sinh u$

98. $\int \tanh u\, du = \ln(\cosh u)$

99. $\int \coth u\, du = \ln(\sinh u)$

100. $\int \operatorname{sech} u\, du = \tan^{-1}(\sinh u)$

101. $\int \operatorname{csch} u\, du = \ln\left(\tanh \frac{1}{2} u\right)$

Wallis의 공식

102. $\int_0^{\frac{\pi}{2}} \sin^n x\, dx = \int_0^{\frac{\pi}{2}} \cos^n x\, dx = \begin{cases} \frac{1}{2} \cdot \frac{3}{4} \cdot \cdots \cdot \frac{2n-1}{2n} \cdot \frac{\pi}{2}, & (n\text{은 짝수}) \\ \frac{2}{3} \cdot \frac{4}{5} \cdot \cdots \cdot \frac{2n}{2n+1}, & (n > 1,\ n\text{은 홀수}) \end{cases}$

103. $\int_0^{\frac{\pi}{2}} \sin^m x \cos^n x\, dx$

$$= \begin{cases} \frac{2 \cdot 4 \cdot 6 \cdot \cdots \cdot (n-1)}{(m+1)(m+3) \cdot \cdots \cdot (m+n)}, & (n > 1,\ n\text{은 홀수}) \\ \frac{2 \cdot 4 \cdot 6 \cdot \cdots \cdot (m-1)}{(n+1)(n+3) \cdot \cdots \cdot (n+m)}, & (m > 1,\ m\text{은 홀수}) \\ \frac{1 \cdot 3 \cdot \cdots \cdot (m-1) \cdot 1 \cdot 3 \cdot \cdots \cdot (n-1)}{2 \cdot 4 \cdot 6 \cdot \cdots \cdot (m+n)} \frac{\pi}{2}, & (n,\ m\text{은 짝수}) \end{cases}$$

정적분과 특이적분

104. $\displaystyle\int_0^{\infty} \frac{dx}{x^2+a^2} = \frac{\pi}{2a}$

105. $\displaystyle\int_0^{\infty} \frac{x^{p-1}}{1+x}\,dx = \frac{\pi}{\sin p\pi} \quad (0 < p < 1)$

106. $\displaystyle\int_0^{a} \frac{dx}{\sqrt{a^2-x^2}} = \frac{\pi}{2}$

107. $\displaystyle\int_0^{a} \sqrt{a^2-x^2}\,dx = \frac{a^2\pi}{4}$

108. $\displaystyle\int_0^{\infty} \frac{\sin x}{x}\,dx = \frac{\pi}{2}$

109. $\displaystyle\int_0^{\infty} \frac{\sin^2 px}{x^2}\,dx = \frac{p\pi}{2}$

110. $\displaystyle\int_0^{\infty} \frac{1-\cos px}{x^2}\,dx = \frac{p\pi}{2}$

111. $\displaystyle\int_0^{\infty} \frac{\cos mx}{x^2+a^2}\,dx = \frac{\pi}{2a}e^{-ma}$

112. $\displaystyle\int_0^{\infty} \frac{x\sin mx}{x^2+a^2}\,dx = \frac{\pi}{2}e^{-ma}$

113. $\displaystyle\int_0^{\infty} \frac{\cos px-\cos qx}{x}\,dx = \ln\frac{q}{p}$

114. $\displaystyle\int_0^{2\pi} \frac{dx}{1-2a\cos x+a^2} = \frac{2\pi}{1-a^2} \quad (0 < a < 1)$

115. $\displaystyle\int_0^{\infty} \sin(ax^2)\,dx = \int_0^{2\pi} \cos(ax^2) = \frac{1}{2}\sqrt{\frac{\pi}{2c}} \quad (a > 0)$

116. $\displaystyle\int_0^{\infty} \frac{\sin x}{\sqrt{x}}\,dx = \int_0^{\infty} \frac{\cos x}{\sqrt{x}}\,dx = \sqrt{\frac{\pi}{2}}$

117. $\displaystyle\int_0^{\infty} e^{-ax^2}dx = \frac{1}{2}\sqrt{\frac{\pi}{a}} \quad (a > 0)$

118. $\displaystyle\int_0^{\frac{\pi}{2}} \ln(\sin x)\,dx = \int_0^{\frac{\pi}{2}} \ln(\cos x)\,dx = -\frac{\pi}{2}\ln 2$

119. $\displaystyle\int_0^{\infty} x^{-\frac{1}{2}}e^{-x}dx = \sqrt{x}$

B 연습문제 풀이

제1장 방정식과 부등식

1.1 집합 및 함수

1. $C \subset A \subset D \subset B$

2. (1) $A \cap B = \{(x, x^2) \in \mathbb{R} \mid 0 \le x \le 1\}$ (2) $B^c = \{(x, y) \in \mathbb{R} \mid y \ne x^2\}$

   (3) $B - A = \{(x, x^2) \in \mathbb{R} \mid x < 0$ 또는 $x > 1\}$

3. $A \times B = \{(a, 1), (a, 2), (a, 3), (a, 4), (b, 1), (b, 2), (b, 3), (b, 4),$
   $(c, 1), (c, 2), (c, 3), (c, 4)\}$

   $P(A) = \{\varnothing, \{a\}, \{b\}, \{c\}, \{a, b\}, \{b, c\}, \{a, c\}, \{a, b, c\}\}$

4. (1) $(A - B) \cup (A - C) = (A \cap B^c) \cup (A \cap C^c) = A \cap (B^c \cup C^c)$
   $= A \cap (B \cap C)^c = A - (B \cap C)$

   (2) $(A - B) \cap (A - C) = (A \cap B^c) \cap (A \cap C^c) = A \cap (B^c \cap C^c)$
   $= A \cap (B \cup C)^c = A - (B \cup C)$

5. 정의역 $\{x \in \mathbb{R} \mid x \ne -2\}$, 치역 $\{y \in \mathbb{R} \mid y \ne 1\}$

6. $A = \{x \mid p(x) = q(x)\}$, $B = \{x \mid p(x) = q(x)$ 또는 $p(x) = -q(x)\}$,
   $C = \{x \mid p(x) = q(x),\ q(x) \ne 0\}$이므로 $C \subset A \subset B$

7. $X = \{1\}$, $X = \{3\}$, $X = \{1, 3\}$

8. 2^n

9. (1) 임의의 $y \in f(A \cup B)$에 대하여 $y = f(x)$를 만족하는 적당한 $x \in A \cup B$가 존재한다. 따라서

   $$x \in A \vee x \in B \ \Rightarrow\ y \in f(A) \vee y \in f(B) \ \Rightarrow\ x \in f(A) \cup f(B)$$

   이므로 $f(A \cup B) \subset f(A) \cup f(B)$이다. 역이 성립하는 것도 분명하므로 $f(A \cup B) = f(A) \cup f(B)$이다.

(2) $A \cap B \subset A$, $A \cap B \subset B$이므로 $f(A \cap B) \subset f(A)$, $f(A \cap B) \subset f(B)$가 되어 $f(A \cap B) \subset f(A) \cap f(B)$이다.

(3) 임의의 $x \in A$에 대하여 $f(x) \in f(A)$이므로 $x \in f^{-1}(f(A))$이다.

따라서 $A \subset f^{-1}(f(A))$가 성립한다. 이제 f가 단사함수인 경우를 살펴보자.

$x \in f^{-1}(f(A))$라고 하면 $f(x) \in f(A)$이므로 적당한 $x' \in A$가 있어서 $f(x) = f(x')$이다. 그런데 f가 단사이므로 $x = x'$이 성립한다. 따라서 $x \equiv A$가 되어 $f^{-1}(f(A)) \subset A$이다. 그러므로 f가 단사함수이면 $f^{-1}(f(A)) = A$이다.

(4) 임의의 $y \in f(f^{-1}(B))$에 대하여 적당한 $x = f^{-1}(B)$가 있어서 $y = f(x)$가 성립한다. 그런데 $f(x) \in B$이므로 $y \in B$이다. 따라서 $f(f^{-1}(B)) \subset B$이다. 이제 f가 전사함수인 경우를 살펴보자.

$y \in f(f^{-1}(B))$

$\Leftrightarrow$ 적당한 $x = f^{-1}(B) \subset X$가 있어서 $y = f(x)$가 성립한다.

$\Leftrightarrow$ $y = f(x) \in f(X) \cap B$

이므로 $f(f^{-1}(B)) = f(X) \cap B$이다. 따라서 f가 전사함수이면 $f(f^{-1}(B)) = f(X) \cap B = Y \cap B = B$이다.

(5) $x \in f^{-1}(A \cup B) \Leftrightarrow f(x) \in A \cup B \qquad \Leftrightarrow f(x) \in A \vee f(x) \in B$

$\Leftrightarrow x \in f^{-1}(A) \vee x \in f^{-1}(B) \quad \Leftrightarrow x \in f^{-1}(A) \cup f^{-1}(B)$

(6) $x \in f^{-1}(A \cap B) \Leftrightarrow f(x) \in A \cap B \qquad \Leftrightarrow f(x) \in A \wedge f(x) \in B$

$\Leftrightarrow x \in f^{-1}(A) \wedge x \in f^{-1}(B) \quad \Leftrightarrow x \in f^{-1}(A) \cap f^{-1}(B)$

10. $f(x) = x^2 + 5$이므로 $g(x) = ax + b \ (a \neq 0)$로 놓으면

$(g \circ f)(x) = ax^2 + 5a + b$이고 $(g \circ f)(x) = 4a^2x^2 + 8abx + 4b^2 + 5/4$이다.

그러므로 $a = 4a^2$, $0 = 8ab$, $5a + b = 4b^2 + 5/4$이고, $a \neq 0$이므르 $a = 1/4$, $b = 0$이다.

따라서 $g(x) + g(x) = x^2 + x/4 + 5$이다.

11. (1) 집합 X의 서로 다른 두 원소 x_1과 x_2를 생각하면 f가 단사이므로 $f(x_1) \neq f(x_2)$이다. 또 g도 단사이므로 $g(f(x_1)) \neq g(f(x_2))$이다. 따라서 합성함수의 정의에 의하여 $(g \circ f)(x_1) \neq (g \circ f)(x_2)$가 되어 $g \circ f$도 단사이다.

(2) f와 g가 모두 전사이므로 $f(X) = Y$이고, $Z = g(Y) = g(f(X))$이다. 따라서 합성함수의 정의에 의하여 $(g \circ f)(X) = Z$가 되어 $g \circ f$도 전사이다.

(3) 임의의 $x_1, x_2 \in X$에 대하여 $f(x_1) = f(x_2)$라고 하면 $g(f(x_1)) = g(f(x_2))$이고, $g \circ f$

가 단사이므로 $x_1 = x_2$가 된다. 따라서 f가 단사이다.

(4) 임의의 $z \in Z$에 대하여 $x \in X$가 존재하여 $(g \circ f)(x) = z$를 만족하므로 $f(x) \in Y$가 있어서 $g(f(x)) = z$이다. 따라서 g는 전사이다.

12. 함수 $f : A \to B$와 $g : B \to C$가 전단사이므로 함수 $g \circ f$, g^{-1}, f^{-1}도 모두 전단사이다. 따라서 $(g \circ f)^{-1}$는 존재하고, 임의의 $z \in C$에 대하여 다음이 성립하므로 $(g \circ f)^{-1} = f^{-1} \circ g^{-1}$이다.

$$x \in (g \circ f)^{-1}(z) \iff z = (g \circ f)(x) = g(f(x)) \iff f(x) \in g^{-1}(z)$$
$$\iff x \in f^{-1}(g^{-1}(z)) = (f^{-1} \circ g^{-1})(z)$$

1.2 분수방정식

1. (1) $x = -3$ (2) $x = 1$ (3) $x = -1,\ 3 \pm 2\sqrt{2}$

(4) 근이 없다. (5) $x = 0$ (6) $x = 5$

2. (1) $x = 3/2$ (2) $x = -1,\ 2$ (3) $x = 1,\ 2 \pm \sqrt{3}$

(4) $x = -1, 1, 3$ (5) $x = -2, -1, 2, 3$ (6) $x = -\dfrac{1}{2},\ 2,\ \dfrac{-1 \pm \sqrt{10}}{3}$

3. $x = -1/3,\ -3$

4. $a = 0$

5. $(x-b)(x+b-2) = 0$에서 $x = b$는 분모를 0으로 하므로 근이 아니다. $x = -b+2$는 $x+b$를 0으로 하지 않으므로 $x-b$를 0으로 하지 않으면 즉, $b \neq 1$이면 방정식의 근은 존재한다.

6. 시속 8km

7. 시속 120km

8. (5, 0), (3.5, 0)

9. 4일

1.3 무리방정식

1. (1) $x = 3$ (2) $x = 2$ (3) $x = 7$

(4) $x = 1/4$ (5) $x = 2$ (6) $x = 2$

2. (1) $x = 2,\ -1/2$ (2) $x = -2,\ 5$ (3) $x = -7,\ 6$

3. $1/6 < m < 1/2$

4. $-3/2 \le k < -1$일 때 2개, $k = -1$ 또는 $k < -3/2$일 때 1개, $-1 < k$일 때 0개

5. 24

6. (1) $0 \le k < 1/4$ (2) $k < 0$ 또는 $k = 1/4$ (3) $k > 1/4$

1.4 고차부등식

1. (1) $-2 < x < -1,\ x > 3$ (2) $x \le 2,\ x \ge 3$
   (3) $-1 \le x \le 2,\ x \ge 4$ (4) $x \le 2,\ 4 \le x \le 5$
   (5) $-2 < x < -1,\ 2 < x < 3$ (6) $x \le -2,\ 1 \le x \le 2,\ x \ge 3$

2. (1) $(1-\sqrt{3})/2 \le x \le 1$ (2) $-2 \le x < -1,\ -1 < x < 2,\ x > 3$
   (3) $x > 2$ (4) $-1 < x \le 0,\ x = 2$

3. (1) $-4 < x < -3,\ -\dfrac{3}{2} < x < 0$을 만족하는 정수 $x = -1$
   (2) $-1/2 < x < 1/2,\ 1 < x < 3$을 만족하는 정수 $x = 0,\ 2$

4. $A \cup B = \{x \mid -2 \le x \le 1, 2 < x < 3, x \ge 4\}$, $A \cap B = \{x \mid -1 < x < 1\}$

5. $a = -2,\ b = -3$

6. $1 \le x \le 3$

7. $2 < x < 5$

1.5 분수부등식

1. (1) $x \ge 6,\ -2 < x < 2$ (2) $x \ge 4,\ -1 \le x < 3$
   (3) $-1 < x \le 0$ (4) $-2 < x \le 0,\ x > 2$
   (5) $x \le -4,\ -1 < x < 1,\ x \ge 5$
   (6) $-3 \le x < (1-\sqrt{13})/6,\ 0 \le x < (1+\sqrt{13})/6$
   (7) $x < -1,\ 0 < x < 1,\ x > 1$ (8) $x \le -1,\ 0 < x \le 2$

2. (1) $x > 1,\ -11/5 < x < -3/2$ (2) $1/2 < x \le 2$
   (3) $-2 < x \le -1,\ 0 < x < 3$ (4) $1/2 < x < 2$
   (5) $0 < x \le 1,\ 2 < x < 3$ (6) $-3 \le x \le -1,\ 4 < x < 6$

3. 3

4. $\dfrac{x+3}{x+1} < \sqrt{2} < \dfrac{x+2}{x} \Leftrightarrow x < 2(\sqrt{2}+1) < x+1$이므로 정수 $x = 4$

5. $a < 0,\ 4 \le a < 5$

6. 처음 부등식의 해는 일치하나 나중의 두 부등식의 해는 일치하지 않는다(등호 때문).

7. $p = 2,\ q = 4$

8. $-2 < x \le 0,\ x > 2$

9. 6km/h

10. 480km/h

제 2 장 삼각함수

2.2 삼각함수

1. (1) $\sin\theta = \frac{4}{5},\ \cos\theta = -\frac{3}{5},\ \tan\theta = -\frac{4}{3}$

2.

θ	제1사분면	제2사분면	제3사분면	제4사분면
$\sin\theta,\ \csc\theta$	$+$	$+$	$-$	$-$
$\cos\theta,\ \sec\theta$	$+$	$-$	$-$	$+$
$\tan\theta,\ \cot\theta$	$+$	$-$	$+$	$-$

3. $\cos\theta = -\frac{4}{5},\ \tan\theta = -\frac{3}{4}$

4. $\sin\theta = -\frac{2}{\sqrt{5}},\ \cos\theta = -\frac{1}{\sqrt{5}}$

6. (1) $2/\sin\theta (= 2\csc\theta)$ (2) 2 (3) $1/\cos\theta (= \sec\theta)$ (4) $\csc\theta$

7. (1) $-3/8$ (2) $11/16$

8. (1) $\frac{1}{2}$ (2) $\frac{\sqrt{2}}{2}$ (3) $-\sqrt{3}$

   (4) -1 (5) $-\frac{2\sqrt{3}}{3}$ (6) -2

9. (1) $\frac{\sqrt{6}-\sqrt{2}}{4}$ (2) $2-\sqrt{3}$ (3) $\frac{\sqrt{2-\sqrt{2}}}{2}$

10. (1) $\frac{1-2\sqrt{30}}{12}$ (2) $\frac{\sqrt{15}-2\sqrt{2}}{12}$

12. (1) $-24/25$ (2) $7/25$

13. (1) $120/169$ (2) $119/169$ (3) $120/119$

15. (1) $\dfrac{\sqrt{5}}{5}$ (2) $-7/25$ (3) 2

16. (1) $2\sin\left(\theta+\dfrac{\pi}{3}\right)$ (2) $\sqrt{2}\sin\left(\theta-\dfrac{\pi}{4}\right)$

17. (1) 최댓값 2, 최솟값 -2 (2) 최댓값 $(\sqrt{3}+2)/4$, 최솟값 $(\sqrt{3}-2)/4$

(3) 최댓값 $\dfrac{1+\sqrt{2}}{2}$, 최솟값 $\dfrac{1-\sqrt{2}}{2}$ (4) 최댓값 $3/4$, 최솟값 $-1/4$

18. (1) $\dfrac{2+\sqrt{3}}{4}$ (2) $\dfrac{-2+\sqrt{3}}{4}$ (3) $\dfrac{\sqrt{3}}{8}$

19. (1) $\dfrac{\sqrt{6}-\sqrt{2}}{2}$ (2) $-\dfrac{\sqrt{6}+\sqrt{2}}{2}$ (3) 0

2.3 삼각형과 삼각함수

1. $90°$
2. $c=2,\ R=1,\ A=60°,\ C=90°$
3. 2
5. (1) $a=b$인 이등변삼각형 또는 $C=90°$인 직각삼각형
   (2) $a=b$인 이등변삼각형
   (3) $a=b$인 이등변삼각형 또는 $C=90°$인 직각삼각형
6. $120°$
10. $90°$
11. $30°$
12. 9개

2.4 삼각방정식과 삼각부등식

1. (1) $n\pi+(-1)^n\dfrac{1}{4}\pi+\dfrac{1}{6}\pi,\ n\in\mathbb{Z}$
2. $\dfrac{1}{3}\pi,\ \dfrac{4}{3}\pi$

3. $\frac{7}{6}\pi$ 또는 $\frac{11}{6}\pi$

4. $0 \le x \le \frac{1}{3}\pi$ 또는 $\frac{5}{3}\pi \le x \le 2\pi$

5. $\frac{1}{6}\pi < \theta < \frac{5}{6}\pi$ 또는 $\frac{7}{6}\pi < \theta < \frac{11}{6}\pi$

6. $0 \le \theta \le \frac{5}{4}\pi$ 또는 $\frac{7}{4}\pi \le \theta < 2\pi$

7. $\pi \le \theta < 2\pi$

8. 4π

9. $\frac{4}{3}\pi$

10. $0 \le x < \frac{\pi}{6}$, $2 < x < \frac{5}{6}\pi$

11. 1

제 3 장 함수의 극한과 연속성

3.1 함수의 수렴과 발산

1. (1) 3 (2) 1 (3) 5 (4) -2 (5) 4 (6) 12
   (7) 존재하지 않는다. (8) -3 (9) 존재하지 않는다.
   (10) 존재하지 않는다. (11) 0 (12) 3

2. (1) ∞ (2) ∞ (3) $-\infty$ (4) $-\infty$
   (5) ∞ (6) $-\infty$ (7) 2 (8) $-\infty$

3.2 함수의 극한에 관한 성질

1. (1) 6 (2) $-1/2$ (3) $-1/7$ (4) -5 (5) $3/2$ (6) -3
   (7) $1/6$ (8) 12 (9) $1/4$ (10) $2/3$ (11) $(a^2+2a)/(a+1)^2$
   (12) 1

2. (1) $a=1, b=-2$ (2) $a=-2, b=-2$ (3) $a=-5, b=-7$

(4) $a=4, b=3$　　(5) $a=\sqrt{2}, b=\sqrt{2}, c=-\sqrt{2}/4$

(6) $a=-1, b=-1$

3. (1) ∞　(2) 2　(3) 3/2　(4) -1　(5) -2　(6) -1

(7) -2　(8) 0

4. $a=-3, b=-2$

5. $a=2,\ b=7,\ c=5$

6. 3/4

7. -2

8. -2

3.3 여러 가지 함수의 극한

1. (1) 4　(2) 1　(3) 2　(4) 0　(5) -1

(6) 양의 무한대로 발산　(7) e^2　(8) 양의 무한대로 발산

(9) 2　(10) 0　(11) 1　(12) 4　(13) 3　(14) 5

2. -4

3. $e^{\frac{1}{3}}$

4. b

3.4 함수의 연속

1. (1) $[-2, 2]$　(2) $(-\infty, 1)\cup(1, \infty)$　(3) $(1, \infty)$　(4) $(-1, 3)$

2. (1) 연속　(2) 불연속

3. (1) $(-\infty, \infty)$　(2) $(-2, 2)$　(3) $[-1, \infty)$　(4) $[-3, 3]$

4. (1) $x=3$을 제외한 모든 실수에서 연속

(2) $x=0$을 제외한 모든 실수에서 연속

(3) $x=1$을 제외한 모든 실수에서 연속

(4) $x=2$를 제외한 모든 실수에서 연속

(5) 모든 실수에서 연속

(6) 정수를 제외한 모든 실수에서 연속

5. (1) $x=-1/2$과 $1/2$을 제외한 모든 실수에서 연속

(2) $x=-1$과 1을 제외한 모든 실수에서 연속

(3) $x=-1$과 1을 제외한 모든 실수에서 연속

6. (1) $a=-2$ (2) $a=-3, b=4$ (3) $a=-1, b=1$ (4) $a=4, b=-4$

7. $x=-1$

3.5 연속함수의 성질

1. (1) $(-\infty, \infty)$ (2) $(-\infty, \infty)$

(3) $(-\infty, 1)\cup(1, \infty)$ (4) $(-\infty, -1)\cup(-1, 2)\cup(2, \infty)$

2. $f(g(x))$: ± 2를 제외한 모든 실수, $g(f(x))$: $x=0$을 제외한 모든 실수

3. 0을 제외한 모든 실수

4. (1) 최댓값 9, 최솟값 1 (2) 최댓값 2, 최솟값 -7

(3) 최댓값 1, 최솟값 $1/4$ (4) 최댓값 1, 최솟값 -1

제 4 장 미분과 그 응용

4.1 평균변화율과 미분계수

1. (1) 1 (2) $3a^2+3ah+h^2$ (3) $-2a-h+1$

2. (1) 0 (2) 4 (3) -5 (4) 0 (5) 7 (6) 2

(7) -1 (8) 0

3. (1) 미분가능 (2) 미분가능 (3) 미분불가능

4. $1/(2\sqrt{a})$

5. 1

4.2 도함수와 미분법

1. (1) $2x+6$ (2) t^2+t+1 (3) $\frac{15}{2}x^2-2x+\frac{5}{2}$

(4) $60x^4+72x^3+18x^2+18x-6$ (5) $10x^4-24x^3+6x^2+8x-12$

(6) 0 (7) -5 (8) $-36x^2+56x-8$

2. (1) $f'(x) = 2x \ (x \geq 0)$, $f'(x) = -2x \ (x < 0)$

(2) 존재하지 않음.

3. $3\sqrt{x}/2$

5. 21

6. $\dfrac{1-(n+1)x^n + nx^{n+1}}{(1-x)^2}$

7. $f'(-x) = \lim_{h \to 0} \dfrac{f(-x+h)-f(-x)}{h} = -f'(x)$임을 보인다.

4.3 유리함수의 미분법

1. (1) $\dfrac{-x^2+1}{(x^2+1)^2}$ (2) $\dfrac{1+\dfrac{2}{t}}{\left(1+\dfrac{1}{t}\right)^2}$ (3) $\dfrac{4x}{(x^2+1)^2}$

(4) $\dfrac{-4x+5}{(2x+1)^2(x-3)^2}$ (5) $-\dfrac{1}{x^2}-\dfrac{2}{x^3}-\dfrac{3}{x^4}$ (6) $\dfrac{-(6s^5+12s^3+6s+1)}{(s^6+3s^4+3s^2+s+1)^2}$

(7) $\dfrac{x^2-6x+7}{(x-3)^2}$ (8) $\dfrac{-5}{(3x-4)^2}$ (9) $1+\dfrac{1}{x^2}$

(10) $-4s+\dfrac{30}{s^3}$ (11) $\dfrac{-x^2-4x-1}{(x^2+2x+3)^2}$ (12) $\dfrac{4x(x^4-1)}{(x^4+1)^2}$

(13) $\dfrac{-2x^2+6x-2}{(x-1)^2}$

4.4 고계 도함수

2. (1) $f''(x) = 6x \quad (x \geq 0)$, $f''(x) = -6x \quad (x < 0)$

(2) $f''(x) = 6x \quad (x \geq 0)$, $f''(x) = -6x \quad (x < 0)$

(3) 2 (4) $6t+2$ (5) $42x^5$ (6) $6x-8$

(7) $30(3x^2+2x+1)^8(114x^2+76x+14)$

(8) $(x^2+1)(x-1)^3(110x^4-120x^3+136x^2-72x+26)$

3. (1) $\dfrac{-10}{(x+1)^3}$ (2) $\dfrac{18}{x^4}$ (3) $-\dfrac{6}{(x-2)^3}$

(4) $\dfrac{-4}{(2x-1)^3}$ (5) $\dfrac{2(3x^2-1)}{(x^2+1)^3}$ (6) $2-\dfrac{4}{x^3}$

(7) $\dfrac{2}{x^3}$

5. $720x^7 + 336x^5 - 240x^3 - 48x$

6. $f'(x) = 15x^4 - 40x^3 - 3x^2 + 2x - 7$, $f''(x) = 60x^3 - 120x^2 - 6x + 2$,
$f^{(3)}(x) = 180x^2 - 240x - 6$, $f^{(4)}(x) = 360x - 240$, $f^{(5)}(x) = 360$

4.5 합성함수의 미분

1. (1) $-150(2-5x)^5$ (2) $24(s-2)^2(5s^2-4s+1)$

(3) $(2x+1)^2(x^2+1)(14x^2+4x+6)$ (4) $15(x^3+3x+1)^4(x^2+1)$

(5) $-3(4-x)^2$ (6) $6x(x^2+5)^2$

(7) $-4(4x+3)^{-2} - 2(x-4)^{-3}$ (8) $4\left(\dfrac{2}{x-1} - \dfrac{1}{x^3}\right)^3\left(\dfrac{3}{x^4} - \dfrac{2}{(x-1)^2}\right)$

(9) $-12(2x^2-x+3)^{-4}(4x-1)$ (10) $-\dfrac{2(6x^2-x+3)}{(x^2+1)^2(3x-1)^3}$

(11) $\dfrac{x+1}{\sqrt{x^2+2x+3}}$ (12) $-\dfrac{2+3x}{(x^2+1)\sqrt{x^2+1}}$

2. (1) $-\dfrac{2(2x+1)}{(x+2)^4}$ (2) $6(4-x)$ (3) $\dfrac{1}{(x^2+1)\sqrt{x^2+1}}$

(4) $6(x^2+(1-3x)^5)(2x-15(1-3x)^4)^2 + 6(x^2+(1-3x)^5)^2(1+90(1-3x)^3)$

3. 120

4. 96

5. $nf^{(n-1)}(x) + xf^{(n)}(x)$

6. $-\dfrac{\dfrac{d^2x}{dy^2}}{\left(\dfrac{dx}{dy}\right)^3}$

4.6 음함수의 미분

1. (1) $-\dfrac{x^2}{y^2}$ (2) $\dfrac{-3x^2-2xy}{x^2+8y}$ (3) $-\dfrac{y}{x}$

(4) $-\dfrac{y}{x}$ (5) $\dfrac{-x^2-y}{(x-1)x}$ (6) $\dfrac{y-4xy\sqrt{xy}}{x(2x\sqrt{xy}-1)}$

(7) $\dfrac{-2x-y}{x+2y}$　(8) $\dfrac{8x^3+8xy^2-2y^2-6x^2}{y-8y^3-8x^2y+4xy}$

2. (1) $-\dfrac{81}{y^3}$　(2) $-\dfrac{2x}{y^5}$　(3) $\dfrac{1}{x^3}$　(4) $-\dfrac{3x^2}{y^7}$

3. $y'=-\dfrac{y-2\sqrt{xy}}{x}$ 이므로 이를 주어진 식에 대입하여 확인

4. $y'=\dfrac{3-x}{y-1}$ 이므로 $(-1,\ 4)$에서의 미분계수는 $\dfrac{3-(-1)}{4-1}=\dfrac{4}{3}$ 이다.

5. $\dfrac{x^2-2y}{2x-y^2}$

6. $\dfrac{1}{c}$

4.7 삼각함수의 미분

3. (1) 3　(2) 3　(3) $\dfrac{1}{2}$　(4) 0

4. (1) $1-3\cos x$　(2) $\cos x+10\sec^2 x$　(3) $3x^2\cos x-x^3\sin x$

(4) $\dfrac{\tan x\sec x}{(\sec x+1)^2}$　(5) $\dfrac{x\cos x-2\sin x}{x^3}$　(6) $\sec x(\tan^2 x+\sec^2 x)$

(7) $1-\csc x\cot x$　(8) $2\cot\theta-2\theta\csc^2\theta$　(9) $\sec^2 x$

(10) $\sin x+x\cos x$

5. 6

4.8 지수 · 로그함수의 미분

2. (1) $\dfrac{2e^x}{(e^x+1)^2}$　(2) $\sec x$　(3) $2x\log_2 x+\dfrac{x}{\ln 2}$

(4) $\dfrac{1}{x\ln x}$　(5) $\dfrac{2x-1}{x^2-x+1}$　(6) $2xe^x-x^2e^x$

3. (1) $y'=(x+1)^5(2x-1)^3\sqrt{x^2+1}\left(\dfrac{5}{x+1}+\dfrac{6}{2x-1}+\dfrac{x}{x^2+1}\right)$

(2) $\dfrac{(x^2+1)\sqrt{x^3+x-1}}{(x^2+x+1)^2}\left(\dfrac{2x}{x^2+1}+\dfrac{3x^2+1}{2(x^3+x-1)}-\dfrac{2(2x+1)}{x^2+x+1}\right)$

(3) $y' = x^x(\ln x + 1)$ (4) $x^{\ln x} \cdot \left(\frac{2\ln x}{x}\right)$

(5) $\left(\frac{1}{x}\ln\cos x - \ln x \tan x\right)y$ (6) $\frac{-xy+y^2}{-x^2+y^2+xy}$

4. 정의역은 $x \neq 0$인 모든 실수, $f'(x) = \frac{1}{x}$

6. $(-1)^{n-1}(n-1)!x^{-n}$

4.9 접선의 기울기와 미분계수

1. $y = 6x - 2$

2. 접선: $y = -\frac{2}{3}x + 3$, 법선: $y = \frac{3}{2}x - \frac{7}{2}$

3. (1) 접선: $4x - 4$, 법선: $-\frac{1}{4}x + \frac{9}{2}$ (2) 접선: $-4x - 2$, 법선: $\frac{1}{4}x + \frac{9}{4}$

(3) 접선: $y = 0$, 법선: $x = 0$ (4) 접선: $\frac{3}{2}x + \frac{1}{2}$, 법선: $-\frac{2}{3}x + \frac{8}{3}$

(5) 접선: $3x - 4$, 법선: $-\frac{1}{3}x - \frac{2}{3}$ (6) 접선: $\frac{1}{4}x + \frac{3}{4}$, 법선: $-4x + 22$

(7) 접선: $-32x - 48$, 법선: $\frac{1}{32}x + \frac{257}{16}$ (8) 접선: $y = -x$, 법선: $y = x$

(9) 접선: $y = 2$, 법선: $x = 1$ (10) 접선: $y = x - \frac{3}{2}$, 법선: $y = -x + \frac{1}{2}$

(11) 접선: $y = -x + \ln 2 - 1$, 법선: $y = x + \ln 2 + 1$

(12) 접선: $y = 3e^2x - 4e^2$, 법선: $y = -\frac{1}{3e^2}x + \frac{2}{3e^2}$

(13) 접선: $y = x + 1$, 법선: $y = -x + 1$

(14) 접선: $y = 2x$, 법선: $y = -\frac{1}{2}x + \frac{5\pi}{4}$

4. $(1, 1)$, $(-1, -1)$

5. (1) $y = -x + 2$ (2) $y = x + \frac{1}{2}$

6. $a = -2$, $b = 4$

7. $a = 2$, -2

8. $\dfrac{|(a+1)k^2+4abk|}{4a^2\sqrt{k^2+1}}$

4.10 함수의 최댓값과 최솟값

1. (1) 0 : 최소점　(2) 1 : 최소점도 최대점도 아님.
   (3) 0 : 최소점　(4) 0 : 최대점도 최소점도 아님.
   (5) 임계점 없음.　(6) $-1/3$: 최소점　(7) 0 : 최대점
   (8) 0 : 최대점　(9) 1 : 최소점　(10) 0 : 최소점
   (11) 1 : 최소점　(12) 0 : 최소점　(13) 0 : 최대점
   (14) $1/2$: 최대점 0, 1 : 최소점
2. 점 $(4/17, 1/17)$ 거리 $1/\sqrt{17}$
3. 점 $(\sqrt{2}, \sqrt{2})$, $(-\sqrt{2}, -\sqrt{2})$ 거리 2
4. $1-n$
5. $n-1$
6. (1) 최댓값 3, 최솟값 -5　(2) 최댓값 $9/2$, 최솟값 $-1/2$
   (3) 최댓값 18, 최솟값 3　(4) 최댓값 $\sqrt[4]{27}/4$, 최솟값 $-\sqrt[4]{27}/4$
   (5) 최댓값 5, 최솟값 3　(6) 최댓값 $1/4$, 최솟값 $-1/4$
   (7) 최댓값 4, 최솟값 0　(8) 최댓값 $3/(4\sqrt[4]{3})$, 최솟값 $-3/(4\sqrt[4]{3})$
7. $\dfrac{32}{81}\pi r^3$

4.11 평균값 정리

2. (1) 존재　(2) 존재하지 않음.　(3) 존재하지 않음.
   (4) 존재　(5) 존재　(6) 존재
   (7) 존재하지 않음.　(8) 존재
3. $c=0$
5. (1) $c=1/2$　(2) $c=4\sqrt{3}/3$　(3) $c=1$
   (4) $c=\sqrt{3}-1$　(5) $c=\sqrt{2}$　(6) $\sqrt{3}/2$
   (7) $\sqrt{3}/3$　(8) $\sqrt{2}-1$

4.12 함수의 증가와 감소

1. 그래프의 개형을 구하면 증가, 감소 구간을 알 수 있다(그림 A.1 참조).

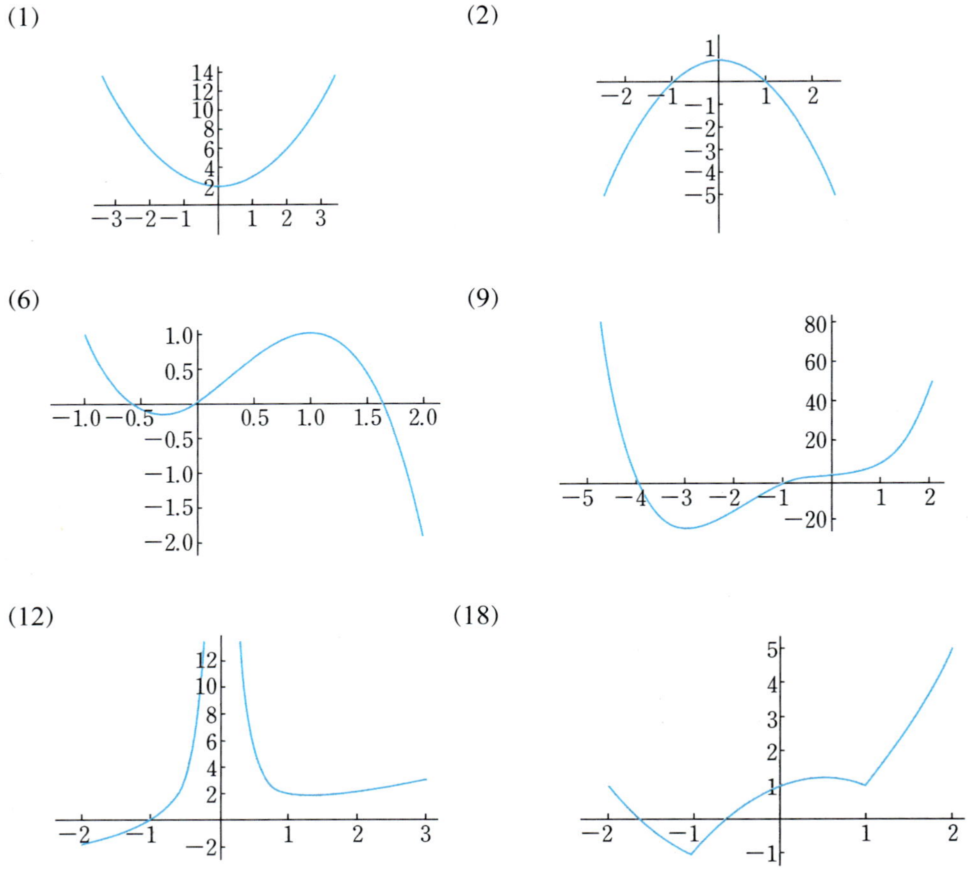

| 그림 A.1 | 곡선의 개형

4.13 함수의 특성에 대한 미분의 응용

1. (1) 2개 (2) 2개 (3) 2개 (4) 1개 (5) 1개 (6) 3개

4.14 미분의 응용

1. (1) 속도: 10m/sec, 가속도: -1m/sec^2

(2) 걸린 시간 15sec, 움직인 거리 112.5m

2. -10m/sec^2

3. 2000

5. $x=45000$(장), $p=15000$(원)

6. $x=200$(상자), $p=8/3$(만원)

7. $r=\sqrt[3]{\dfrac{V}{3\pi}}$, $h=\sqrt[3]{\dfrac{9V}{\pi}}$

8. 한 변의 길이가 $a/4$인 정사각형

9. 한 변의 길이가 $\sqrt{a}$인 정사각형

10. $(-\frac{28}{17}, \frac{7}{17})$

11. $(-\frac{1}{3}, \pm\frac{4}{3}\sqrt{2})$

12. $x=250$(개), $p=15/2$(천원)

제 5 장 적분과 그 응용

5.1 부정적분

2. (1) $\frac{1}{4}x^4-\frac{2}{3}x^3+4x+C$ (2) $\frac{4}{3}x^3+2x^2+x+C$ (3) $-2x^3-2x+C$

(4) $\frac{1}{3}y^3-\frac{1}{2}y^2+y+C$ (5) $\frac{1}{3}u^3-6u^{-\frac{1}{2}}+C$

3. $f(x)=x^3-x^2+x+1$

4. $(3^{n+1}-1)/2$

5. $f(x)=x+1$, $g(x)=x+2$

6. $f(x)=x^3-3x^2-9x+3$, 극솟값 -24

7. $f(x)=x$

8. $\dfrac{(a^2x+b)^{n+1}}{(n+1)a^2}+C$

5.2 구분구적법과 정적분

1. 12

2. $ah/2$

3. $a^2h/3$

4. $\pi r^2 h/3$

5. $14/3$

6. 42

7. $\frac{\pi}{4}$

8. $3+\frac{9}{4}\pi$

5.3 정적분에 관한 기본 정리

1. (1) $-4/3$ (2) 44

2. (1) 24 (2) 2

3. $19/2$

4. $a<0$이면 $-a+1/2$, $0 \le a \le 1$이면 $a^2-a+1/2$, $a \ge 1$이면 $a-1/2$

5. $13/6$

6. $a=2$

7. (1) $f(0)=1/4$ (2) $f(1/2)=7/32$

8. 4

9. $f(h(x))h'(x)-f(g(x))g'(x)$

10. $f(x)=x^{\frac{3}{2}}$, $a=9$

5.4 초월함수의 적분

1. (1) $-\frac{1}{2}\ln|x-3|+\frac{1}{2}\ln|x-5|+C$

   (2) $\frac{5}{6}\ln|x-4|+\frac{1}{6}\ln|x+2|+C$

   (3) $\frac{1}{3}e^{3x+2}+C$ (4) $-2\cos\sqrt{x}+C$ (5) $\tan x-x+C$

   (6) $\frac{1}{4}\left(\frac{3}{2}x-\sin 2x+\frac{1}{8}\sin 4x\right)+C$

(7) $\frac{1}{4}\left(\frac{3}{2}x+\sin 2x+\frac{1}{8}\sin 4x\right)+C$

2. (1) $\frac{2}{3}$ (2) 2 (3) 0 (4) $\pi+2$ (5) $\frac{1}{2}(e^{4\pi}-1)$

(6) $\frac{4+\pi}{4}$ (7) $\frac{1}{2}$

5.5 치환 적분

1. (1) $\frac{1}{4}(x^2+x)^4+C$ (2) $-\frac{1}{15}(1-x^2)\sqrt{1-x^2}(3x^2+2)+C$

(3) $\frac{1}{10}(x^2-3)^5+C$ (4) $\frac{-1}{6(3x-1)^2}+C$

(5) $-\frac{1}{3}(9-x^2)^{3/2}+C$ (6) $\frac{1}{3}\ln|x^3+5|+C$

(7) $\frac{1}{2}(\sqrt{x}+2)^4+C$

2. (1) $\frac{1}{3}\cos^3 x-\cos x+C$ (2) $\frac{1}{3}\sin^3 x+C$

(3) $\frac{1}{4}\sin^4 x+C$ (4) $-\ln|\cos x|+C$

(5) $\frac{1}{4}\tan^4 x+C$ (6) $\frac{1}{5}\sec^5 x-\frac{1}{3}\sec^3 x+C$

(7) $\frac{1}{4}\tan^4 x+\frac{1}{6}\tan^6 x+C$

3. (1) $\frac{1}{5}e^{5x+7}+C$ (2) $\frac{1}{2}e^{x^2+1}+C$ (3) $\tan^{-1}e^x+C$

4. (1) $8\sqrt{3}$ (2) $\frac{2}{3}$ (3) $\frac{1}{6}$ (4) $\frac{8}{3}$

5. (1) $\frac{1}{6}$ (2) $\frac{1}{4}$ (3) $\ln 2$

6. (1) $\frac{1}{3}(e-1)$ (2) $1-e^{-225/2}$ (3) $\frac{1}{2}[\ln(1+e^2)-\ln 2]$ (4) $\frac{1}{2}$

7. (1) $2\left(\sin^{-1}\frac{x}{2}+\frac{x}{2}\frac{\sqrt{4-x^2}}{2}\right)+C$

(2) $2\left(\frac{x}{2}\frac{\sqrt{x^2-4}}{2}-\ln\frac{|x+\sqrt{x^2-4}|}{2}\right)+C$

(3) $\frac{\pi}{2}$ (4) $\frac{\pi a^2}{4}$

5.6 부분 적분

1. (1) $\frac{1}{3}xe^{3x} - \frac{1}{9}e^{3x} + C$ (2) $\frac{1}{3}x^3 \ln x - \frac{1}{9}x^3 + C$

(3) $\frac{1}{2}x^2 \ln x - \frac{1}{4}x^2 + C$ (4) $\frac{1}{2}x^2(\ln x)^2 - \frac{1}{2}x^2 \ln x + \frac{1}{4}x^2 + C$

(5) $\frac{1}{2}xe^{2x} - \frac{1}{4}e^{2x} + C$ (6) $\frac{1}{3}x\sin 3x + \frac{1}{9}\cos 3x + C$

(7) $\frac{1}{2}(\sec x \tan x + \ln|\sec x + \tan x|) + C$

2. (1) $\frac{8}{9}e^9 - \frac{2}{9}e^3$ (2) 1 (3) $\frac{\pi^2}{4} - 2$ (4) $\pi - 2$

(5) 1 (6) $16\ln 2 - \frac{15}{4}$ (7) $\frac{2}{9}e^3 + \frac{1}{9}$ (8) $\frac{1}{2}(1 - e^{-\pi/2})$

(9) $e - 2$

5.7 정적분으로 표시된 함수

1. (1) 6 (2) 10 (3) -21

2. (1) $f(x) = 2x^2 - 3x + 1$ (2) $12x^2 - 9x - 1$

3. 34

4. $f(x) = 12x^2 + 24x + 24$

5. $f(x) = -6x^2 - 6x - 12$

6. 3

5.8 정적분과 무한급수

1. (1) 6 (2) 33/4

2. (1) 7/3 (2) 20/9

3. 1/10

4. $f(x) = 3x^2$

5. 1/6

5.9 정적분의 활용

1. $(13\sqrt{13}-8)/27$
2. (1) 넓이 : $4/15$, x축 회전체의 부피 : $8\pi/45$, y축 회전체의 부피 : $\pi/6$

   (2) 넓이 : $(8\sqrt{2}-8)/3$, x축 회전체의 부피 : $16\sqrt{2}\pi/15$, y축 회전체의 부피 : π
3. 1560
4. $\dfrac{\sqrt{5}}{2}+\dfrac{\ln(\sqrt{5}+2)}{4}$
5. 18
6. $\dfrac{96\pi}{5}$
7. 1초 후 A, B 사이의 최단거리는 4 m

제 6 장 이차곡선

6.1 포물선의 방정식

1. (1) $y^2=8x$ (2) $x^2=8(y-2)$
2. (1) 초점의 좌표 : $(3/2, 0)$, 준선의 방정식 : $x=-3/2$

   (2) 초점의 좌표 : $(0, 7/2)$, 준선의 방정식 : $y=9/2$

   (3) 초점의 좌표 : $(5, -2)$, 준선의 방정식 : $x=1$

   (4) 초점의 좌표 : $(1, 0)$, 준선의 방정식 : $y=-2$
3. 6
4. $y^2=8x$, $(x\neq 0)$

6.2 포물선과 직선의 위치 관계

1. $k<1$일 때, 교점의 개수는 2개

   $k=1$일 때, 교점의 개수는 1개

   $k>1$일 때, 교점의 개수는 0개
2. 0개
3. $y=7x-3/14$

4. $y = -\frac{1}{2}x + \frac{1}{2}$

5. $y = 3x + \frac{1}{6}$

6. $y = -x - 2$

7. $y = x - 1$

8. $-\sqrt{2} < m < \sqrt{2}$

6.3 타원의 방정식

1. $\frac{x^2}{9} + \frac{y^2}{6} = 1$

2. $\frac{x^2}{31} + \frac{y^2}{36} = 1$

3. 꼭짓점의 좌표 : $(5, 0)$, $(-5, 0)$, $(0, -12)$, $(0, 12)$

   초점의 좌표 : $(0, \sqrt{119})$, $(0, -\sqrt{119})$

   중심의 좌표 : $(0, 0)$

   장축의 길이 : 24

   단축의 길이 : 10

4. 꼭짓점이 $(4+2\sqrt{3}, -1)$, $(4-2\sqrt{3}, -1)$, $(4, -1+2\sqrt{2})$, $(4, -1-2\sqrt{2})$이고, 중심의 좌표는 $(4, -1)$, 초점의 좌표는 $(6, -1)$, $(2, -1)$, 장축의 길이는 $4\sqrt{3}$, 단축의 길이는 $4\sqrt{2}$인 타원 $\frac{(x-4)^2}{12} + \frac{(y+1)^2}{8} = 1$이다.

5. $\frac{x^2}{8} + y^2 = 1$

6.4 타원과 직선의 위치 관계

1. $-\sqrt{6}/2 < k < \sqrt{6}/2$일 때, 교점의 개수는 2개

   $k = -\sqrt{6}/2$, $\sqrt{6}/2$일 때, 교점의 개수는 1개

   $k > \sqrt{6}/2$, $k < -\sqrt{6}/2$일 때, 교점의 개수는 0개

2. 2개

3. $y = 7x \pm \sqrt{466}$

4. $-x+4\sqrt{3}y=16$

5. $y=\frac{1}{\sqrt{2}}x-\frac{1}{\sqrt{2}}$, $y=-\frac{1}{\sqrt{2}}x+\frac{1}{\sqrt{2}}$

6. $a=1/\sqrt{2}$

7. $k=32$

8. $\sqrt{2}$

6.5 쌍곡선의 방정식

1. $\frac{x^2}{4}-\frac{y^2}{12}=1$

2. $\frac{x^2}{2}-y^2=-1$

3. 꼭짓점의 좌표: $(-7, 0)$, $(7, 0)$, 초점의 좌표: $(3\sqrt{5}, 0)$, $(-3\sqrt{5}, 0)$,
   중심의 좌표: $(0, 0)$

4. 꼭짓점이 $(-3, -3)$, $(3, -3)$이고, 초점이 $(\sqrt{5}, -3)$, $(-\sqrt{5}, -3)$이며
   중심의 좌표가 $(0, -3)$인 쌍곡선 $\frac{x^2}{9}-\frac{(y+3)^2}{4}=1$이다.

5. $a=\pm 4$

6. $\frac{x^2}{4}-\frac{y^2}{12}=-1$

7. $y=\pm 12x/5$

8. 25

6.6 쌍곡선과 직선의 위치 관계

1. $k>1$, $k<-1$일 때, 교점의 개수는 2개
   $k=-1, 1$일 때, 교점의 개수는 1개
   $-1<k<1$일 때, 교점의 개수는 0개

2. 0개

3. $y=x\pm 3$

4. $y=(5x-16)/3$

5. $x^2+y^2=4$

6. $\frac{4x^2}{3} - \frac{y^2}{3} = 1$

7. $\frac{12\sqrt{10}}{5}$

6.7 자취의 방정식

1. $y = -1 \left(x > \frac{1}{2}\right)$
2. $y^2 + 8x - 4y - 4 = 0$
3. $9x^2 + 4y^2 = 36$
4. $4x^2 + 3y^2 = 12$
5. $x^2 + y^2 = 1$, 단, 점 $(\pm 1,\ 0)$은 제외
6. 두 점 A, B를 초점으로 하고 주축의 길이가 4인 쌍곡선 중에서 점 B에 가까운 곡선
7. $\frac{(x+2)^2}{4} - \frac{y^2}{12} = 1$

찾아보기

ㅈ

ㅊ

ㅋ

ㅌ

ㅍ

ㅎ

기타

기초 미분적분학 제2판

지은이　김상목 · 김영희 · 김태균 · 송영권 · 이종우 · 이진우
이현근 · 이호석 · 이흥수 · 최윤철 · 최종성 · 허　민
펴낸이　조경희
펴낸곳　경문사
펴낸날　2012년　3월　5일　1판 1쇄
2023년　3월　2일　2판 2쇄
등　록　1979년 11월　9일　제1979-000023호
주　소　04057, 서울특별시 마포구 와우산로 174
전　화　(02)332-2004　팩스 (02)336-5193
이메일　kyungmoon@kyungmoon.com

값 25,000원

ISBN 979-11-6073-444-7